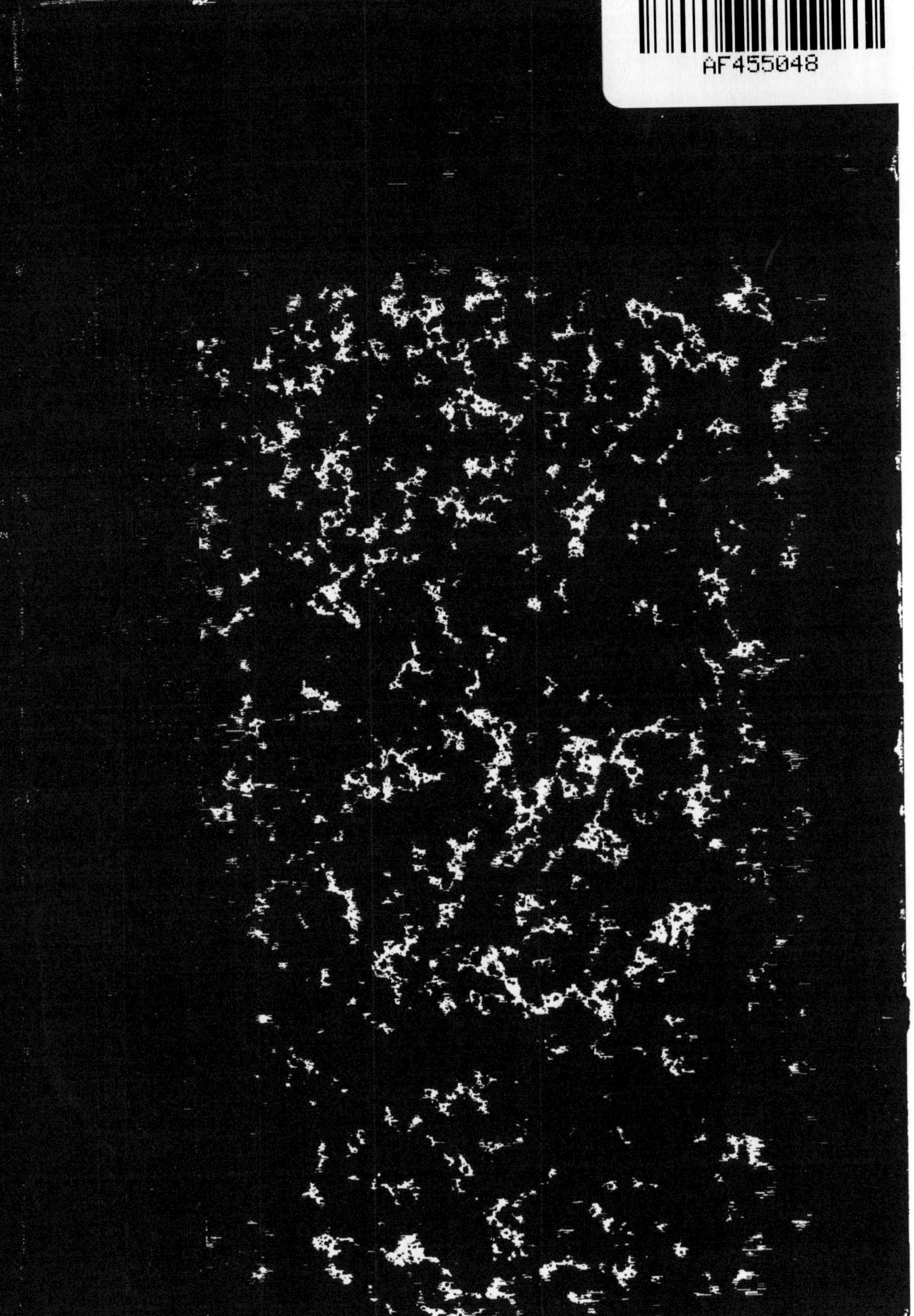

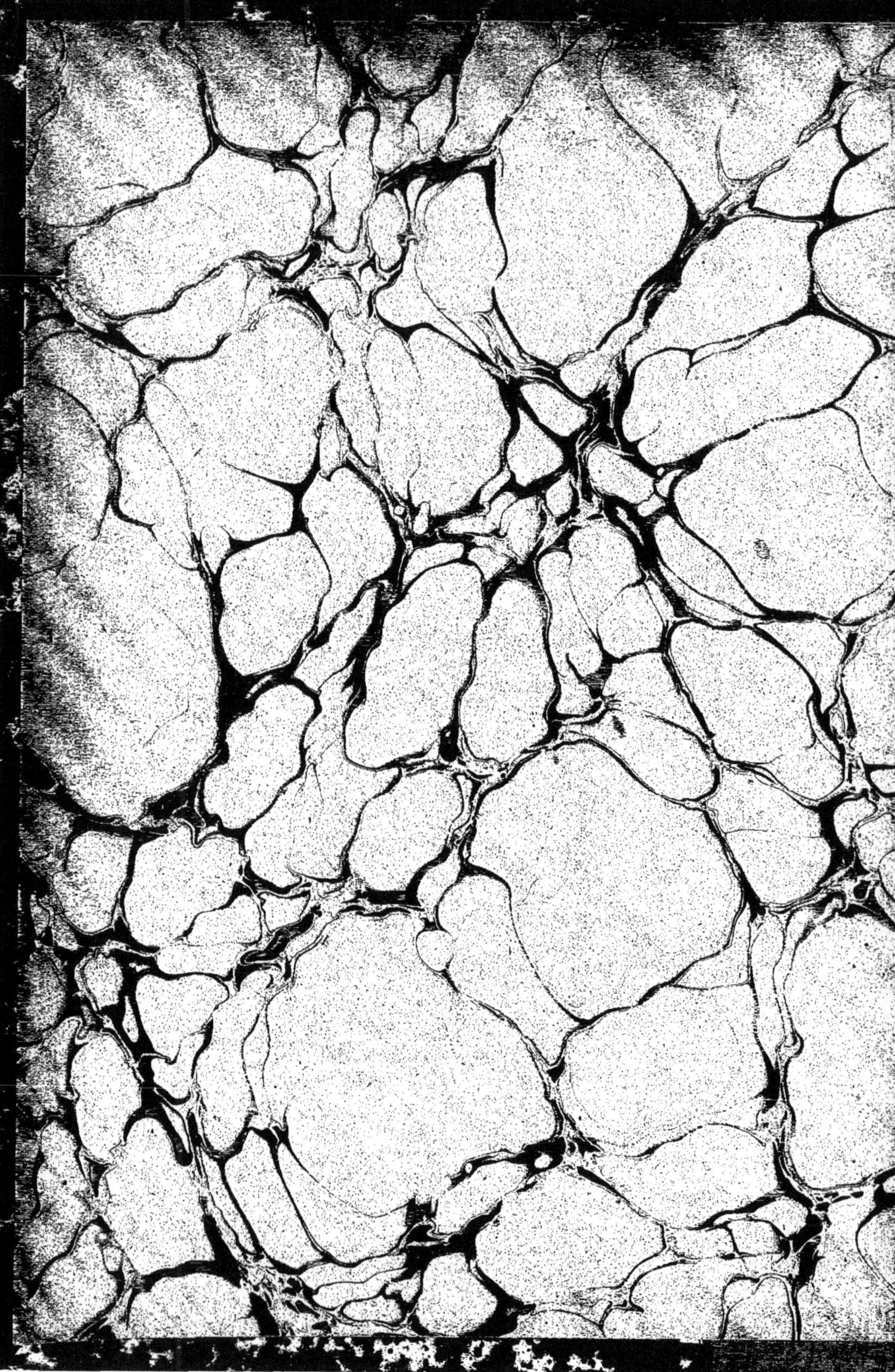

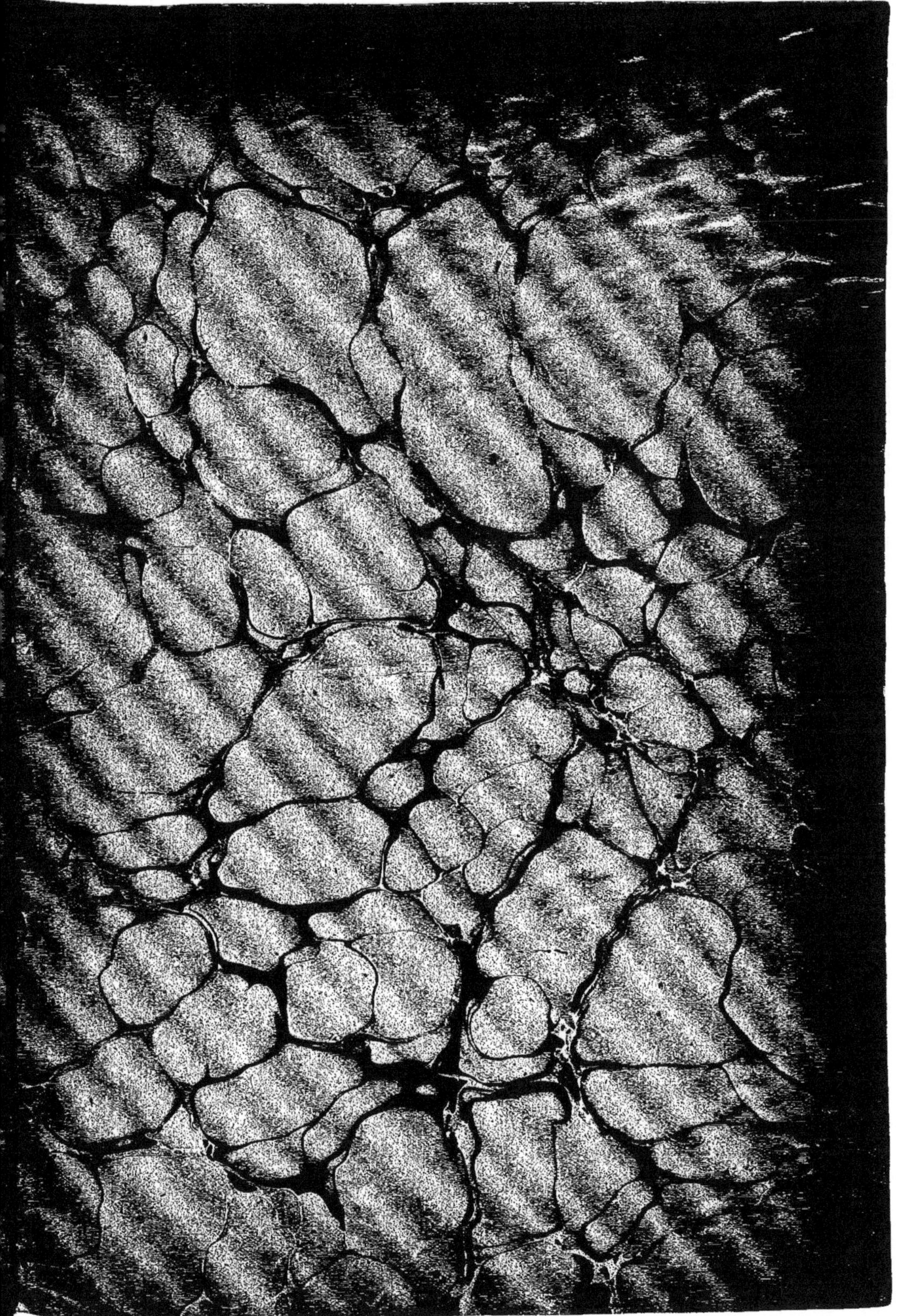

MINISTÈRE DU COMMERCE, DE L'INDUSTRIE
ET DES COLONIES

EXPOSITION UNIVERSELLE INTERNATIONALE DE 1889
À PARIS

RAPPORTS DU JURY INTERNATIONAL

PUBLIÉS SOUS LA DIRECTION
DE
M. ALFRED PICARD

INSPECTEUR GÉNÉRAL DES PONTS ET CHAUSSÉES, PRÉSIDENT DE SECTION AU CONSEIL D'ÉTAT
RAPPORTEUR GÉNÉRAL

CLASSE 74. — **Spécimens d'exploitations rurales et d'usines agricoles**

RAPPORT DE M. LAVALARD

MEMBRE DE LA SOCIÉTÉ NATIONALE D'AGRICULTURE
ADMINISTRATEUR DE LA CAVALERIE ET DES FOURRAGES À LA COMPAGNIE GÉNÉRALE DES OMNIBUS
MAÎTRE DE CONFÉRENCES À L'INSTITUT NATIONAL AGRONOMIQUE

PARIS
IMPRIMERIE NATIONALE

M DCCC XCII

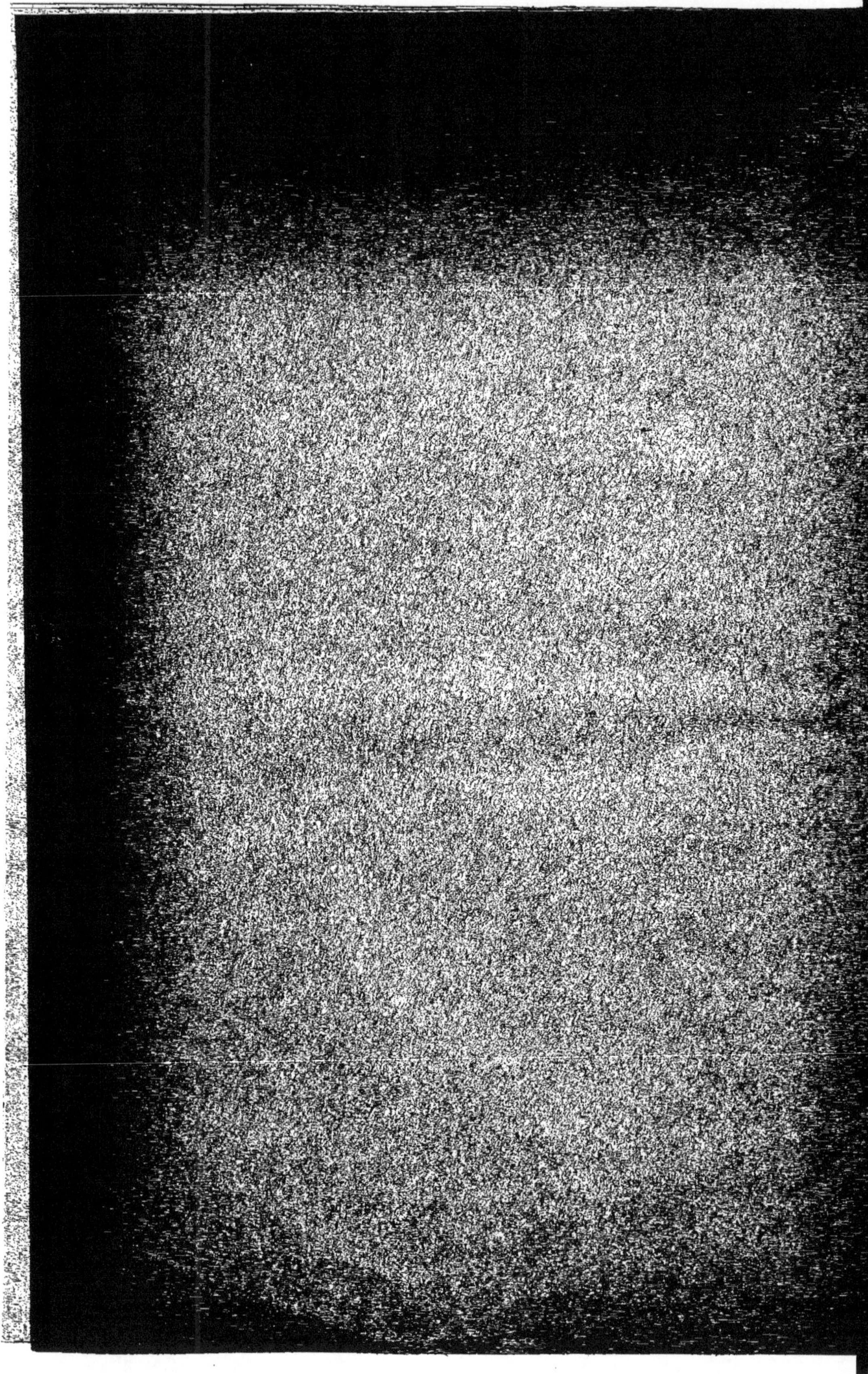

CLASSE 74

Spécimens d'exploitations rurales et d'usines agricoles

RAPPORT DE M. LAVALARD

MINISTÈRE DU COMMERCE, DE L'INDUSTRIE
ET DES COLONIES

EXPOSITION UNIVERSELLE INTERNATIONALE DE 1889
À PARIS

RAPPORTS DU JURY INTERNATIONAL

PUBLIÉS SOUS LA DIRECTION
DE
M. ALFRED PICARD
INSPECTEUR GÉNÉRAL DES PONTS ET CHAUSSÉES, PRÉSIDENT DE SECTION AU CONSEIL D'ÉTAT
RAPPORTEUR GÉNÉRAL

CLASSE 74. — **Spécimens d'exploitations rurales et d'usines agricoles**

RAPPORT DE M. LAVALARD

MEMBRE DE LA SOCIÉTÉ NATIONALE D'AGRICULTURE
ADMINISTRATEUR DE LA CAVALERIE ET DES FOURRAGES À LA COMPAGNIE GÉNÉRALE DES OMNIBUS
MAÎTRE DE CONFÉRENCES À L'INSTITUT NATIONAL AGRONOMIQUE

PARIS
IMPRIMERIE NATIONALE

M DCCC XCII

COMPOSITION DU JURY.

MM. Récipon, *Président*, député, membre du Conseil supérieur de l'agriculture..... France.

Lyle (le capitaine D.-A.), *Vice-Président*........................ États-Unis.

Lavalard (Edmond), *Rapporteur*, membre de la Société nationale d'agriculture, administrateur de la cavalerie et des fourrages de la Compagnie générale des omnibus, membre du jury des récompenses à l'Exposition de Paris en 1878.. France.

Bornot, *Secrétaire*, agriculteur........................ France.

Cazalis, conseiller général d'Oran, président du comice agricole de Relizane... Algérie.

Potin (Paul), agriculteur........................ Tunisie.

Tykort (E.), ingénieur agricole, professeur à l'Institut agricole de Louvain.... Belgique.

Bénard, agriculteur, vice-président de la Société d'agriculture de Meaux...... France.

Bignon, membre de la Société nationale d'agriculture.................. France.

Dehérain (P.-P.), membre de l'Institut, professeur au muséum d'histoire naturelle........................ France.

Desprez (Florimond), agriculteur, vice-président de la Société d'agriculture du Nord........................ France.

Gomot, député........................ France.

Heuzé, inspecteur général honoraire de l'agriculture, membre du jury des récompenses à l'Exposition de Paris en 1878........................ France.

Jobard, sénateur........................ France.

Lecouteux, président de la Société nationale d'agriculture, professeur au Conservatoire national des arts et métiers, et à l'Institut national agronomique, membre du jury des récompenses à l'Exposition de Paris en 1878......... France.

Lemoine, aviculteur, membre du jury des récompenses à l'Exposition d'Anvers en 1885........................ France.

Le Play (Albert), agriculteur, membre de la Société nationale d'agriculture..... France.

Macarez, agriculteur, président de la Société des agriculteurs du Nord........ France.

Prades, *suppléant*, propriétaire et maire de Bouguirat........................ Algérie.

Harag Ben Kritly, *suppléant*, négociant à Mostaganem........................ Algérie.

Lagorsse (de), *suppléant*, membre du Conseil supérieur de l'agriculture....... France.

Schribaux, *suppléant*, professeur à l'Institut national agronomique........... France.

IMPRIMERIE NATIONALE.

SPÉCIMENS D'EXPLOITATIONS RURALES
ET D'USINES AGRICOLES.

La classe 74 de l'Exposition universelle comprenait les spécimens d'exploitations rurales et d'usines agricoles :

Types des bâtiments ruraux des diverses contrées;

Types d'écuries, d'étables, de bergeries et de parcs à moutons, de porcheries et d'établissements propres à l'élevage et à l'engraissement des animaux;

Matériel des écuries, étables, chenils, etc;

Appareils pour préparer la nourriture des animaux;

Machines agricoles en mouvement : charrues à vapeur, moissonneuses, faucheuses, faneuses, batteuses, etc.;

Types d'usines agricoles, distilleries, sucreries, raffineries, brasseries, minoteries, féculeries, amidonneries, magnaneries;

Pressoirs pour le cidre, l'huile;

Types de poulaillers, de pigeonniers, de faisanderies;

Appareils d'éclosion artificielle;

Types de chenils.

Cette classification, comme en 1878, renfermait un grand nombre de matières ou d'instruments déjà examinés par d'autres classes, telles que la classe 44, pour les produits agricoles non alimentaires, la classe 49 pour le matériel et les procédés des exploitations rurales et forestières, la classe 50 pour le matériel et les procédés des usines agricoles et des industries alimentaires, la classe 67 pour les céréales et produits farineux avec leurs dérivés, la classe 69 pour les corps gras alimentaires, laitage et œufs, etc.

En présence de cette difficulté de classification et d'attribution, les comités d'admission et d'installation de la classe 74, et, par suite, le Jury durent s'entendre avec ces différentes classes, et, contrairement à ce qui avait eu lieu en 1878, ils abandonnèrent à la classe 49 tout ce qui était instruments agricoles, se réservant de les juger en mouvement dans les concours spéciaux.

Il en fut de même pour les autres classes, le Jury de la classe 74 ne gardant absolument que la partie agricole.

Il semblerait donc alors que le rapport que nous entreprenons devrait rendre compte des progrès de l'agriculture française, mais ici encore notre tâche se trouve facilitée par la création des classes 73 *bis*, agronomie, statistique agricole; 73 *ter*, organisation, méthodes et matériel de l'enseignement agricole. Et, déjà, M. Grandeau, dans le journal *le Temps* (9 juillet et 28 juillet 1889), et M. Tisserand, dans le rapport présenté à la troisième section du congrès international agricole, ont fait connaître la situation générale de la France agricole à cent ans de distance, en 1789 et en 1889, et ont montré les notables progrès culturaux qui ont marqué ce siècle.

Ces deux savants se sont attachés à démontrer le développement donné à l'enseignement agricole, et ils en ont fourni les preuves par les expositions, au quai d'Orsay, de nos grandes écoles, par les travaux de leurs professeurs, par ceux des stations agronomiques, par les plans des champs d'expériences, etc.

Leurs rapports seront donc d'une importance capitale, car ils seront l'historique de l'enseignement agricole en même temps que celui des progrès agricoles généraux réalisés par la France depuis un siècle.

C'est ainsi que nous voyons les deux remarquables rapporteurs rendre compte que «la dotation annuelle inscrite au budget de l'État pour l'enseignement agricole, qui était insignifiante au commencement du siècle, s'élève actuellement à 4,034,100 francs, dont 160,000 francs pour les champs de démonstration, 145,000 francs pour les stations et laboratoires agricoles, 998,000 francs pour les écoles vétérinaires, 300,000 francs pour l'Institut agronomique, 662,000 francs pour les écoles nationales d'agriculture et 863,400 francs pour les écoles pratiques et les fermes écoles.....»

Il est aisé, en examinant les expositions du Ministère de l'agriculture, de l'Institut national agronomique, des écoles nationales et pratiques d'agriculture, des stations agronomiques, des écoles vétérinaires, les statistiques des syndicats agricoles et les travaux des professeurs départementaux, d'apprécier le mouvement que cet ensemble d'institutions, pour la plupart récentes et qui n'existaient pas à l'Exposition de 1878, a imprimé à notre agriculture.

Aussi ne serez-vous pas étonnés de nous voir vous signaler dans les belles expositions collectives ou privées, qui appartiennent à la classe 74, l'introduction de l'idée scientifique dans nos exploitations rurales. C'est là la caractéristique, le trait saillant de l'Exposition agricole universelle de 1889.

Notre rôle comme rapporteur sera beaucoup plus modeste, et nous n'aurons qu'à étudier les expositions des différents départements qui ont paru au quai d'Orsay. Nous verrons si les sacrifices imposés par le Parlement aux contribuables ont amené de grandes améliorations dans les cultures qui nous ont été présentées. Nous pouvons dire déjà que ce que notre savant directeur de l'agriculture, M. E. Tisserand, avait prédit s'est réalisé, c'est-à-dire «que l'esprit scientifique pénètre davantage dans les fermes; la jeunesse intelligente commence à s'attacher à la vie rurale; la confiance dans l'avenir renaît; la production animale et végétale s'est déjà accrue de plusieurs centaines de millions; nos importations en machines, en denrées agricoles, en bétail ont beaucoup diminué, tandis que nos exportations ont sensiblement augmenté».

Le rapport que nous allons présenter démontre que notre éminent Directeur ne s'est pas trompé et que, partant, l'agriculture est en progrès.

Pour mettre un certain ordre dans l'exposé de ce rapport, et laissant de côté le programme de la classe 74 pour les raisons énoncées plus haut, nous donnerons la préférence à la classification suivante, qui comportera toutes les expositions qui ont été présentées et examinées par le Jury :

1° Expositions agricoles collectives des départements. — Études sur les différentes sociétés qui ont formé les collectivités. — Examen des différentes cultures. — Progrès réalisés depuis 1878 ;

2° Expositions agricoles individuelles faites par des sociétés, des particuliers. — Mêmes détails que précédemment ;

3° Construction des bâtiments de fermes, des écuries. — Exposé des différentes conditions d'hygiène, d'économies, etc. ;

4° Expositions des aviculteurs et du matériel de l'aviculture ;

5° Exposition vétérinaire ;

6° Exposition de maréchalerie ;

7° Expositions diverses.

Lorsque des départements comprendront en même temps des expositions collectives agricoles et des expositions individuelles agricoles, nous réunirons toutes celles-ci dans l'étude faite pour le département, de telle façon qu'il sera facile de bien juger les progrès accomplis dans chacun d'eux.

EXPOSITIONS COLLECTIVES
DES DÉPARTEMENTS.

Ces expositions, qui ont été présentées par des sociétés d'agriculture, des comices, des syndicats, seront examinées par département; cela nous facilitera notre travail et permettra des comparaisons plus intéressantes avec l'Exposition de 1878. Nous devons d'abord signaler que les produits agricoles de l'année 1888 avaient laissé à désirer sous le point de vue de la qualité et de la quantité, aussi la statistique est-elle rendue beaucoup plus difficile. Mais cela ne nous empêchera pas de donner des chiffres qui permettront de voir les progrès réalisés par chaque région de la France.

Nous décrirons chaque département en suivant l'ordre du catalogue général officiel de la classe 74, en réunissant dans chacun d'eux les expositions collectives de chaque société ou comice agricole; 28 départements ont présenté des expositions collectives.

DÉPARTEMENT DU NORD.

Le département du Nord était représenté à l'Exposition universelle de 1889 par la Société des agriculteurs du Nord, la Société d'agriculture d'Avesnes, la Société d'agriculture de Bourbourg, le Comice de Bergues et quelques exposants qui avaient présenté isolément leurs produits.

Société des agriculteurs du Nord. — C'est à la suite de l'Exposition universelle de 1878 que plusieurs agronomes du Nord eurent l'idée de créer une association départementale qui centralisât la défense des intérêts agricoles de leur région, et de réunir un grand nombre de sociétés et de comices d'arrondissement qui, n'ayant entre eux aucun lien commun, ne possédaient ni l'autorité, ni les moyens d'action nécessaires pour faire entendre leur voix. Ces sociétés voulaient créer une représentation rigoureuse de la culture du Nord, on devrait dire plus exactement de l'industrie agricole du Nord, tant les procédés de culture intensive de ce département se rapprochent de ceux de l'industrie et serrent de près le prix de revient. Cette agriculture toute spéciale, qui vit en communauté d'intérêts avec les industries rurales proprement dites, la fabrique de sucre, la distillerie, la production des graines de betteraves, la brasserie, l'amidonnerie, etc....., n'avait nulle part sa représentation exacte; elle était à créer de toutes pièces.

Cette création a reçu le nom de Société des agriculteurs du Nord. Son but était de provoquer et vulgariser les découvertes ou améliorations touchant aux diverses branches de l'agriculture régionale du Nord, et, en outre, de défendre directement auprès des pouvoirs publics (gouvernement, parlement, administration départementale) les intérêts si divers de la culture proprement dite et des industries rurales.

Son mode d'action, outre son propre bulletin trimestriel, comprend des conférences, des congrès, des expériences, des concours, des expositions, des consultations, enfin des encouragements honorifiques et pécuniaires.

Sa première assemblée eut lieu le 10 janvier 1879, et, de suite, la Société, appelant à ses délibérations toutes les autres associations agricoles de la région, ouvrit sur la crise économique une enquête qui lui fit le plus grand honneur.

Au concours régional qui se tint la même année, elle obtint une médaille d'or grand module, pour son exposition de produits, et M. Boitel, inspecteur général de l'agriculture, proclama qu'elle avait bien mérité de la culture régionale.

Une grave question se posait alors comme intéressant à un haut degré l'agriculture du Nord, c'était la production de la betterave dans les conditions les plus propres à concilier les intérêts des fabricants de sucre et des cultivateurs, entre lesquels se manifestait le désaccord.

C'est à la discussion de cette question qu'on doit l'origine des concours betteraviers dont le but et les conditions furent fixés comme suit :

Récompenser les cultivateurs qui auraient pratiqué la culture de la betterave à sucre dans les conditions les plus propres à donner satisfaction aux intérêts du producteur et à ceux du fabricant.

Récompenser les instituteurs qui auraient le plus fait pour vulgariser l'usage du densimètre, comme ceux qui se seraient livrés à des expériences de culture ayant pour objet de faire connaître quelles seraient les betteraves les plus propres à réaliser, dans le sol de la commune à laquelle ils appartiennent, le meilleur rendement en poids et en sucre.

Ces conditions, qui depuis ont été considérablement élargies, n'en sont pas moins demeurées la base des concours ultérieurs de la Société. On leur doit une amélioration progressive dans la culture de la betterave et le maintien de bons rapports entre cultivateurs et fabricants de sucre.

Après avoir, par ses efforts, maintenu la culture de la betterave jusqu'à la bienfaisante loi de 1884, c'est vers l'amélioration de la culture du blé que la Société des agriculteurs du Nord a porté sa sollicitude.

En l'année 1885, elle récompensa : 1° les cultivateurs qui s'étaient distingués par la bonne tenue de leurs fermes et notamment par les méthodes qu'ils avaient employées pour la production et la conservation du fumier;

2° Les cultivateurs qui, dans l'ensemble de leur exploitation, avaient prouvé qu'ils s'étaient le mieux rendu compte des sols qu'ils cultivaient, ainsi que des engrais et amendements qui convenaient à leurs terrains et des époques où ces engrais devaient être appliqués;

3° L'auteur d'une brochure dans laquelle se trouvaient étudiés les moyens les plus efficaces pour améliorer la betterave dans le département du Nord;

4° Les instituteurs ayant rendu des services à l'agriculture ;

5° Les vieux serviteurs qui ont rendu les meilleurs services dans les exploitations agricoles.

En 1886 et 1887, la Société récompense tout particulièrement : 1° les cultivateurs du département du Nord qui, dans la création de champs de démonstration ayant pour objet la production d'une betterave riche, auront observé les meilleures pratiques, le mieux renseigné la Société sur tous les phénomènes accomplis pendant la végétation de la racine, et, enfin, obtenu les meilleurs résultats appréciables en argent;

2° Les cultivateurs qui auront réalisé de sérieux progrès dans l'ensemble de leur culture de blé et au moyen de champs de démonstration;

3° Les cultivateurs qui se font remarquer par la bonne tenue de leurs fermes, par la création et l'entretien de prairies permanentes.

En 1887, outre ses concours annuels, la Société a organisé un grand concours international de laiterie et de fromagerie qui eut le plus grand succès.

En 1888, la Société récompense : 1° les cultivateurs qui ont exposé les plus beaux produits de leur récolte ; 2° les personnes qui ont concouru au développement de l'enseignement agricole.

Le programme comprenait 3 sections divisées de la manière suivante :

Première section : aux auteurs des meilleurs ouvrages pouvant servir à l'enseignement agricole ;

Deuxième section : travaux divers ayant trait à l'enseignement agricole;

Troisième section : travaux de statistique agricole sur le département du Nord.

Des objets d'art, de nombreuses médailles d'or, de vermeil et d'argent furent décernés par la Société dans ces diverses sections.

Enfin, pour 1889, la Société, considérant l'opportunité qu'il y a à favoriser le mouvement qui se produit dans le département du Nord, dans le sens de l'enseignement agricole, a décidé que c'est aux instituteurs des écoles primaires rurales et à leurs élèves, dans l'ordre de leurs mérites respectifs, qu'elle attribuera la majeure partie des récompenses qu'elle décerne chaque année.

Aux maîtres, la Société offre 20 objets d'art de 80 francs et 60 ouvrages ayant trait à l'agriculture.

Aux élèves, 135 ouvrages.

La Société accordera en outre 5 récompenses d'une valeur de 200 francs chacune, soit 1,000 francs de prix aux maîtres qui, dans un concours spécial et devant une commission instituée à cet effet, auront montré qu'ils possèdent à un réel degré la science de l'agriculture.

La Société, en vue de propager les champs d'expériences, attribue encore 45 objets d'art aux cultivateurs qui auront organisé des champs d'expériences raisonnées ayant trait à la culture locale.

Elle récompense, comme elle l'a fait depuis 1881, les vieux serviteurs agricoles qui se sont distingués par leur probité, leur honnêteté et la durée de leurs services dans une même ferme.

En aidant de toute ses forces au progrès agricole, la Société des agriculteurs du Nord ne négligeait pas l'étude des questions économiques qui intéressent si gravement notre agriculture nationale et le bien public.

En toutes ces matières, qu'il se soit agi du régime des sucreries, des distilleries, des droits de douane sur les céréales, sur les bestiaux, de la fraude dans la vente des engrais, de l'entrée des viandes abattues, etc., dans toutes ces circonstances, ses délibérations se sont souvent élevées à une grande hauteur, et l'on s'accorde à dire que, dans les solutions intervenues, l'exposé qu'elle a fait de ses études auprès des pouvoirs publics n'a pas été sans influence sur les mesures obtenues en faveur de notre agriculture.

Mais nous lui rendons cette justice que, si elle a énergiquement poursuivi l'adoption de ces mesures, elle a en même temps et non moins énergiquement cherché et encouragé toutes les améliorations pouvant amener l'élévation des rendements et la diminution des prix de revient; qu'elle a, en un mot, efficacement servi le progrès agricole qui, selon nous, peut seul amener le relèvement réel et durable de notre agriculture nationale.

Les produits agricoles exposés par la collectivité des agriculteurs du Nord étaient très remarquables et comprenaient des statistiques parfaitement établies, quelques monographies agricoles intéressantes, la collection des bulletins trimestriels de la Société des agriculteurs du Nord, etc.; enfin, une foule de documents que nous voudrions pouvoir faire entrer dans notre rapport, vu leur importance et surtout le soin apporté par les auteurs dans la rédaction de toutes ces brochures qui permettent d'apprécier le dévouement de tous les agriculteurs du Nord pour la profession agricole.

Nous allons chercher à nous rendre compte des progrès réalisés dans les différentes cultures des céréales, des légumineuses, des racines, des plantes industrielles telles que les betteraves, le lin, le chanvre, le colza, l'œillette, la chicorée, etc.

CÉRÉALES.

Blé. — Comme nous l'avons déjà dit, la Société des agriculteurs du Nord, en même temps que les Sociétés locales et certains agriculteurs, ont beaucoup fait pour le développement de cette culture. C'est aux conseils accompagnés de réels encouragements donnés par ces Sociétés qu'il faut attribuer les rendements obtenus actuellement dans le département du Nord.

Il est bien certain que l'Exposition de 1878 a eu une très grande influence sur la production agricole de ce département, en amenant la création de la grande Société des agriculteurs. Avant cette époque, il n'était pas rare de voir le peu de soins que les cultivateurs apportaient dans la préparation de leurs terres, dans le choix des semences, et ils ne se rendaient aucun compte des pertes causées par ces négligences. Les progrès ont été tellement considérables qu'aujourd'hui le département du Nord, dont le sol est favorable à cette production, fournit des blés pour semence à toute la France.

C'est ce qui explique la création du grand nombre de champs d'expérimentation dans cette région.

D'après les déclarations qui nous ont été faites par les exposants, dont un certain nombre n'ont pas paru en 1878, les exploitations rurales présentent une étendue moyenne de 20 à 50 hectares, et les assolements sont réglés avec le plus grand soin; et, selon que les terres s'y prêtent, l'assolement est biennal, triennal ou quadriennal; le plus répandu était ce dernier, avec base de culture de racines.

Cependant l'emploi des engrais artificiels a une tendance à modifier cette manière de faire.

Les variétés de blés sont bien choisies; les engrais sont largement employés, et les méthodes de culture préparent bien le sol; on emploie les semoirs les plus perfectionnés et l'on ne craint pas de multiplier les binages et les hersages.

Quant aux engrais, le fumier de ferme est toujours celui qui est le plus employé; aussi voyons-nous dans chaque ferme un assez grand nombre d'animaux qui doivent fournir une grande partie de cet engrais, qu'on trouve aussi en abondance dans les villes qui comprennent un grand nombre de chevaux, comme Lille, Douai, Valenciennes, etc.

Les agriculteurs du Nord continuent les expériences qu'ils ont entreprises depuis plusieurs années sur le mode d'enfouissement qui, suivant la nature du sol et le climat de la contrée, etc., convient le mieux au fumier de ferme.

Ainsi, nous voyons, dans les notes qui nous ont été fournies, ces études s'étendre à des rotations de trois, quatre ou cinq ans, ouvertes dans des terres de différentes natures, par le fumier appliqué à des doses diverses et enfoui de différentes manières et à des époques également différentes.

Mais les engrais chimiques sous toutes les formes, matières animales désagrégées, sulfate d'ammoniaque, nitrate de soude, os dissous, phosphates et superphosphates, etc., sont ajoutés au fumier de ferme pour augmenter la fertilisation du sol.

C'est ainsi que nous voyons M. C. Delattre-Brabant qui expose, dans le but de mettre en évidence :

1° Le grand avantage de l'emploi des engrais phosphatés, en mettant en présence les produits obtenus avec ou sans phosphate, sur une même partie de terre;

2° Le grand effet utile et la prompte assimilation du phosphate de Quiévy.

MM. Ernest Macarez et Florimond Desprez, nos honorables collègues au jury des récompenses, nous ont fourni plusieurs exemples de l'emploi des engrais chimiques dans les comptes rendus de leurs cultures, et ils ont montré dans leurs statistiques combien les rendements étaient augmentés.

Voici entre autres un exemple fourni par M. Florimond Desprez :

1885, 50,000 kilogrammes de fumier : pommes de terre.

1886, rien : blé d'automne.

1887, 1,000 kilogrammes de chaux en septembre et 1,500 kilogrammes de tourteaux de sésame au commencement de mars, et 375 kilogrammes de nitrate de soude dans les premiers jours d'avril : betteraves.

1888, 50,000 kilogrammes de fumier saupoudré journellement de phosphate fossile, et en mai 200 hectolitres d'urine provenant de bêtes bovines : betteraves porte-graines.

1889, rien : blé d'automne semé en 1888.

MM. Florimond Desprez, Ernest Macarez, Ammeux, Coquelle, Carlier, Oscar Legrand, Lemaire, Félix Macarez, Stevenoot, Martin, Laurent-Mouchon et Antoine Dupont avaient exposé de très beaux blés appartenant aux variétés suivantes :

Blés golden drop, kessingland, dattel, schireff's, square head, d'Armentières, poulard d'Australie, velouté, chiddam, victoria, de Bergues, de Flandre, schireff anglais, prolifique roux, prolifique blanc, nursery, prince Albert, noé, roseau, spalding, schireff écossais, bordeaux.

Tous ces exposants signalent que, par suite de la sélection des semences et des divers facteurs comme la fumure, la préparation des terres, etc., leurs rendements ont beaucoup augmenté depuis 1878 ; nous le croyons sans peine, et chaque année la Société des agriculteurs du Nord l'a constaté dans son rapport annuel.

Mais il faut tenir compte que les cultivateurs ont souvent accusé des rendements pour de petites parcelles qu'ils n'auraient peut-être pas obtenus dans les champs qu'ils cultivent.

Les rendements les plus élevés ont varié de 35 à 50 hectolitres à l'hectare.

Mais nous devons reconnaître que c'est sous l'influence des exemples donnés, des encouragements, que la culture du blé s'est faite dans des conditions aussi remarquables.

Ainsi, dans l'exploitation de MM. F. Desprez et Bulteau-Desprez, nous trouvons les chiffres suivants à l'hectare :

1856...	Blé	2,000 kilogr.
	Avoine	1,800
	Betteraves d'une richesse de 11 p. 100	45,000
1870...	Blé	2,700
	Avoine	2,500
	Betteraves d'une richesse de 12 p. 100 de sucre	55,000
1889 [1].	Blé	3,800
	Avoine	4,000
	Betterave d'une richesse de 15 p. 100 du poids de la betterave	45,000

[1] Moyenne des quatre dernières années.

Les mêmes agriculteurs, dans une notice sur leur exploitation de Capelle, ont posé de la manière suivante les moyens d'obtenir de fortes récoltes de céréales et de betteraves :

1° Élévation du capital d'exploitation;

2° Assainissement du sol;

3° Labours qui ont permis d'augmenter la couche végétale du sol qui, de 0 m. 20 en 1856, est arrivée à 0 m. 35 en 1889;

4° Emploi d'engrais et amendements reconnus nécessaires;

5° Création d'un laboratoire agricole (le premier installé dans une ferme) et de champs d'expériences qui ont servi à reconnaître la valeur des engrais et les variétés de blés, d'avoines et de betteraves qui conviennent aux terrains de l'exploitation.

Nous pourrions encore citer les cultures faites à Blaringhem par le regretté M. Porion, mais nous en parlerons à propos de l'exposition collective du Pas-de-Calais.

En fait, la surface cultivée en hectares et en froment a diminué dans le département du Nord.

En effet, cette surface en hectares était de :

En 1862	152,943
En 1882	140,077
En 1887	137,364
En 1888	135,853

Mais le rendement à l'hectare a sensiblement augmenté; en effet, il s'élève chaque année, à mesure que la surface cultivée diminue.

Avoines. — Les avoines envoyées à l'Exposition par MM. Ammeux, Désiré Beugnet, Calonne, Candrelier, Carlier, Narcisse Delattre, François Durier, Gravis, Gruson-Cousinne, Lebecque-Vériele, Martin, Mormentyn, Louis Martel, etc. appartenaient aux variétés jaune de Flandre, blanche de Hollande, suédoise, jaune des salines, géante à grappes rondes, Nouvelle Zélande et Tartarie.

Nous pourrions encore ici rappeler les résultats très beaux obtenus par plusieurs des exposants qui ont opéré pour les avoines de la même manière qu'ils l'avaient fait pour les blés.

Mais les plus grands rendements ont été obtenus, soit 70 à 80 hectolitres à l'hectare, avec les deux variétés qui sont plus spéciales à ce département, c'est-à-dire l'avoine jaune de Flandre ou jaune du Nord, et l'avoine jaune des salines ou avoine d'Orchies.

Pour les avoines, la surface cultivée en hectares était de :

En 1882	51,807
En 1887	56,072
En 1888	57,293

En même temps le rendement à l'hectare va toujours augmentant.

Seigle. — Cette culture est peu répandue. Le long du littoral, dans les terrains sablonneux, là où le blé végète difficilement, il n'est pas rare de voir remplacer ce dernier par le seigle qui, dans ces conditions, donne d'excellents résultats comparativement à la valeur du sol. Les quelques échantillons qui étaient au quai d'Orsay étaient remarquables et présentés par MM. Émile Davaine et Henri Martin.

CULTURES DIVERSES.

Plantes fourragères. — Pour l'ensemble des plantes fourragères, il y a une diminution portant principalement sur les prairies naturelles; il n'y a presque pas de parcours et de pâtures.

Les prairies artificielles sont aussi en diminution; ainsi, par exemple, la superficie cultivée en trèfle, qui était de 23,652 hectares en 1882, n'est plus que de 19,584 hectares en 1888; mais le rendement par hectare a augmenté parce que la production fourragère est intensive. Il en est ainsi pour les vesces ou dravières, pour le trèfle incarnat, pour le maïs-fourrage, la luzerne, le sainfoin, etc.

C'est pourquoi nous voyons exposer par plusieurs maisons importantes du Nord, telles que MM. Lemaire frères et sœurs, à Nomain, et Dessort, à Cambrai, des semences de premier ordre pour ces cultures.

Pommes de terre. — Cette culture est très développée dans le département du Nord, et les spécimens qui ont été présentés à l'Exposition étaient très remarquables, entre autres ceux de M. François Duriez.

Les emblavures en pommes de terre, qui étaient de 20,892 hectares en 1882, ont progressé en 1887 et 1888, et sont montées au chiffre de 23,699 hectares en 1887, et de 24,520 hectares en 1888.

Les rendements, qui étaient en 1882 de 1,378,872 quintaux, ont été en 1887 de 1,887,890 quintaux, et en 1888 de 1,274,993 quintaux.

On sait que la récolte a laissé à désirer pendant cette dernière année.

Plantes industrielles. — Les cultures du colza ont augmenté en même temps que les emblavures en œillette diminuaient. Mais, d'une manière générale, ces cultures ont perdu de leur importance, aussi n'en trouve-t-on que de rares échantillons à l'Exposition universelle.

Lins. — Les lins envoyés au quai d'Orsay (graines de lin, bouquets de lin non roui, roui, lin teillé) provenaient des exploitations de MM. Vervoot, Deconinck, Claro-Desprez, Laurent-Mouchon, Bouilliez et Jean Dalle; ce dernier y avait joint un grand nombre d'écrits sur cette plante textile, et nous devons signaler que plusieurs de ces rapports sont remarquables : c'est un historique complet de la culture du lin, et les cultivateurs qui désirent l'entreprendre y trouveront des renseignements très précieux.

On peut donc toujours affirmer que le département du Nord qui, de temps immémorial, a toujours brillé dans la culture de ce textile, est encore celui qui produit les plus belles tiges de lin et les plus remarquables filasses.

Les emblavures, qui étaient pour le lin en 1882 de 6,648 hectares pour ce département, sont descendues à 6,300 hectares en 1888; c'est une diminution de 348 hectares qui s'explique par la préférence que donnent les agriculteurs du Nord à la culture de la betterave, surtout dans ces dernières années.

Les rendements ont été plus forts, ils accusent 7 quint. 85 de filasse valant 99 fr. 50 le quintal et 7 quint. 91 de grains valant 25 fr. 35.

Le lin est une plante délicate et qui nécessite, pour réussir, une culture intensive.

Fèves, haricots, pois. — Nous aurions encore beaucoup à dire sur la culture des fèves, des haricots et des pois, qui est assez étendue dans le département, et les exposants en ont présenté quelques beaux spécimens.

Nous pourrons citer MM. Bollengier, Caloonne, Davaine, Gruson-Cousinne, Lebecque-Vériéle, Marmentyn et Stevenoot.

Betteraves. — La culture de la betterave a reçu dans le Nord et dans les départements voisins un développement très important; c'est surtout dans ces dernières années, grâce à la loi de 1884, que les améliorations se sont produites. Nous pensons que la notice suivante que nous publions sur les travaux concernant la betterave de la station expérimentale de Capelle (Nord), que nous devons à l'obligeance de notre collègue M. Florimond Desprez, permettra de se rendre un compte exact de ce qu'a été la culture de la betterave dans le département du Nord.

La station agricole de Capelle (Nord) a été fondée, il y a environ trente ans, par M. Florimond Desprez, agriculteur à Vattines (Capelle-Nord), et M. Charles Viollette, professeur de chimie agricole et industrielle à la faculté des sciences de Lille, dans le but d'étudier principalement toutes les questions se rattachant à l'amélioration de la betterave sucrière. L'arrêté ministériel du 30 juillet 1888 n'a donc fait que consacrer une situation acquise en rattachant au Ministère de l'agriculture un établissement qui, depuis longtemps, avait fait ses preuves.

Jusque dans ces derniers temps, on croyait à l'impossibilité de cultiver industriellement, en France, la betterave riche en sucre. Ce préjugé était tellement enraciné dans les esprits que, jusqu'en 1884, on trouvait encore dans la plupart des compromis entre cultivateurs et fabricants cette clause de n'employer que des graines de betterave acclimatées depuis cinq ans.

Or voici en quoi consistait cette prétendue acclimatation : on allait, disait-on, en Allemagne chercher des graines de betteraves riches; on les semait en France et l'on choisissait dans la récolte les sujets les plus vigoureux pour en faire des porte-graines.

Au bout de deux ans, on avait de la graine de betteraves acclimatée d'un an. En répétant la même opération avec cette graine, on obtenait, après quatre ans, de la graine de betterave acclimatée de deux ans, et ainsi de suite; donc, pour arriver aux graines ayant huit ans d'acclimatation, celles qui étaient les plus recherchées, il fallait répéter les mêmes cultures pendant seize années. On obtenait, par ce procédé, des betteraves pauvres, sortant de terre, ne possédant plus les caractères de la betterave à sucre, en un mot, des betteraves dégénérées.

La persistance de la culture et de l'industrie à employer uniquement cette betterave jusqu'en 1884 a été certainement la principale cause de la décadence de l'industrie sucrière en France.

C'est à cette fâcheuse situation que MM. Viollette et F. Desprez ont cherché à remédier par une série d'études poursuivies d'année en année sur des champs d'expériences situés à Capelle (Nord). On y démontrait sur le terrain même, aux fabricants de sucre et aux cultivateurs, les avantages de la culture de la betterave riche, et chaque année diverses publications faites dans les journaux sucriers ou dans des brochures relataient les résultats obtenus.

Au début de leurs recherches, c'est-à-dire en 1860, MM. Viollette et Desprez reconnurent que l'emploi de l'eau salée, généralement en usage, était insuffisant pour apprécier la richesse de la betterave, nuisible même, et, d'autre part, que le procédé de Vilmorin ne pouvait être appliqué en grand. Ils substituèrent à la détermination de la densité du jus l'analyse même de la betterave par l'emploi de la liqueur cuivrique. Ils perfectionnèrent ce mode de dosage, en constatèrent l'exactitude en comparant les résultats obtenus avec ceux fournis par le saccharimètre, et rendirent le procédé assez simple pour qu'il pût être confié à des ouvriers. Ce mode de dosage, étendu aux divers produits de l'industrie sucrière, se trouve décrit dans un ouvrage spécial publié en 1868, qui a valu à M. Viollette une médaille d'or décernée en 1875 par la Société nationale d'agriculture de France, sur le rapport de M. Péligot.

D'abord et pendant plusieurs années, les betteraves produites dans les champs d'expériences de Capelle étaient numérotées sur place, puis transportées à Lille, au laboratoire de la faculté des sciences, pour y être analysées, et enfin ramenées à Capelle quand elles devaient servir comme porte-graines.

Avant d'adopter pour sa production de graines riches la méthode par la liqueur cuivrique, la maison Desprez voulut se rendre compte exactement de sa valeur par un essai fait en grand. A cet effet, 10,000 betteraves d'une même race furent sélectées, par l'emploi de l'eau salée, avec les plus grands soins, puis analysées sur place par la méthode nouvelle.

Les résultats de cette comparaison entre les deux méthodes furent tels, qu'à partir de cette époque, la maison Desprez renonça, pour le choix de ses porte-graines, à l'emploi de l'eau salée et installa immédiatement un premier laboratoire destiné à l'analyse chimique des porte-graines (1872).

L'année suivante (1873), le laboratoire fut doublé. Enfin, comme il n'était plus possible de s'étendre dans les bâtiments de la ferme, la maison Desprez n'hésita pas à faire construire en 1875 un laboratoire spécial, unique dans le monde, situé au milieu d'un vaste terrain dépendant de la ferme de Wattines (Capelle), et dont le personnel se compose d'un directeur, d'un sous-directeur, d'une trentaine de personnes, enfants et ouvriers. Dans la campagne 1876-1877; on y fit 200,000 analyses de betteraves; en 1877-1878, 323,000, soit environ 3,000 par jour; l'installation du laboratoire permettait de faire jusqu'à 10,000 analyses par jour, si cela était nécessaire.

Les producteurs de graines de la région suivirent peu à peu cet exemple et installèrent dans leurs exploitations des laboratoires d'une importance variable. Dans ces derniers temps seulement, les grandes maisons allemandes ont installé également des laboratoires; mais, ne voulant pas avoir l'air de copier ce qui se faisait en France, elles ont pris comme base l'analyse saccharimétrique. Il est fort douteux que l'on puisse arriver, par ce moyen coûteux, à effectuer journellement un aussi grand nombre d'analyses que par l'emploi de la liqueur cuivrique, et l'on se demande si certains de ces laboratoires ne sont pas uniquement destinés à la montre : l'emploi du saccharimètre n'offre aucun avantage au point de vue de la précision; la méthode chimique et la méthode optique ont la même valeur comme exactitude; M. Viollette a établi ce fait par un grand nombre d'expériences de contrôle; la première méthode a l'avantage de la rapidité de l'exécution.

Les résultats concordants des recherches poursuivies pendant plusieurs années par MM. Desprez et Viollette les ont amenés à la solution pratique et industrielle de la culture de la betterave riche, culture qui n'avait jamais pu se faire en France jusqu'à cette époque. On était tellement éloigné de cette solution que l'un des hommes les plus compétents dans la matière, M. Péligot, membre de l'Institut, dans un mémoire lu à l'Académie dans la séance du 18 janvier 1875 (*Comptes rendus de l'Académie des sciences*, t. XXX, p. 135), conseille à l'industrie d'employer les betteraves irrégulières et racineuses provenant de M. P. Olivier, producteur de graines.

«Il semble, dit-il, qu'on doive se résoudre à accepter ce vice de conformation comme étant la conséquence de la plus grande richesse saccharine.»

M. Viollette réfute immédiatement cette opinion dans une note présentée à l'Académie dans sa séance du 8 février 1875, et insérée à la page 399 de ses *Comptes rendus* pour cette même année. Il démontre, par une expérience de culture précise et concluante remontant à 1867 et faite avec des graines récoltées en 1866 sur un même sujet, que les formes racineuses ne proviennent pas de la graine, mais de ce que l'on a semé ces graines dans un sol mal préparé et non homogène. Ces faits démontrent que, déjà en 1867, l'opinion de MM. Desprez et Viollette était établie sur le mode à suivre pour cultiver avec succès la betterave riche. La solution de cette question importante, que ces expérimentateurs revendiquent comme leur appartenant en propre, peut se traduire par cette formule très simple : «la nature de la betterave doit être appropriée à la nature du sol.»

Comme sanction pratique de cette formule générale, ils créèrent trois variétés principales dans chaque race de betteraves, qui furent désignées d'abord et livrées au commerce sous les dénominations de *n° 1, n° 2, n° 3*. Dans les journaux sucriers et dans les brochures spéciales, ils donnaient les caractères de chacune de ces variétés. Le numéro 1, disait-on, comprend des betteraves blanches ou roses, à chair dure, à peau rugueuse, sortant peu de terre, à long collet, à feuilles abondantes; elles doivent être cultivées dans des terres fertiles ayant reçu beaucoup d'engrais et labourées profondément; elles produisent 16 à 18 p. 100 de sucre.

Le numéro 3 comprend des betteraves blanches ou roses, à chair tendre, à peau peu rugueuse, à petit collet, à feuilles assez abondantes; elles conviennent aux terres peu fertiles et incomplètement préparées pour la culture de la betterave; elles donnent de grands rendements en poids, avec une richesse saccharine de 11 à 13 p. 100.

Le numéro 2, intermédiaire entre les deux précédents, comprend des betteraves blanches ou roses, à peau rugueuse, à chair moins dure que le numéro 1, mais moins tendre que le numéro 3; elles sortent peu de terre; elles sont propres aux terres moyennes labourées profondément et convenablement cultivées, avec dose ordinaire d'engrais; elles donnent 13 à 16 p. 100 de sucre.

La maison Desprez s'était outillée pour produire en grand la graine de betterave riche; le laboratoire fonctionnait pendant toute la saison, c'est-à-dire d'octobre à mars, avec un personnel nombreux. Chaque année, on réunissait à Wattines, sur les champs d'expériences, des cultivateurs et des fabricants de sucre; les betteraves étaient arrachées devant eux, les analyses faites sous leurs yeux. On démontrait aux cultivateurs qu'ils pouvaient obtenir des rendements élevés et rémunérateurs avec la betterave riche, et aux fabricants tous les avantages qu'ils avaient à les employer. Ces tentatives restaient sans succès, et la maison Desprez se voyait obligée de livrer ses graines riches à l'étranger.

Deux objections étaient faites dans la presse sucrière et dans certains congrès betteraviers : l'une consistait à dire que les conclusions étaient déduites d'expériences faites sur des carrés trop petits, dont la culture pouvait ne pas se rapprocher de la grande culture industrielle; l'autre avait trait au lieu unique dans lequel les expériences avaient été faites depuis nombre d'années. Ces objections furent réfutées par l'expérience.

A l'objection relative au peu d'étendue des carrés d'essai, on répondit en établissant à Wattines (Capelle), en 1882, quatre champs d'expérimentation ayant chacun la contenance d'un hectare, ensemencés avec des graines de nature diverse, dans le but de démontrer qu'il était possible d'obtenir des rendements industriels élevés en poids et en sucre avec la betterave riche. Pour répondre à la seconde objection concernant le lieu unique des essais, on fit établir, dans un grand nombre de contrées betteravières

IMPRIMERIE NATIONALE.

de France et de l'étranger, des séries de carrés d'essai faits sur le modèle de ceux qui avaient servi aux recherches antérieures. Une ligne de chacun de ces carrés devait être analysée sur place par le cultivateur chez lequel l'essai avait lieu, et, comme contrôle, une autre ligne prise à côté était adressée au laboratoire de Capelle.

La Société des agriculteurs du Nord, informée de ces dispositions, désigna une commission prise dans son sein, dans le but de visiter, quand elle le jugerait convenable, les quatre champs, d'un hectare chacun, de Wattines, de procéder aux analyses et aux constatations nécessaires pour évaluer les richesses et les rendements, et de lui dresser un rapport sur les résultats constatés.

Le rapport présenté à la Société des agriculteurs du Nord, dans sa séance du 8 novembre 1882, vint confirmer de tout point les résultats obtenus depuis nombre d'années sur les champs d'expériences.

Il fut donc démontré par cet essai de grande culture, avec chiffres à l'appui, que le cultivateur et le fabricant ont tout intérêt à la culture d'une betterave riche payée à sa valeur, et que, contrairement à l'idée généralement admise dans le monde sucrier, il était possible d'obtenir dans le nord de la France, et même dans l'arrondissement de Lille, des betteraves aussi riches que dans n'importe quelle autre région, et que certaines espèces d'entre elles produisent facilement 13 à 16 p. 100 de sucre et donnent des rendements en poids qui ne sont pas inférieurs à ceux obtenus avec la betterave ordinaire.

Les carrés d'essai faits dans treize localités diverses de la France, de la Belgique et de la Hollande sont venus confirmer ces résultats.

Nous croyons devoir reproduire ici les conclusions principales du rapport d'ensemble de ces diverses cultures, présenté à la Société des agriculteurs du Nord dans la séance du 6 décembre 1882.

1° Les variétés de betteraves à chair dure donnent, à poids égal, plus de sucre que toutes les espèces. Mais si l'on veut obtenir avec elles un rendement en poids satisfaisant, il ne faut les cultiver que dans des terres très fertiles, et dans un sol physiquement et chimiquement homogène et convenablement défoncé;

2° Dans beaucoup de terrains, les races à chair intermédiaire produisent un rendement en poids au moins égal à celui des variétés à chair tendre et à peau lisse, et toujours plus de matière sucrée à l'hectare que dans cette dernière variété;

3° Dans les terres moins bien préparées et peu fertiles, l'on peut cultiver avec succès les variétés à peau lisse;

4° Les graines produites sur des sujets analysés donnent toujours, dans chacune des trois races, de 1 à 2 p. 100 de richesse en plus que les betteraves de même race non analysées, et avec autant de rendement en poids.

Ce rapport reçut une grande publicité et produisit une certaine sensation dans le monde sucrier; néanmoins, on continua les anciens errements.

Il fallut l'intervention de l'État pour opérer dans l'industrie sucrière la réforme que

MM. Desprez et Viollette préconisaient depuis si longtemps. A partir de 1884, la base de l'impôt fut changée, et le fabricant obligé d'avoir recours à la betterave riche.

Dès la première année, cette culture fut mise en pratique sur tout le territoire. Le succès fut complet, et désormais la culture de la betterave riche entra dans le domaine de la pratique. Nous pensons qu'une grande part de ces résultats est due aux recherches poursuivies depuis plusieurs années à la station de Capelle. Depuis longtemps, cette station avait indiqué la marche à suivre, la nature des graines à employer suivant la nature du sol; elle avait prouvé les avantages de cette culture; la voie était toute tracée, l'industrie a pu y entrer sans tâtonnements et marcher à coup sûr.

MM. Desprez et Viollette ajoutent qu'ils poursuivent leurs recherches sur l'amélioration de la betterave sucrière, sur la comparaison des espèces, sur l'influence du mode de culture, etc., et déclarent qu'ils ont été assez heureux l'année dernière pour résoudre une question du plus haut intérêt : la création de races de betteraves hâtives riches, propres à la fabrication du sucre (*Comptes rendus de l'Académie*, 1889, et brochure extraite des *Mémoires de la Société des agriculteurs du Nord*). Cette solution recherchée depuis longtemps n'avait pu aboutir jusqu'ici.

Nous aurions aussi à signaler les expositions de M. Carlier, à Orchies; de MM. Lemaire frères, de la même localité; de M. Porion, à Blaringhem; de M. Ernest Macarez; de M. Laurent-Mouchon; enfin de la plupart des agriculteurs du Nord qui n'ont pas hésité à entrer dans la voie scientifique.

Chicorée. — M. Deharvengt-Derkenne a exposé la chicorée en graines, en racines, en cossettes lavées après le touraillage, en cossettes torréfiées, en chicorées moulues et en paquets.

Nous avons fait l'analyse de la notice qu'il nous a adressée et qui permettra de se rendre compte de ce que peut être cette culture.

La chicorée sauvage (*chicorium intybus*) est une plante vivace appartenant à la famille des composées, tribu des chicorées. Sa racine fusiforme et pivotante s'enfonce jusqu'à 0 m. 40 dans le sol. Ses feuilles roncinées ou irrégulièrement dentelées, d'un beau vert foncé, couvertes de petits poils s'étalent gracieusement, rappelant celles du pissenlit, mais beaucoup plus larges et plus longues que ces dernières; elles atteignent généralement 0 m. 08 de largeur sur 0 m. 30 de longueur.

La chicorée fut d'abord cultivée comme plante fourragère. Vers 1784, Crette de Paluel propagea cette culture dans les environs de Paris. Peu après, elle fut introduite en Angleterre par Arthur Young; quelques années plus tard, sa racine fut employée pour être mélangée avec le café. «La fabrication d'un café factice au moyen de la racine de chicorée torréfiée», disent MM. Girard et Du Breuil, dans leur *Traité élémentaire d'agriculture*, paraît être originaire de la Hollande; elle est pratiquée dans ce pays depuis plus d'un siècle; elle est restée secrète jusqu'en 1801. A cette époque, MM. d'Orban, de Liège, et Giraux (ou Gibaux) importèrent le procédé de fabrication,

M. d'Orban, à Liège, alors chef-lieu du département de l'Ourthe, et M. Giraux, à Onnaing, commune du département du Nord, à 6 kilomètres de Valenciennes. Plus tard, lorsque la Belgique fut séparée de la France, M. d'Orban créa une nouvelle fabrique dans les environs de Valenciennes.

Cette industrie est devenue chez nous une branche importante de commerce et une source de prospérité pour quelques communes de ce département. Pendant un certain temps, les arrondissements de Cambrai et de Valenciennes eurent seuls des fabriques de chicorée; mais, depuis l'établissement de l'impôt qui grève si fortement l'entrée du café en France, des fabriques se sont élevées dans diverses localités, telles que l'Aisne, la Somme, la Normandie, la Bretagne, la Seine, etc.

La chicorée est cultivée comme plante fourragère, médicinale et alimentaire. Seule, sa racine est employée comme succédanée du café. C'est spécialement à ce point de vue que nous allons l'étudier. La variété de chicorée à café diffère un peu de celle employée comme fourrage; la racine en est plus grosse, moins bouteuse, les feuilles plus dentelées et moins larges. Le type primitif est bien la chicorée sauvage qui venait naturellement dans les champs en friches, seulement cette variété a été améliorée et développée par la culture, dès qu'on en a connu l'emploi.

La racine de la chicorée contient des matières amères, du sucre, de l'albumine, des sels de potasse et de nitre, et une matière insipide, incolore, semblable à l'amidon et que l'on nomme *Inuline* ($C^{12} H^{3} O^{9} H^{0}$). La composition des feuilles est à peu près la même, seule l'inuline y fait défaut.

La chicorée à café est très robuste, ses produits viennent dans tous les climats de la France, elle s'accomode à peu près de tous les terrains, mais c'est surtout dans les sols argileux et profonds qu'elle donne ses plus beaux produits. Le calcaire et la chaux sont aussi nécessaires pour arriver à d'excellents résultats.

La chicorée, comme la betterave, réclamant plusieurs binages pendant l'été, est une plante nettoyante par excellence; c'est donc après une céréale que l'on devra la mettre. C'est ordinairement après l'orge qu'on la place dans la rotation. Comme elle s'arrache très tard, on lui fait succéder une céréale de printemps; les cultivateurs réussissent généralement très bien avec de l'avoine après la chicorée.

La chicorée, avons-nous déjà dit, enfonce sa racine jusqu'à o m. 40 dans le sol, il importe donc que la terre soit parfaitement défoncée afin que la plante pivote bien et cherche facilement sa nourriture. Pour la cultiver vers la fin de l'été, après l'enlèvement de la céréale, on donne un coup de scarificateur, afin d'exposer les mauvaises herbes au soleil et de les faire périr. Avant l'hiver, on laboure le plus profondément possible ou, ce qui vaut mieux, on pratique un défoncement général. Pour cela, on ouvre un sillon d'une profondeur de o m. 25 et l'on fait suivre dans le fond de ce sillon une fouilleuse qui remue encore le sous-sol de o m. 15.

Les avantages de ces labours d'automne sont immenses : ils permettent à la gelée et à la pluie de détruire la cohésion du sol, de faire périr les insectes, de rendre la terre poreuse, de faciliter l'infiltration des eaux tout en conservant la fraîcheur du sol. Au printemps, on donne un labour superficiel à l'extirpateur, on herse et on roule, afin d'ameublir la terre le mieux possible.

Les engrais sont indispensables dans toute culture; ils le sont dans les terrains défoncés plus qu'ailleurs, par la raison que le défoncement augmente la couche arable d'une grande quantité de terre nouvelle, qui n'est généralement pas très fertile. Le fumier de ferme, le guano, les fientes d'oiseaux de basse-cour, les déchets de laine, l'urine, l'engrais humain, le purin, le sang de boucherie, constituent d'excellents engrais. Le fumier de ferme doit toujours être enfoui à l'automne, afin d'être bien consommé lors de l'ensemencement. Les fumiers pailleux produisent des chicorées tortueuses, fourchues, poussant en feuilles et non en racines; la chicorée ne s'en accommode pas mieux que la betterave. Les engrais liquides répandus sur les jeunes plants après une pluie ou étendus d'eau aident au développement de la plante et facilitent merveilleusement son accroissement.

Ces engrais, par leur décomposition, fournissent aux jeunes plants les éléments minéraux dont ils ont besoin et, par l'humus qu'ils contiennent, augmentent le rendement et permettent au sol d'absorber et de conserver l'humidité si favorable à la végétation.

Dans les terres siliceuses, la chaux employée raisonnablement produit les meilleurs effets.

Comme la betterave, la chicorée met deux ans pour produire ses graines. Lors de l'arrachage, on choisit les plus belles racines et on les met en silo. Au printemps suivant, on les plante dans un très bon terrain; il se développe des tiges de 1 mètre à 1 m. 50 de haut qui se couvrent de fleurs bleues. La récolte se fait en septembre; on coupe les tiges, on les laisse sécher au grenier ou dans des hangars, puis on les bat pour en extraire les graines. La maturation de ces dernières est lente et très difficile dans les années pluvieuses. Les cultivateurs préfèrent les graines de deux ou de trois ans, parce que la vieille graine produit moins de chicorée qui monte, ce qui est nuisible à la fabrication. En tout cas, il vaut mieux acheter sa graine chez un marchand qui vous la garantit, et qui s'attache à produire les meilleures variétés. Nimy, bourg voisin de Mons (Belgique), est depuis longtemps renommé pour ses bonnes graines de chicorée, toujours vendues à l'agriculture en toute confiance.

L'ensemencement se fait dans la première quinzaine de mai, et autant que possible dans la période de la pleine lune, pour éviter que les chicorées montent. On sème à la volée ou l'on plante à la machine. Les agriculteurs qui savent se procurer de bons bineurs préfèrent le semis à la volée; dans le cas contraire, ils plantent.

Le semis au plantoir en lignes a l'avantage de faciliter le binage et le plaçage des plants. C'est généralement le plus employé. L'intervalle à laisser entre les lignes est de 0 m. 18. La quantité de graines à employer à l'hectare est de 4 kilogrammes.

Aussitôt que l'on distingue suffisamment les plants, on doit procéder à un premier binage avec une petite herse à main; un second binage est donné trois semaines plus tard. Au second binage, on procède au plaçage des chicorées. On les met au carré, à o m. 018 dans les lignes, et les lignes à o m. 18 les unes des autres. En général, les chicorées placées de bonne heure végètent mieux que celles qui l'ont été plus tard, parce qu'elles jouissent mieux de l'air et de la lumière, ces deux agents indispensables à la végétation; en outre, celles qui sont supprimées n'ont pas le temps d'absorber les sucs nutritifs réservés à celles qui sont à des distances convenables. Un troisième binage, le plus profond possible, est donné pendant l'été.

On arrache les chicorées en octobre et novembre, alors que leurs racines sont bien développées. On fauche préalablement les feuilles, qui sont laissées comme engrais à la terre ou données aux bestiaux comme nourriture. Les vaches les recherchent avidement; elles constituent pour elles un excellent fourrage vert, qui fait donner beaucoup de lait, mais qui devient amer si les animaux en sont nourris trop longtemps.

En outre, par leur amertume, les feuilles agissent comme tonique et rendent les animaux qui s'en nourrissent moins exposés aux maladies cutanées. L'arrachage se fait au louchet et en deux coups de fer. Le premier autour de la racine pour la décolleter, et le second à l'extrémité de la racine pour l'obtenir de toute sa longueur. Après cet arrachage, le sol se trouve complètement bêché à une profondeur de o m. 35. Les racines sont mises en petits tas sur le champ pour que la terre qui y adhère puisse se sécher et s'en détacher, ensuite on les transporte à la ferme et on les couvre de paille pour les préserver de la gelée.

On s'occupe alors de laver les racines. Le procédé qui est le plus employé actuellement se fait au moyen d'un lavoir semblable à ceux employés dans les fabriques de sucre; il se compose spécialement d'un cylindre creux et à jours, plongeant dans l'eau courante. Les racines sont introduites par un bout, et, le cylindre tournant, elles sortent par l'autre extrémité. Les chicorées sont ensuite fendues longitudinalement, puis mises sur un chevalet pour être coupées transversalement en morceaux de o m. 04 à o m. 06 par une lame mobile fixée en bas d'un bâti. Les morceaux prennent alors le nom de cossettes. Les cossettes sont ensuite desséchées à la touraille.

La touraille se compose essentiellement d'un four sans cheminée, en forme de voûte. Sur les côtés du four sont pratiquées des ouvertures communiquant dans une chambre, dite chambre de chaleur.

Au-dessus de cette chambre de chaleur sont fixées des petites poutrelles en fer sur lesquelles est placé un pavement de carreaux en terre cuite, percés de trous, ou une toile métallique à jours. Les carreaux étant réfractaires conservent mieux la chaleur et la dispersent plus également. En outre, à la toile métallique, la cossette est en contact trop direct avec le foyer et est sujette à se brûler. Le carreau ne présente pas cet inconvénient. On étend sur ces carreaux une couche d'environ o m. 20 de cossettes que l'on remue assez souvent pour éviter de les laisser brûler et pour opérer un dessèchement uniforme. On chauffe le four avec du charbon maigre, produisant très peu de fumée.

Au bout de vingt-quatre heures, on retire les cossettes et on les emmagasine au grenier jusqu'au moment où on les livre au fabricant de chicorée.

Pour sécher 1,000 kilogrammes de cossettes, il faut environ 3 hectolitres de charbon.

Arrivée chez l'industriel, la cossette est d'abord torréfiée, c'est-à-dire soumise à un commencement de calcination, dans le but de détruire une partie de ses matières végétales insipides et en même temps pour lui donner l'arome qui la caractérise. Cette opération s'exécute dans de grands brûloirs à café, appelés tambours. Ces brûloirs étaient jadis cylindriques, mais aujourd'hui on les fait sphériques, la chaleur se répartissant mieux et plus également dans la masse des cossettes soumises à la torréfaction. Les tambours sont placés sur des hottes de cheminées tirant très bien et mis en mouvement par une force motrice quelconque, machine à vapeur, roue à eau, manège à cheval, etc.

Le temps de la torréfaction varie suivant la grandeur des tambours. Pour des brûloirs d'une moyenne grosseur, contenant de 100 à 120 kilogrammes, l'opération dure deux heures environ.

La torréfaction doit se faire avec beaucoup de soin et de réserve, car c'est d'elle que dépend la qualité du produit que l'on fabrique; si elle est excessive, les matières se brûlent et se détruisent; si elle est trop faible, la chicorée se gâte et n'a pas l'arome qu'on lui réclame.

Les praticiens reconnaissent à une fumée blanche avec des reflets violets qui se dégage abondamment et à une odeur caractéristique qu'il est temps de retirer les cossettes du feu.

La torréfaction terminée, on ajoute 1 p. 100 de beurre afin de lustrer la chicorée et de lui donner l'aspect du café brûlé, et en même temps de la conserver toujours très sèche.

On fait faire encore quelques tours au tambour puis on le vide, soit dans des bacs en bois ou en tôle, soit sur un pavement bien propre; on fait passer un courant d'air sur les cossettes afin de les faire refroidir pour les moudre ensuite. Pendant la torréfaction, les chicorées perdent de 24 à 26 p. 100 de leur poids.

EXPOSITIONS DIVERSES.

Malterie de Lourches. — L'exposition collective du Nord comprend encore la grande malterie de Lourches (établissements Salomon, Dreyfus et Cie, à Valenciennes).

La malterie de Lourches, fondée en 1880, dans les anciens établissements des raffineries du Nord, a pris depuis quelques années une très grande extension et est devenue une des plus grandes usines de ce genre.

Au bord du canal de Paris, peu éloignée de Dunkerque et d'Anvers et au centre des bassins houillers des mines d'Anzin et de Douchy, elle est desservie par deux gares, Lourches et Denain.

Cette situation lui permet de réaliser une économie de main-d'œuvre considérable.

Le système employé est la germination à froid et à petites couches, le grain est poussé à longues plumules, les retournes sont faites à la pelle.

La superficie des germoirs est de 6,640 mètres carrés et leur hauteur 4 mètres, ce qui donne une parfaite ventilation activée de plus par des machines *ad hoc* système Farcot.

Les tourailles ont une superficie de 580 mètres carrés. Elles sont construites aux derniers systèmes à simple et double plateaux et donnent une dessiccation bien graduée sans grains vitreux. Par suite d'agrandissement, lorsque les travaux en cours d'exécution seront terminés, la superficie des germoirs atteindra 8,000 mètres carrés et celle des tourailles 760 mètres.

Pour les approvisionnements, des employés attachés à la maison sont chargés de l'achat en culture, surtout dans les grands centres de production tels que la Beauce, la Vendée, etc., ainsi que dans quelques ports de mer. La force motrice se compose de deux générateurs et d'une machine de 70 chevaux, mettant en action les ventilateurs, nettoyeurs, trieurs, dégermeurs, moulins, concasseurs, monte-charge, etc.

Le travail annuel varie entre 8 à 9 millions de kilogrammes de grains.

La vente à la brasserie est effectuée en France et à l'étranger par onze agences.

L'usine est dirigée par M. Léon Dreyfus et se compose de deux chefs de fabrication (alternant jour et nuit), deux magasiniers, et occupe un personnel de 60 ouvriers, non compris les ouvriers des différents corps d'état qui s'occupent des installations et de l'entretien du matériel.

La comptabilité est centralisée à Valenciennes.

Enfin nous trouvons encore dans l'exposition collective du Nord la carte agronomique du canton nord d'Avesnes-sur-Helpe de M. Achille Bachy, les tabacs en feuille de Madame veuve Bonzel-Corenwinder, les travaux de science appliquée à l'agriculture de M. Deleporte-Bayart, le tableau d'enseignement agricole de M. Adolphe Herlem, les huiles végétales, tourteaux, et graines oléagineuses de MM. Hourriez et Herreman, les collections d'insectes utiles et nuisibles de M. Édouard Quesnay.

SOCIÉTÉ D'AGRICULTURE DE BOURBOURG.

La Société d'agriculture de Bourbourg a été fondée en 1849, et son action s'étend sur les cantons de Bourbourg et de Gravelines.

La situation en 1878 peut se caractériser par le rendement du froment qui était d'un peu moins de 21 hectolitres par hectare en moyenne pendant les cinq années précédentes.

En 1889, les produits exposés comme froment avaient donné, à la récolte des cinq dernières années, une moyenne d'un peu plus de 26 hectolitres 1/2 par hectare.

Toutes les autres cultures ont progressé dans la même proportion, grâce à un large emploi des engrais chimiques et à l'amélioration du choix des semences. Les rendements ont continué de s'accroître d'une manière plus marquée dans les deux dernières années, les engrais à haute dose ayant été plus généralement adoptés et de profonds changements ayant été apportés dans les méthodes culturales et dans l'emploi des fumiers.

Dans une excellente brochure sur la Société d'agriculture de Bourbourg, M. le président E. Hubert-Legaigneur a réuni tous les détails concernant l'exposition collective de cette Société.

M. Auguste Petit, conducteur principal des ponts et chaussées, a fait l'histoire graphique du desséchement de la plaine de la Flandre française, située à l'est de la rivière de l'Aa, formant aujourd'hui les territoires des quatre sections des Wateringues du Nord et les Moëres, et comprenant une superficie d'environ *40,000 hectares conquis sur la mer,* par les associations des propriétaires, avec le concours du service hydraulique, dans un espace d'environ 2,000 ans.

Pour montrer par quelles phases a passé cette œuvre grandiose, M. Auguste Petit a exposé des plans qui ne sont qu'une partie d'une étude plus complète qu'il a expliquée par autant de dessins qu'il s'est produit de pertubations dans le desséchement du pays.

Cependant, les quatre plans qui étaient exposés au quai d'Orsay donneront une idée générale assez exacte des principales modifications qu'a subies le territoire qui forme aujourd'hui les Wateringues du Nord.

On croit généralement, dans le pays, que la mer s'est retirée et a abandonné tout simplement la plaine dont il est question; les cultivateurs labourent, sèment, moissonnent sans se douter que la mer et les canaux qui les environnent mettraient plusieurs mètres d'eau sur leurs terres, si la sollicitude continuelle des administrations ne veillait à leur sécurité.

Beaucoup d'habitants, qui voient les riches récoltes qui couvrent le pays, ignorent les luttes incessantes et les efforts qu'il a fallu déployer durant 2,000 ans pour refouler la mer dans les limites qu'elle occupe actuellement.

Et pourtant il est certain que, si les services des Wateringues et de l'hydraulique cessaient pendant quelques années seulement d'entretenir les nombreux ouvrages qui servent au desséchement, le pays formerait un énorme lac, comme celui qui existait il y a 2,000 ans, de 40,000 mètres de longueur, sur 10,000 mètres de largeur moyenne.

Avant l'occupation romaine, qui a eu lieu 50 ans avant Jésus-Christ et qui a duré jusqu'à l'an 476 de notre ère, le pays était habité par des Saxons, de qui vient la langue flamande, que l'on parle encore dans la plus grande partie du pays; alors toutes les dénominations étaient flamandes et rappelaient encore, comme aujourd'hui, un pays envahi par les eaux (brouckerke, église dans les marais).

Plus tard, comme l'indique la carte de l'an 800, ces dénominations étaient latinisées (ecclesia in brocco, église dans les marais).

Sur la carte de 1640, les noms sont redevenus flamands et ils le sont encore aujourd'hui.

Il est resté dans la contrée de nombreux souvenirs des fréquentes inondations qui se sont produites :

En 820, la mer fit de si désastreux ravages que toute culture fut impossible durant de longues années.

En 1095, des pluies torrentielles qui durèrent neuf mois inondèrent toutes les terres.

En 1200, une horrible tempête sévit sur toute la côte et submergea tout le pays; les lacs des Moères perdirent leur communication avec la mer, par suite d'une colline de sable qui se forma spontanément au nord de la grande Moère, et le port de Zuydcoote fut comblé par les dunes.

En 1404, la mer pénétra à trois lieues dans l'intérieur des terres.

En 1506, un nouvel ouragan remplit les digues, et la mer envahit encore le pays.

En 1530, inondation par suite de la rupture des digues de Mardyck; après la tempête il ne restait plus trace de ce port qui, lui aussi, était comblé par les sables.

En 1570, la mer pénétra dans le pays avec une telle impétuosité que tout le territoire fut couvert d'eau, et que toutes les cultures furent entièrement anéanties. Chaque fois que la mer couvrait les terres, il fallait environ 10 ans pour rétablir leur fertilité; sans se décourager, sans se laisser abattre par un tel désastre, toujours les habitants recommençaient leur opiniâtre travail de pionnier et réédifiaient les ouvrages que la mer venait de nouveau détruire. C'est seulement à partir de 1618, sous la domination espagnole, qu'on voit le desséchement faire de grands progrès. La contrée qui était alors divisée en trois sections de Wateringues fut dotée de nombreux canaux; 20 moulins desséchèrent les lacs des Moères, qui produisirent des récoltes abondantes, et, en 1640, la culture était dans un état très prospère dans toute la contrée.

Malheureusement les guerres vinrent tout compromettre, et, en 1646, une inondation réduisait à néant tous les travaux si péniblement accumulés; le village des Moères, les fermes, les plantations, tout disparut sous 3 mètres d'eau en une seule nuit, il ne surgissait que le clocher de l'église qui fut démoli quelques années plus tard.

En 1645, l'armée française, commandée par le duc d'Orléans, dans sa marche entre le pont l'Abbesse et Bourbourg avait de l'eau jusqu'à la ceinture.

Durant environ 200 ans, à partir de 1646, on fit de grands travaux pour dessécher le pays, travaux qui furent détruits par les inondations successives de 1748, 1766, 1770, 1779, 1793, 1814. C'est en 1777 que, par un épouvantable ouragan, la mer et les sables pénétrèrent dans le village de Zuydcoote qui disparut sous les dunes. Ce village fut dès lors reporté à environ 800 mètres au sud de son emplacement primitif.

Cependant, à la suite d'une organisation mieux comprise des Wateringues en quatre sections, les travaux de desséchement furent bien conduits et, depuis ce temps, on vit chaque année augmenter l'étendue des terres cultivables.

Il y eut pourtant encore, en 1880, une inondation désastreuse pour la culture; mais, peu après, de grands travaux ont été exécutés par le service de la navigation, ainsi que par les syndicats des Wateringues, avec de larges subventions de l'État, et le pays Wateringue a été placé dans des conditions telles que l'on n'aura probablement plus, dans l'avenir, à déplorer la répétition des désastres du passé. En tout cas, il ne semble plus possible que la mer reprenne le territoire conquis.

Mais, pour le lui arracher, pour permettre à l'agriculture de s'y développer et de la fertiliser, il a fallu l'effort de l'homme, la puissance de l'association et une lutte de vingt siècles.

La brochure contient ensuite une notice très remarquable sur l'agriculture dans la vallée de l'Aa, depuis le commencement du XIXe siècle jusqu'à nos jours.

Elle étudie successivement l'état physique du sol, les assolements, les modes de culture, le matériel d'exploitation, l'élevage des animaux, le rendement des grains, les fermages et les impôts, et enfin tout ce qui concerne la population, ses mœurs, ses habitudes, son logement, ses gages et sa nourriture.

Enfin elle fait connaître que la Société d'agriculture de Bourbourg et le Syndicat agricole, bien qu'ils reconnaissent la nécessité absolue et le grand intérêt qu'il y aurait à propager les nouveaux procédés de culture, ont dû renoncer momentanément, il faut l'espérer, à ces démonstrations pratiques. Mais, heureusement, il s'est trouvé parmi les membres de la Société des hommes dévoués aux intérêts agricoles, qui ont bien voulu établir un champ d'expériences dans leurs exploitations. Ainsi M. François Duriez, cultivateur, industriel à Craywick, a commencé, sous la direction et avec l'intervention de la Société d'agriculture, une série d'expériences comparatives, avec différentes variétés d'avoine, réputées des meilleures et a poursuivi cette expérience en 1888, en y ajoutant quelques variétés nouvelles.

M. Belle-Diomède, cultivateur à Loon, dans les mêmes conditions a expérimenté au point de vue du rendement en grain, de la rigidité de la paille et du tallage, vingt et quelques variétés de blés. Enfin, M. Waguet Emery, cultivateur à Bourbourg-Campagne, a expérimenté quelques nouvelles variétés et avait exposé l'avoine d'un champ d'expériences de la Société.

La Société d'agriculture de Bourbourg présentait aussi des types très remarquables des deux genres de lins classés d'après l'époque de leurs semis : les lins de mars, de belle longueur et bien venus en capsules, et les lins de mai, plus courts et moins fournis en graine; le rendement est indiqué soigneusement près de chaque botte. Citons, pour les lins de mars, M. Léon Handron, de Looberghe (2,025 kilogrammes de filasse et 17 hectolitres 1/2 de graines); M. François Duriez (1,500 kilogrammes de filasse et 14 hectolitres de graines); M. Henri Bollaert, de Saint-Pierrebroucq (1,350 kilogrammes de filasse et 15 hectolitres 1/2 de graines); et, pour le lin de mai,

M. Belle-Diomède, de Loon (1,100 kilogrammes de filasse et 10 hectolitres de graines).

Nous ne devons pas passer non plus sous silence les expositions de chicorée de M. Matringhem, de Loon, de pois et haricots de M. Lysensoone, de Bourbourg-Campaune, et de M. Wandercolme, de Bourbourg.

Les expériences de ce dernier, en ce qui concerne les haricots et les pois, ont été faites sur une grande échelle : environ 120 variétés de haricots et près de 100 variétés de pois ont été cultivées par cet exposant en 1888.

C'est le résultat de ces récoltes qui se trouve consigné dans une notice très bien faite, accompagnée d'un atlas avec des statistiques très bien dressées.

Il est à souhaiter que M. Vandercolme publie ses travaux, car il ne me serait pas possible de donner ici les résultats très intéressants qu'il a obtenus.

MM. Deleporte-Bayart et Rynagaert ont aussi rédigé une monographie agricole sur le canton de Bergues. Cette étude très bien faite donne la topographie, les bornes, la configuration, l'aspect, la formation, la division, la superficie et la population du canton.

Malgré tout notre désir, nous ne pouvons la reproduire ici, voulant confondre, autant que possible, dans la statistique complète du département du Nord les changements qui se sont produits dans les productions du sol et dans les différentes industries agricoles.

Cependant nous devons faire connaître le tableau suivant, qui établit d'une manière spéciale les progrès réalisés par le Comice agricole de Bergues. C'est la comparaison de la production en froment de la France entière avec celle de la circonscription du Comice agricole de Bergues.

PÉRIODES.	PRODUCTION.	SUPERFICIE.	PRODUCTION MOYENNE PAR HECTARE pour la France.	PRODUCTION MOYENNE PAR HECTARE pour le canton de Bergues.
	hectolitres.	hectares.	hectol. lit.	hectol. lit.
1789	31,200,000	4,000,000	7 80	9 10
1831-1841	68,436,000	5,353,841	12 75	18 16
1842-1851	81,040,000	5,846,919	13 85	22 25
1852-1861	88,986,000	6,500,448	13 70	25 10
1862-1871	98,339,000	6,887,749	14 25	28 55
1872-1881	100,295,000	6,909,503	14 50	30 75
1882-1888	109,435,000	6,958,200	15 70	34 50 [1]

[1] Dans maints endroits la moyenne a atteint 43 hectolitres.

En même temps que tous les efforts des Sociétés d'agriculture se portaient à la recherche des grands rendements en céréales et autres cultures, l'élevage de nos différentes races d'animaux domestiques recevait aussi de sérieux encouragements. On établissait des livres généalogiques pour la production chevaline et celle du bétail.

Le Stud-book boulonnais, dont nous parlerons dans la notice du département du Pas-de-Calais, était créé.

Il en était de même du Herd-book flamand, et il ne sera pas sans intérêt de reproduire ici les caractères qui distinguent la race flamande pure, d'après le Herd-book flamand dressé pour le département du Nord et particulièrement pour les arrondissements de Dunkerque et d'Hazebrouck.

La robe est généralement rouge, mais cette couleur varie du rouge clair au rouge brun, vineux ou foncé, avec ou sans marques blanches qui se rencontrent le plus souvent à la tête, aux ars, au ventre et au pis.

Sa taille moyenne varie de 1 m. 35 à 1 m. 45 au sommet du garrot, et son poids moyen, sans engraissement préalable, est de 500 à 550 kilogrammes à l'âge adulte.

La tête, petite, porte des cornes s'écartant sur le côté et décrivant un arc de cercle; elles vont en se relevant vers leur extrémité. Ces cornes sont fines, d'un blanc nacré à la base, deviennent progressivement d'un noir jais en avançant vers la pointe. A partir de trois ans, et dans les années suivantes, la teinte est plus foncée et prend une coloration jaune verdâtre pour la partie comprise entre la naissance des cornes et le grand cercle correspondant.

Le chignon est peu garni de poils.

L'oreille est moyenne et garnie à l'intérieur d'un fin duvet; les yeux sont noirs et bien ressortis, avec une expression de douceur; le chanfrein long et droit est terminé par un mufle peu sorti et dont le miroir est noir.

Cette coloration franchement noire du mufle, du pourtour des yeux, avec la corne frontale nacrée se terminant par un noir d'ébène, caractérise tout particulièrement le type flamand; tandis que toute coloration plus pâle, toute marbrure au mufle indiquent un certain mélange de sang étranger et les font mettre à l'écart dans les concours de la région, bien que toutes les apparences extérieures les rapprochent des types de race pure.

Le cou est mince et long avec un petit fanon, le pignon du brisquet est saillant et bien descendu.

Le garrot est assez large, bien fourni, et la ligne du dos est assez rectiligne jusqu'à la naissance de la queue qui est fine, longue et terminée par un toupillon. Les hanches sont peu saillantes et la pointe des fesses moyennement écartées.

La poitrine est assez ample et la côte arrondie; le ventre, d'un volume assez grand, s'élargit vers la région des mamelles.

Les veines porte-lait sont très volumineuses, d'un calibre très développé, sinueuses et souvent même bifurquées vers les mamelles. C'est un des principaux indices d'une bonne laitière.

Les mamelles, bien placées, sont grosses, arrondies, carrées comme on dit dans le pays, et recouvertes d'une peau fine avec poils soyeux et peu abondants. Les trayons sont bien espacés et de grosseur moyenne, au nombre de quatre. Il existe très souvent des trayons rudimentaires qui ne fonctionnent pas.

La peau du périnée varie suivant la nuance de la robe, mais avec un ton plus pâle, et présente l'écusson flandrin.

On consulte peu cet écusson pour s'assurer des qualités laitières, lorsque surtout tous les caractères fournis par les mamelles présentent des indices qui trompent beaucoup moins.

Les épaules sont larges, épaisses; les avant-bras peu développés; les coudes minces et courts, la corne des ongles noire; la cuisse généralement assez forte est bien descendue.

En somme, ce que l'éleveur recherche tout particulièrement dans la vache flamande, ce sont les caractères qui indiquent une aptitude supérieure à la production du lait alliés à une certaine harmonie dans les formes extérieures pour atteindre finalement le double but : la laiterie et la boucherie.

Le taureau flamand diffère beaucoup de sa femelle par sa couleur et par sa conformation extérieure.

D'un rouge plus ou moins foncé qu'il est dans le jeune âge, sa couleur se fonce jusqu'à l'âge de dix mois à deux ans. A cet âge, il présente les particularités suivantes :

Tête assez forte, front large avec ou sans marques blanches; cornes courtes, blanches à la base, noires à la pointe, s'écartant de la tête en ligne presque droite; les oreilles sont petites, les yeux sont noirs et doux, le mufle noir et étroit. Le cou un peu étoffé n'a presque pas de fanon. Le garrot et les muscles du dos sont bien garnis; la poitrine est large, quelques fois un peu sanglée aux côtes; le ventre est moyen, les testicules bien descendus dans des bourses recouvertes d'un duvet fin, soyeux, présentent à la naissance de ces bourses des petits trayons rudimentaires, indices certains qui promettent une aptitude laitière dans sa descendance femelle.

L'avant-bras est assez fort, les canons courts et la corne des ongles noire.

Sa couleur dominante est le rouge brun, rouge foncé ou rouge clair.

Son caractère est doux et s'allie fort bien avec son aspect femelin, qui n'exclut cependant pas une vigoureuse constitution dans le travail qui lui incombe.

Nous en aurons fini avec le département du Nord, quand nous aurons encore cité l'exposition collective de la Société d'agriculture d'Avesnes, qui avait envoyé à l'Exposition universelle des beurres, des fromages, et autres produits agricoles de l'arrondissement.

L'organisateur était M. E. Legrand, d'Avesnes, qui s'est très bien acquitté de sa tâche.

DÉPARTEMENT DU PAS-DE-CALAIS.

Aperçu général. — Le Pas-de-Calais est un département hétérogène au point de vue agricole.

On peut le diviser en deux parties bien distinctes, par une ligne oblique qui partirait du cap Gris-Nez d'une part, et aboutirait à Pas-en-Artois (sud-ouest du département).

La partie nord-est ainsi formée se compose de deux cantons de l'arrondissement de Boulogne (Calais et Guines), de l'arrondissement de Saint-Omer moins les cantons de Lambres et de Fauquembergue, de la totalité de celui de Béthune, et enfin de celui d'Arras, moins le canton de Pas-en-Artois.

Là est la région des plaines basses du nord de la France, et des plaines limoneuses recouvrant les argiles silex (biefs); les craies n'affluent que rarement sur les versants des coteaux de l'arrondissement d'Arras.

Le limon dont la terre se compose est profond, facile à cultiver et fertile. Le climat est doux dans la région nord-est et égal comme dans toutes les régions relativement basses.

On y sème les céréales d'automne pendant tout l'hiver, et les variétés peu rustiques y réussissent.

La culture y est très avancée, et la terre ne s'y repose jamais; c'est la patrie des plantes oléagineuses, et de l'œillette en particulier; des plantes sarclées en général, mais surtout de la betterave à sucre.

Sur les 107 sucreries, et les 65 distilleries de betteraves que contenait le Pas-de-Calais vers 1878, la région *nord-est* de ce département comptait 100 sucreries et 60 distilleries.

La culture y a toujours été relativement riche, par suite de l'alliance si féconde de l'industrie et de l'agriculture.

C'est aussi la patrie d'agriculteurs célèbres : Decrombecque, de Lens, Louis Pilat, de Brebières, auxquels on peut ajouter Porion, l'expérimentateur de Wardrecques, récemment décédé.

La portion sud-ouest touche à la mer et au département de la Somme. Elle se compose de l'arrondissement de Boulogne, moins les cantons de Guines et Calais, de la totalité de l'arrondissement de Montreuil-sur-Mer, de celui de Saint-Pol, des deux cantons de Saint-Omer, Lambres, Fauquembergue, et enfin du canton de Pas, qui appartient à l'arrondissement d'Arras.

C'est le Boulonnais, avec des argiles jurassiques et des calcaires à ciment; ce sont les plateaux d'argiles siliceuses froides de Montreuil et de Saint-Pol, où l'on trouve des affluements de bancs d'argiles *bieffeuses* à silex, difficiles à travailler, les marnettes calcaires des versants, et des vallées tourbeuses de la Canche et de ses affluents.

La terre y est bien variable quant à sa nature, mais elle n'y est jamais de bien bonne qualité. Les argiles sont trop compactes et difficiles à travailler, les terres des plateaux sont froides et coulent sous la pluie, le sol des petites vallées est bon quand il n'est pas trop tourbeux.

Le pays est très accidenté, le climat est souvent rude, par suite de l'altitude; on ne sème pas le blé avec chance de réussite après le 15 octobre; et les vents du Nord viennent en mars déchausser la plante qui est mal enterrée.

La culture n'y est pas avancée; le cultivateur a toujours été rebelle aux innovations et au progrès, parce qu'il se défie de sa terre, qui n'est pas bien douée, et de son climat qui est dur.

Le vieil assolement triennal plus ou moins modifié a encore toutes ses faveurs, et la jachère ne diminue beaucoup que depuis quelques années.

La terre n'est pas propice aux plantes industrielles; on cherche à donner de l'extension aux cultures fourragères, parce que c'est un pays d'élevage, car c'est la patrie du cheval boulonnais.

L'agriculture du Pas-de-Calais de 1878 à 1889. — Période de crise dans le Pas-de-Calais. — A l'époque de notre avant-dernière Exposition universelle, l'agriculture du Pas-de-Calais était loin de prospérer; elle commençait déjà à ressentir un sérieux malaise, qui devait arriver dans sa période aiguë entre 1882 et 1884.

Dans la région nord-est, les cultures industrielles, et particulièrement celle de la betterave à sucre, avaient fait monter abusivement, pendant les périodes de prospérité précédentes, la valeur vénale des terres, qui atteignait bien exceptionnellement 6,000 à 8,000 francs l'hectare de terre labourable. La valeur locative s'était accrue dans les mêmes proportions, et lorsque la concurrence étrangère (ainsi que les circonstances connues qu'il serait trop long d'énumérer ici) vint faire baisser les prix de vente des produits d'origine végétale, le cultivateur reconnut qu'il était bien dur de payer 150 ou 200 francs l'hectare de terre.

On dut alors renoncer à la plupart des cultures industrielles qui avaient fait autrefois la fortune du pays; le lin et le colza étaient devenus impossibles; l'œillette résistait encore dans son fort, l'arrondissement d'Arras.

Restait la betterave : cette dernière ressource disparut bientôt; ici encore la concurence étrangère fit le mal; les sucres baissèrent, et nos fabricants, mal outillés, cherchèrent à reprendre sur la culture ce qu'ils perdaient ailleurs. Les méthodes d'achat des betteraves étaient alors très sommaires; on vendait au poids, et le fabricant qui ne faisait pas ses affaires refusait obstinément de tenir compte de la richesse saccharine.

Les cultivateurs cherchèrent alors à faire du poids, ce fut au détriment de la richesse.

Les fabricants ripostèrent en déduisant des livraisons des tares exagérées. Les rapports entre fabricants et cultivateurs s'aigrirent de plus en plus, et l'industrie sucrière était dans l'Artois à deux doigts de sa perte.

Les récoltes avaient été mauvaises depuis quelques années; les agriculteurs avaient épuisé leurs économies, et la misère, à cette époque, n'était pas loin.

Dans la région du Sud-Ouest, la situation était encore moins brillante; l'industrie, dans ces temps prospères, n'avait pas fait hausser les loyers des terres, mais ces loyers étaient néanmoins trop lourds pour des cultivateurs qui ne vendaient plus leurs céréales, source principale de leurs anciens revenus, qu'à des prix dérisoires (12 francs l'hectolitre), et qui devaient capituler devant la rareté et la cherté de la main-d'œuvre, car c'est dans ces contrées moins riches que l'émigration de la population vers les villes fut la plus intense, l'industrie n'étant pas là pour la retenir, en offrant du travail et du pain aux ouvriers pendant la mauvaise saison.

Pour compléter ce que nous venons de dire, il sera utile d'y ajouter quelques renseignements statistiques que nous devons à M. Common, maintenant professeur départemental du Nord.

Diminution des cultures industrielles pendant la crise. — Betteraves à sucre. — On cultivait, en 1878, 33,000 hectares de betteraves sucrières. Ce chiffre tombe à 21,000 en 1884, pour remonter insensiblement jusqu'en 1889 à 24,000.

Lin. — La culture du lin occupait, en 1878, plus de 4,000 hectares. En 1883, ce chiffre descendait insensiblement jusqu'à 2,000 hectares, pour se relever à 3,400 en 1889.

Œillette. — La culture de l'œillette comprenait 21,000 hectares en 1878; elle s'est maintenue jusqu'en 1885, où elle descendait à 8,000 hectares; elle n'est pas remontée sensiblement depuis.

Colza. — Le colza n'a cessé de descendre (comme les prix); il emblavait 1,700 hectares en 1878, et, insensiblement, l'étendue cultivée s'est réduite à 800 hectares à peine en 1889.

Les cultures de l'œillette et du colza sont donc abandonnées de plus en plus.

Période de relèvement, 1884 à 1889. — Causes du relèvement dans le Pas-de-Calais. — La crise agricole s'est terminée en 1884 dans le Pas-de-Calais, et nous pouvons appeler l'ensemble des campagnes 1884 à 1889 périodes de relèvement. Cette période dure toujours. Espérons la conserver jusqu'à celle que nous qualifierons plus tard de période de prospérité.

La fin de la crise a été déterminée par des causes de natures différentes que l'on peut classer en trois catégories :

Les premières sont d'ordre naturel;

Les secondes sont des mesures d'intérêt général prises par le Parlement, le Gouvernement et le conseil général;

Les troisièmes, enfin, proviennent de l'initiative privée des cultivateurs.

A une période de mauvaises récoltes, succéda une série d'années où la nature, plus clémente, eut pitié de l'agriculture, qu'elle venait d'éprouver.

Aucun commentaire n'est utile, car chacun sait combien les saisons normales sont profitables.

IMPRIMERIE NATIONALE.

Les mesures d'intérêt général prises en faveur de l'agriculture ont fait beaucoup de bien au point de vue économique, mais elles ont principalement rendu courage aux populations agricoles, en les faisant bénéficier de modifications utiles dans le régime fiscal et le régime douanier.

Signalons d'abord la loi de 1884 sur les sucres, qui fut une loi de salut pour la région betteravière du N. E. du Pas-de-Calais.

L'industrie sucrière et l'agriculture de ce département se jetèrent rapidement dans la nouvelle voie qui leur était ouverte. Les fabricants s'outillèrent et furent bientôt en mesure d'offrir des conditions avantageuses aux cultivateurs. La culture n'attendait que ces propositions; en trois ans, les anciens systèmes de culture furent remplacés, et l'on réalisait des progrès absolument inespérés. Jamais révolution agricole ne fut plus prompte et plus profonde.

Le département du Pas-de-Calais est celui où la culture de la betterave riche, prise dès le début, a le plus d'extension.

Le conseil général, il est vrai, y fut pour beaucoup; il ne craignait pas de dépenser 36,000 francs pour encourager, par des primes offertes aux cultivateurs dans les concours betteraviers qu'il institua, la culture de la betterave riche. Le succès de ces concours fut immense. Ils ne firent pas d'enseignement (on n'en avait pas besoin), mais ils apportèrent une émulation extraordinaire, qui devait compléter l'élan donné par la loi de 1884.

C'est aussi dans cette période que furent votés les droits sur les céréales étrangères, qui furent accueillis avec bonheur par tous les cultivateurs du Pas-de-Calais.

Les prix de vente montèrent, et la culture du blé et des céréales se releva très sensiblement.

Ici le coup de fouet fut donné par les champs d'expériences institués par le conseil général et encouragés par l'État. On peut d'ailleurs rappeler ici que le Pas-de-Calais fut le premier département de France qui fut doté de cette institution, qui est aujourd'hui si répandue et si appréciée.

Pour terminer l'énumération des principales causes qui relevèrent l'agriculture artésienne, il convient de citer enfin celles qui dépendent de l'initiative privée des cultivateurs.

Le cultivateur d'Artois a vu la misère de près. Il a été mûri par l'adversité; il a reconnu qu'il lui fallait modifier ses procédés, dont la fatalité lui avait démontré l'infériorité. La loi de 1884, en obligeant à la culture de la betterave riche, fut le point de départ; le sol fut plus profondément labouré et fumé plus copieusement, les engrais phosphatés, qui avaient été jusque-là quelque peu délaissés, furent employés partout et à haute dose. De pareilles améliorations ne pouvaient que profiter aux céréales, et au blé en particulier; les variétés du pays furent bientôt jugées insuffisantes, et l'on rechercha des espèces versant moins facilement et plus productives.

La deuxième région (S. O.), quoique n'étant guère influencée par la loi de 1884, subit l'entraînement général. Elle marcha aussi très sérieusement en avant. L'emploi des engrais de commerce, qui était absolument ignoré dans la plus grande partie de cette contrée, tend à se généraliser de plus en plus. Les variétés anciennes des céréales du pays sont remplacées par des espèces plus convenables, et la confiance commence à renaître.

Exposition collective. — Les agriculteurs du Pas-de-Calais, en organisant leur exposition collective, ont voulu montrer les progrès qu'ils avaient pu réaliser, en exposant les produits qu'ils sont fiers aujourd'hui d'obtenir.

Ils ont surtout voulu prouver, en prenant part à la grande manifestation de 1889, que l'agriculture d'Artois est reconnaissante de ce que l'on a fait à son égard, affirmer son importance et montrer qu'elle est digne de ce que l'on pourra faire pour elle dans l'avenir.

Tel a été le but de l'exposition collective des agriculteurs du Pas-de-Calais. Elle a été organisée par le comité départemental de l'Exposition, présidé par l'honorable M. Camescasse, avec les subventions du conseil général et de la plupart des grandes Sociétés d'agriculture du département :

La Société centrale d'agriculture du Pas-de-Calais;

Le Cercle agricole du Pas-de-Calais;

La Société d'agriculture de Saint-Omer;

Le Comice agricole de Béthune;

La Société d'agriculture de l'arrondissement de Saint-Pol;

La Société agricole de Boulogne.

La Société centrale présidée par M. Léon Peltier, d'Avion (232 membres), est la plus ancienne; quoique possédant des membres dans toutes les parties du département, elle spécialise son action dans l'arrondissement d'Arras, et tient des réunions mensuelles au chef-lieu.

Le Cercle agricole présidé, en 1889, par M. Godefroy d'Écout est une assemblée des cultivateurs d'élite de la région, qui se réunissent tous les mois à Arras, pour discuter les travaux de la culture, et s'occuper de la défense des intérêts agricoles de la région. Le Cercle agricole compte plus de 200 membres. Il ne fait pas de concours et ne reçoit pas de subventions.

Cette réunion des différentes Sociétés du Pas-de-Calais a permis de constituer une exposition remarquable des produits agricoles de cette partie de la France; et les deux habiles organisateurs, M. le président Camescasse et M. le professeur départemental Common, ont dû être fiers de voir les nombreux exposants admirer les résultats obtenus par l'agriculture de ce département. L'arrangement ne laissait rien à désirer et permettait d'assister à une vraie leçon des choses de l'agriculture.

En parlant du département du Nord, nous avons déjà signalé les résultats obtenus par le regretté M. E. Porion.

Les cultures expérimentales sur le blé et la betterave à sucre, faites à Blaringhem (Nord), ont été reproduites à Wardrecques (Pas-de-Calais). Ces essais, faits avec le concours de notre éminent collègue, M. Dehérain, avaient permis d'obtenir des résultats tout à fait remarquables. M. Porion a réuni tous les résultats obtenus à Wardrecques dans une brochure accompagnée de tableaux et de graphiques.

Les recherches sur les blés, de M. Porion, avaient pour but d'obtenir les plus grands rendements, et, par suite, les plus grands bénéfices. Ils avaient été entrepris uniquement au point de vue des cultures faites dans les départements situés au nord de la France; ils ont donné lieu, par extension, à des essais dans d'autres régions. Le succès a été complet dans le Nord et l'Ouest; il est variable dans le Midi.

Nous pensons qu'il sera intéressant de présenter d'une manière sommaire les résultats obtenus par M. Porion, depuis 1885, avec cette variété, à laquelle il a donné le nom de *blé à épi carré Porion.*

1° En 1885, ce blé a produit par hectare :

A Wardrecques :

	Grain.	Paille.
Sans engrais	4,070 kilogr.	7,000 kilogr.
Avec 200 kilogrammes de sulfate d'ammoniaque et 200 kilogrammes de superphosphate	4,250	8,500

A Blaringhem :

Sans engrais	3,750	6,000
Avec 300 kilogrammes de sulfate d'ammoniaque et 300 kilogrammes de superphosphate	4,900	8,800

2° La récolte de 1886 se résume comme suit :

A Wardrecques :

Sans engrais :

Grain	4,675 kilogr. ou 62 hectol. 40
Paille	7,070

A Blaringhem :

Avec 40,000 kilogrammes de fumier :

Grain	4,141 kilogr.
Paille	6,110

Avec 40,000 kilogrammes de fumier et 400 kilogrammes de nitrate de soude :

Grain	4,610 kilogr.
Paille	6,415

Le poids moyen de l'hectolitre de grain a été de 72 kilogrammes.

3° Le blé à épi carré a donné, en 1887, les résultats ci-après :

A Wardrecques :

Sans engrais après avoine	4,990 kilogr. ou	63 h. 00
Avec 1,500 kilogrammes de tourteaux après betterave	4,005	50 58

A Blaringhem :

Avec 32,000 kilogrammes de fumier et 300 kilogrammes de superphosphate	3,242 kilogr. ou	40 h. 15

Le poids moyen de l'hectolitre a été de 79 kilogr. 55.

4° La récolte de 1888 a donné les résultats suivants :

A Wardrecques :

Sans engrais :

Grain	4,100 à 4,610 kilogr.
Paille	5,700 à 6,300

Avec 400 kilogrammes de superphosphate :

Grain	3,680 à 4,140 kilogr.
Paille	4,950 à 5,550

A Blaringhem :

Sans engrais :

Grain	1,230 à 2,680 kilogr.
Paille	3,400 à 4,500

Avec 200 kilogrammes de nitrate de soude :

Grain	2,900 kilogr.
Paille	4,520

Le poids de l'hectolitre a varié de 69 kilogr. 30 à 71 kilogr. 70.

En résumé, les expériences entreprises, de 1885 à 1888, par M. Porion ont donné les résultats moyens ci-après :

	Wardrecques.	Blaringhem.
1885	"	56h 20
1886	65h 00	63 40
1887	56 50	46 20
1888	51 70	37 80
MOYENNES	57 65	50 92

Le poids moyen de l'hectolitre de grain a varié de 69 kilogr. 30 à 80 kilogrammes, suivant les années.

La culture générale du domaine de Blaringhem a donné, par hectare, les résultats moyens suivants :

1885	48h 90
1886	51 30
1887	41 20
1888	41 10

M. Porion attribue la diminution constatée en 1887 à la sécheresse, et celle observée en 1888 aux pluies automnales et estivales.

Suivant M. Porion, le blé scheriff, cultivé dans de bonnes terres, dans la région du Nord, permettrait de réaliser par hectare un bénéfice qui varierait de 400 à 700 francs.

Les résultats obtenus par M. Porion avec l'avoine des Salines, sur des terres qui avaient porté une culture de betteraves après avoir été fertilisées avec 42,000 kilogrammes de fumier, ont été les suivants :

En 1884, sans engrais :

Grain	4,650 kilogr.
Paille	6,850

Avec 200 kilogrammes de sulfate d'ammoniaque :

Grain	4,750 kilogr.
Paille	7,850

Avec 200 kilogrammes de sulfate d'ammoniaque et 200 kilogrammes de superphosphate :

Grain	4,475 kilogr.
Paille	7,800

Les engrais complémentaires ont donc augmenté assez sensiblement le poids total du grain et de la paille. Il faut constater, avec M. Porion, que le superphosphate de chaux n'a pas beaucoup augmenté la récolte.

Quand nous aurons aussi signalé l'influence du savant professeur départemental, M. Common, nous pourrons reconnaître que la science a pris la place de la routine dans le Pas-de-Calais.

Il est aujourd'hui parfaitement démontré que la culture du blé et la culture de la betterave riche sont celles qui sont les plus rémunératrices.

Aussi nous pouvons signaler les blés et les betteraves exposés par MM. Hanicotte, Masclef, Caron, Stoclin, Cadron, Demiautte, Peltier, Lebas et Deconinck. Les types de betteraves à sucre envoyés par tous ces exposants montrent à quel degré de perfection on est arrivé, dans le Pas-de-Calais, dans la culture de cette racine.

La culture de M. Léon Hanicotte se signale par le nouveau mode d'emploi des irrigations et des décantations de vinasses, permettant de cultiver de la manière la plus intense sans achat d'engrais.

Dans une brochure, M. Léon Hanicotte fait connaître que les résidus de la distillation des betteraves, connus sous le nom de vinasses, contiennent, d'après l'analyse chimique, à l'hectolitre :

Azote	56 grammes.
Potasse	128
Acide phosphorique	130

La moitié environ de ces diverses proportions est soluble dans l'eau; l'autre moitié est insoluble, ou retenue dans des combinaisons inorganiques insolubles.

Nous n'entrerons pas dans les détails d'application, qui doivent nécessairement varier avec l'éloignement et les cotes de nivellement des terres à irriguer, mais nous ferons seulement connaître les résultats obtenus par la déclaration suivante de M. Hanicotte :

« Avant l'emploi des vinasses par le procédé rationnel, j'avais à l'engrais 20 à 30 bêtes à cornes, dont la différence entre les prix de vente et les prix d'achat et de nourriture se chiffrait par une perte annuelle de 5,200 francs, représentant la valeur du fumier produit. J'achetais, en outre, 9,200 francs d'engrais complémentaires.

« Depuis l'emploi de cette méthode rationnelle d'irrigation, je n'ai plus de bestiaux ; je cultive toute la surface de 63 hectares avec huit chevaux, quoique plantant 31 hectares de betteraves qui prennent évidemment beaucoup de temps pour le transport. Je vends la moitié de mes pailles, dont le prix compense l'achat du phosphate employé dans les terres irriguées. La différence de frais entre l'ancien et le nouveau mode de culture est donc de 14,400 francs annuellement, tout en obtenant des récoltes de rendement supérieur. En effet :

« 8 hectares de betteraves roses, semées dans les terres fumées avec des résidus solides, ont donné, à l'hectare, de 54,000 à 60,000 kilogrammes de betteraves, ayant une densité de 5°8 à 6 degrés.

« 23 hectares de betteraves blanches, semées dans les terres irriguées, avec 1,000 kilogrammes de phosphate à l'hectare, ont donné de 52,000 à 58,000 kilogrammes de betteraves, à l'hectare, ayant une densité de 5° 9 à 6° 2.

Les blés, square head danois, semés sans engrais après les betteraves, ont donné, l'année dernière, en moyenne, à l'hectare, 3,930 kilogrammes de grain et 5,650 kilogrammes de paille. »

Ces résultats exceptionnels sont évidemment obtenus par la décantation, qui enlève à la vinasse la moitié de ses propriétés fertilisantes au profit des terres qui ne peuvent être irriguées.

Les bénéfices seraient encore bien plus considérables, d'après M. Hanicotte, s'il pouvait trouver assez de terre pour employer l'assolement triennal, en faisant succéder, sans engrais, l'avoine au blé et en ne fumant que tous les trois ans.

M. Joseph Masclef, au contraire, a employé les fumiers de ferme sur une très grande échelle. Il a même imaginé une conservation des fumiers sans main-d'œuvre et sans déperditions. C'est, d'après son dire, ce qui lui a permis d'avoir une régularité de récoltes très belles, sur des sols très différents et variant de l'argileux compact au sol marneux. Aussi les rendements en blé ont-ils successivement augmenté et sont-ils passés de 22 quintaux à l'hectare en 1878, à 28 quintaux en 1885, 34 quintaux en 1886 et 40 quintaux en 1887 et 1888. Dans ces dernières années, la culture était intensive, et les engrais chimiques étaient ajoutés dans de fortes proportions aux fumiers de la ferme.

Si nous ne nous arrêtons pas plus longuement sur les cultures des principaux exposants que nous avons nommés plus haut, c'est que nous serions amenés à des répétitions. En effet, tous ont cherché, par des labours profonds, par l'emploi judicieux des fumiers et des engrais chimiques, par le choix des semences, à développer les rendements de terres qui leur permettaient à peine de vivre avant l'application de la culture intensive.

Nous ne devons pas oublier non plus la maison J. et A. J. Deconinck qui a vulgarisé les produits qu'elle exposait au quai d'Orsay, soit : 1° une collection de très nombreuses variétés de blés de semence; 2° une collection des céréales généalogiques de Hallett; 3° une collection d'engrais et de tourteaux.

Les lins exposés par le Pas-de-Calais étaient de toute beauté; ils étaient très longs et mesuraient près de 1 m. 30 de longueur. En général, ils provenaient de graines de Riga (Russie), et ils devaient leur belle qualité à l'emploi d'engrais appropriés, à base de potasse, qui leur assurent toujours une bonne maturité.

Récoltés verts, ils ont été rouis dans la Lys et les cours d'eau du Pas-de-Calais, en eau courante, et y sont devenus très soyeux et très fins. On remarque surtout ceux de MM. Porion, Stoclin, Grottard, Morel Maurice, Caron, Cadron, Couture.

L'administration des tabacs avait envoyé à la classe 74 des échantillons très remarquables produits par quatre cultivateurs du Pas-de-Calais.

En terminant la notice du Pas-de-Calais, nous croyons utile de donner des renseignements statistiques sur la décadence et le relèvement des cultures de la betterave à sucre, après la loi de 1884, et de la culture du froment de 1878 à 1889.

Betteraves à sucre. — Les statistiques officielles nous renseignent sur les produits en poids :

Le rendement moyen cultural, pour la région Nord-Est (arrondissement de Béthune, Arras et Saint-Omer), a été, de 1878 à 1884, de 41,000 kilogrammes à l'hectare, et, pour la période de 1885 à 1889, de 32,000 kilogrammes.

Ce fait s'explique par le changement de variétés et de procédés en 1885.

Par contre, la richesse s'est élevée dans une proportion égale à la diminution du rendement cultural.

La statistique officielle ne nous donne ici aucun renseignement sur la richesse, l'administration des contributions indirectes n'ayant fait prendre la densité des betteraves que depuis 1887.

Il est cependant possible d'apprécier cette richesse moyenne quand on a bien suivi le mouvement qui s'est produit depuis le commencement de la crise, et il n'est pas téméraire de dire que la densité moyenne des betteraves, pendant la période de 1878 à 1884, n'excédait pas 5 degrés à 5°5. La loi de 1884 l'a fait porter à 6 degrés, 6°5 et 7 degrés dans les années suivantes. On peut affirmer que la densité s'est élevée à 7°3 et 7°5 dans la région Nord-Est du département en 1889, année qui a été, il faut le dire, absolument exceptionnelle.

Tous ces chiffres concordent avec les moyennes de toutes les analyses de betteraves effectuées par la station agronomique du Pas-de-Calais pendant la période de 1878-1889.

Froment. — Région Nord-Est (arrondissement d'Arras, Béthune et Saint-Omer). Les rendements moyens à l'hectare ont été, pendant la période 1878 à 1883, de 20 hectolitres 78. De 1884 à 1889 ils s'élevaient à 23 hect. 30.

Région du Sud-Ouest (arrondissement de Saint-Pol, Montreuil, Boulogne) de 1878 à 1883 : 15 hect. 90. De 1884 à 1889 : 16 hect. 15.

Le relèvement date donc de 1884 dans tout le département, seulement il a été plus sensible dans la région Nord-Est, parce qu'il a coïncidé avec la promulgation de la loi de 1884, dont l'influence a été toute puissante dans cette région.

Dans la région Sud-Ouest, la différence des moyennes est moins forte, et l'influence de la loi a été nulle ou presque nulle, la région n'étant pas sucrière. On peut néanmoins attribuer la légère augmentation aux encouragements énumérés dans les pages précédentes.

Nous mentionnerons aussi le Syndicat agricole du Boulonnais, qui avait exposé à la classe 73 *bis* et, ici, à la classe 74, dans son département. Il voulait ainsi donner de la publicité à son Stud-book, et, certes, il avait raison de chercher à ne pas se laisser confondre dans la catégorie des chevaux sans race pour laquelle on avait ouvert un Stud-book.

Les chevaux boulonnais forment une race bien précise et qu'il eût été regrettable de voir englober dans les chevaux de trait des autres pays.

Les chevaux boulonnais sont de forte taille, 1 m. 60 à 1 m. 70. Ils ont le corps court, trapu, très épais, une tête grasse, bien portée par une encolure forte, élégamment tournée. L'oreille est assez petite et dressée, l'œil peu ouvert. Le poitrail est excessivement large; les épaules très charnues et le garrot épais, quoique élevé, le dos un peu ensellé, mais les reins larges et courts. La croupe fortement musclée tend à être moins avalée qu'autrefois. La crinière est souvent double, mais les membres sont généralement peu chargés de crins; la peau est fine et le poil doux, souvent de couleur claire. La force de ces chevaux est prodigieuse et, malgré leur poids excessif, ils ont de la légèreté dans les allures. On est étonné de la facilité avec laquelle ils déploient les membres au trot.

DÉPARTEMENT DE LA SEINE-INFÉRIEURE.

EXPOSITION COLLECTIVE DE L'ASSOCIATION AGRICOLE DE SAINT-ROMAIN.

En 1889, la Société centrale d'agriculture de la Seine-Inférieure n'a pas exposé dans la classe 74.

Elle a été admise dans la classe 73 *bis*, où elle a présenté : 1° 40 volumes se composant de ses bulletins depuis 1761 jusqu'en 1889; d'une table analytique; du code des usages locaux dans la Seine-Inférieure, etc.;

2° Une série de pièces anatomiques;

3° Deux tableaux statistiques;

4° Un type de plancher pour étables;

5° Un traité élémentaire d'agriculture et d'horticulture pratiques à l'usage des écoles de garçons;

6° Un atlas graphique sur les mercuriales du marché de Rouen, pendant les trente dernières années.

L'Association agricole du canton de Saint-Romain, seule, avait envoyé à l'Exposition des produits agricoles, tels que cidre, eaux-de-vie de cidre et de poiré, miel, etc., qui ont été jugés par la classe 73. Nous n'avons donc rien à en dire.

Enfin, comme exposant individuel, M. Geulin, agriculteur à Tourville-sur-Fécamp, avait exposé différentes variétés de blés, d'avoines, de racines fourragères, de carottes et betteraves, des fourrages, du trèfle violet, du trèfle incarnat, du seigle et du colza.

M. Geulin occupe une ferme de 24 hectares qu'il tient en location de l'hospice de Fécamp, depuis quinze ans, pour le prix annuel de 3,925 francs (soit 163 fr. 50 par hectare).

Cette ferme, qui était en assez mauvais état lors de la prise de possession de M. Geulin, a été considérablement amendée, et les améliorations importantes qu'il y a apportées ont permis au nouveau fermier de faire apprécier et primer ses produits dans les concours régionaux de ces dernières années.

Les résultats obtenus dans les cultures de M. Geulin sont constatés dans plusieurs tableaux très complets qui accompagnent les produits agricoles. L'un de ces tableaux a été établi par M. Philippe, professeur de la station agronomique de Rouen.

DÉPARTEMENT DU CHER.

EXPOSITION COLLECTIVE DU DÉPARTEMENT DU CHER.

Cette exposition, faite sous la présidence de M. H. Brisson, député, a été organisée par les soins de M. Franc, professeur départemental.

Cette collectivité agricole a montré les efforts persévérants des populations de la Sologne, et les résultats acquis soit généralement, soit par les cultivateurs les plus habiles.

Non seulement la différence est sensible avec la dernière Exposition de 1878, mais surtout elle s'accuse d'une façon tout à fait remarquable avec la situation agricole en 1789. Deux cartes exposées à la classe 73 *bis* permettent de se rendre compte de l'agriculture du département du Cher en 1789 et en 1889.

Le département du Cher, de culture facile dans presque toute son étendue, produit en abondance des céréales, des foins, du chanvre; dans ses prairies et dans les jachères paissent des troupeaux considérables de brebis, dont la laine est très estimée. La récolte de céréales est supérieure à la consommation; le froment commun d'hiver, à épi jaunâtre, appelé *blé de pays,* est surtout fort répandu.

Les cultivateurs se mettant peu à peu au courant des nouvelles méthodes ont introduit depuis quelques années les blés bleus de Noé et les blés de Saint-Laud. Ils ont associé à leurs fumures une plus grande quantité d'engrais minéraux.

M. le professeur Franc a été le grand propagateur de ce mouvement, et il a présenté au quai d'Orsay les résultats de plus de cinquante champs d'expériences, disséminés dans toutes les parties du département.

L'avoine est, après le froment, la céréale la plus répandue dans le Cher; la betterave, le colza, le chanvre réussissent bien aussi sur ce territoire. Les prairies sont nombreuses dans les cantons de Levet, de la Guerche, de Dun, du Châtelet, de Charenton, de Vailly et d'Henrichemont. La culture maraîchère a pris un très grand développement dans les les cantons de Bourges et de Dun. On trouve des châtaigneraies dans les cantons de Châteaumeillant et de Léré, et des vergers dans celui de Saint-Martin-d'Auxigny.

La vigne est cultivée surtout dans le Sancerrois et dans plusieurs autres parties du département.

Le Cher était jadis couvert de forêts que le défrichement a beaucoup diminuées. Aujourd'hui la superficie des forêts est de 124,903 hectares, dont 13,533 à l'État, 6,000 aux communes et 105,369 aux particuliers.

Le nombre des exposants faisant partie de la collectivité du département du Cher était considérable, il s'élevait à 337.

M. Franc, professeur départemental, qui, comme nous l'avons déjà dit, a été l'organisateur de l'exposition collective, y avait placé un grand nombre de tableaux remarquables de statistique sur les résultats des champs de démonstration. Il avait produit aussi les tableaux employés pour l'enseignement agricole et horticole.

Les céréales qui se trouvaient au quai d'Orsay provenaient surtout des exploitations de MM. Aucouturier (Gilbert), Chollet (Blaise-Léon), Braconnier (Joseph), Havoué-Bédu, Renault, Chevallier (Albert), Boutroux.

M. Aucouturier avait envoyé des blés poulard blanc, kessingland, victoria, richelle de Naples, de Bergues; du sarrasin, des betteraves ovoïdes, plusieurs variétés de pommes de terre et des toisons de béliers, brebis et agneaux.

La ferme exploitée par cet exposant depuis avril 1874 se nomme le Colombier, et est d'une contenance de 29 hectares.

Les bâtiments, placés dans une belle vallée, ont été tous améliorés depuis 1880. Les terres de nature calcaire, reposant sur l'oolithe moyenne, manquent un peu de profondeur et de la perméabilité du sol. Aussi M. Aucouturier a-t-il dû chercher à faire en partie disparaître les inconvénients provenant d'une grande sécheresse pour les récoltes.

C'est à la proximité du canal du Berry qu'il doit d'avoir pu le faire sans de trop grandes dépenses.

Ainsi nous voyons le rapporteur de la prime d'honneur de 1886 dans le Cher rendre compte que ce cultivateur avait mélangé 2,500 mètres cubes de vases provenant du canal avec 2,000 mètres cubes de boue de ville et 4,500 mètres cubes de terre végétale extraite d'un vieux verger, soit en tout 9,000 mètres cubes de compost, qui ont été, en deux années, transportés sur le plateau et répartis dans les 27 hectares de terre qui s'y trouvent.

M. Aucouturier nous fait connaître aussi que son bétail s'élève à 22 vaches et élèves, 2 taureaux de race durham-charolaise, 110 brebis et agneaux dishley-mérinos et de 6 chevaux et un âne.

C'est ce bétail qui produit tout le fumier, auquel on ajoute des engrais chimiques. Les échantillons de blés et d'avoines exposés étaient de belle qualité et démontrent que les cultures sont bien soignées.

L'inventaire à la prise de possession était, d'après M. Aucouturier, de 4,310 fr. 60. Au 31 décembre 1888, il se totalisait avec un actif de 40,396 fr. 35.

M. Chollet (Blaise-Léon), qui a envoyé différentes variétés de blés, de seigles, d'avoines, des topinambours, exploite depuis novembre 1883 la ferme de Buzidan, commune de Clémont, qui comprend 40 hectares, dont 33 en terres arables et 7 en prairies naturelles.

M. Chollet dit qu'en 1878 on ne récoltait sur les terres de sa ferme que du seigle et du sarrasin. Les rendements en seigle à l'hectare, qui n'étaient que de 8 à 10 hectolitres, sont, en 1888, pour le froment de 20 hectolitres, pour le seigle de 23 hectolitres et pour l'avoine de 30 à 40 hectolitres.

M. Chollet termine les notes qu'il nous a adressées, en disant que sa grande préoccupation, en faisant de la culture en Sologne, était de prouver qu'il n'y a pas de mauvaises terres, mais qu'il n'y a eu jusqu'à présent que de très mauvais cultivateurs; l'ignorance est la cause principale des mauvais rendements dans les terres de Sologne, qui contiennent généralement beaucoup d'azote. Il affirme que ses blés lui sont revenus en 1888 à 10 francs l'hectolitre, tous frais payés. Il espère faire mieux en 1889.

M. Denoux (Frédéric), à Orval, avait exposé des céréales, des pommes de terre, des fourrages, des carottes, des betteraves, etc. Ces produits provenaient du domaine de Choudre, commune de Saint-Georges-de-Poisieux, où M. Denoux possède un domaine de 70 hectares. Les améliorations les plus remarquables ont été faites par la captation de plusieurs sources, dont les eaux étaient très bonnes pour l'irrigation des prairies. Aussi les rendements, qui étaient composés de bonnes graminées, ont-ils passé de 2,000 kilogrammes par hectare à 4,000 kilogrammes,

M. Tixier (Désiré), propriétaire au Haut-Boulay, commune de Nançay, avait envoyé à la collectivité du Cher quatre échantillons de terre avec bulletin d'analyse, des pommes de terre, une collection remarquable de bois, du sarrasin et des peaux de moutons solognots.

Le domaine du Haut-Boulay, qui est en pleine Sologne, a un sol de nature siliceuse et très maigre; il repose sur un sous-sol imperméable. Le mérite du propriétaire est d'avoir transformé sa ferme, presque inculte en 1878, en une ferme pouvant actuellement en 1889 donner un produit quelque peu rémunérateur, et qui plus tard donnera un produit forestier sérieux.

En effet, les 375 hectares dont se compose la propriété se répartissaient ainsi en 1878 et en 1889 :

1878	Bruyères et pacages	200 hect.
	Terres labourables	150
	Prairies naturelles	10
	Bois feuillus	10
1889	Bois de toutes essences (pin dominant)	230
	Prairies naturelles et irriguées	20
	Terres cultivables	96
	Pacages et bruyères	96

M. Jublot (Étienne), à Villegenon, canton de Vailly, avait une exposition très complète, se composant de 8 cartons renfermant : 1° un herbier de botanique; 2° un herbier de sylviculture (arbres verts et feuillus); 3° un herbier spécial pour les céréales de toutes espèces; d'échantillons de marnes de Vailly; d'échantillons d'huiles de noix, de chènevis, de lin, de colza, de faîne, d'œillette, et enfin d'un grand nombre de produits agricoles.

L'exploitation de M. Jublot se compose de 33 hectares de terre labourables et de 35 hectares de prairies naturelles, dont 20 de création récente. Les rendements ont considérablement augmenté par l'assainissement des terres, par le chaulage et le marnage pour les terres labourables; par l'assainissement, l'irrigation, la cendre, les superphosphates riches et le nitrate de soude pour les prairies naturelles. Un certain nombre d'instituteurs avaient exposé, et nous citerons M. Grandfond (Alphonse) pour des dessins et cahiers se rattachant à l'enseignement de l'agriculture et de l'horticulture; M. Garapin (Georges), qui avait envoyé 800 insectes, 270 plantes en herbier, 27 échantillons de bois, 196 coquilles et fossiles et 20 espèces de roches, et enfin M. Guillemin (Edmond) pour un album renfermant une collection de 110 variétés de conifères.

DÉPARTEMENT DE SEINE-ET-MARNE.

Le département de Seine-et-Marne a, comme en 1867 et 1878, pris part à l'Exposition universelle de 1889. Non seulement il a été représenté par ses différentes sociétés ou associations d'agriculture, mais plusieurs grands propriétaires sont venus apporter les résultats que peuvent donner les exploitations agricoles bien dirigées. C'est ici que s'est faite la démonstration de ce que peut donner une grande production de fumier de ferme et des résultats obtenus avec les engrais chimiques. Sans vouloir nous appesantir sur ce point particulier, nous pouvons dire que rien n'a été négligé dans ce département pour obtenir les plus grands rendements.

L'année 1888 a donné des rendements inférieurs aux années précédentes, mais cela ne nous empêche pas de noter les progrès considérables réalisés par l'agriculture de ce beau département.

L'exposition collective du département de Seine-et-Marne comprenait : 1° la Société d'agriculture de Melun, président M. Rémond; 2° la Société d'agriculture de Meaux, président M. Gatellier; 3° le Comice agricole de Melun, Fontainebleau et Provins, président M. Marc de Haut; 4° la Société d'agriculture de Coulommiers, président M. Josseau.

SOCIÉTÉ D'AGRICULTURE DE MELUN.

La section de la Société d'agriculture de l'arrondissement de Melun présentait un ensemble très complet de documents et de tableaux de statistique montrant les progrès réalisés depuis dix ans dans le département de Seine-et-Marne.

Au point de vue des améliorations foncières, c'est assurément le département qui compte la plus grande étendue de terrains drainés : plus de 40,000 hectares. C'est encore la contrée où la machinerie agricole est la plus développée, puisqu'on y compte plus de 4,000 semoirs et 512 machines à vapeur agricoles représentant près de 5,000 chevaux-vapeur, sur un total de 78,000 employés par toute la France. C'est encore un des départements où l'usage de l'engrais artificiel est le plus répandu, puisque les divers syndicats enregistrent une rente annuelle de plus de 1 million de francs, somme qui est loin de représenter la consommation totale.

Depuis 1878, le rendement est monté de 22 à 25 hectolitres à l'hectare pour le blé, de 25 à 31 pour l'avoine; le rendement moyen est de 80 quintaux pour les pommes de terre, de 50 quintaux pour la luzerne, de 45 pour le trèfle, etc.

La betterave est cultivée sur une grande échelle en vue du sucre et de l'alcool, 13,000 hectares produisant 35 millions de kilogrammes d'une valeur de près de 10 millions. Ces betteraves alimentent 13 sucreries et 47 distilleries agricoles dont la plus grande partie est située dans l'arrondissement de Melun.

Tous ces renseignements nous sont donnés par les tableaux dressés par M. Arthur Brandin, qui en même temps nous donne, au moyen de graphiques, le prix des principales récoltes : blé, laine, alcool, etc., de la ferme de Gallande, et qui expose de nombreux échantillons de terres de l'arrondissement analysés par la station agronomique de Melun.

Parmi les belles collections de céréales, nous citerons avant tout les blés de M. Rémond, de Mainpincien, qui poursuit avec succès depuis 20 ans la culture continue des céréales par les engrais chimiques. Il a démontré aux nombreux visiteurs qui viennent chaque année voir les récoltes de Mainpincien que l'analyse chimique est parvenue à arracher tous ses secrets au sol, que la règle des assolements alternes, considérée jusqu'ici comme absolue, peut être remplacée par une liberté d'allures que nous devons à la connaissance des lois de nutrition des plantes. Sur une exploitation de 308 hectares, il récolte, par l'emploi des engrais chimiques, 33 hectolitres à l'hectare, là où il n'en trouvait que 26 avec l'ancien mode de culture.

Il faut citer les belles toisons mérinos de MM. Delamare, Michenon et Violet, les céréales de M. Mir, les alcools de topinambours de M. Garnot; le topinambour peut utiliser sans beaucoup de frais les terres médiocres qui ne sauraient produire de la betterave.

SOCIÉTÉ D'AGRICULTURE DE MEAUX.

La Société d'agriculture de Meaux est une des associations qui ont rendu le plus de services à l'agriculture de leur circonscription, grâce au zèle de M. Gatellier, son président.

Aussi la place d'honneur de cette remarquable exposition était occupée par une vitrine contenant les résultats poursuivis depuis plusieurs années par M. Gatellier, dans le but d'améliorer les variétés de blé et d'augmenter les rendements.

Ces études sur le blé, faites par MM. Gatellier, H. L'Hôte et Schribaux, avaient pour but : 1° d'augmenter la richesse en gluten; 2° la création de nouvelles variétés par croisement artificiel.

Ces auteurs, qui ont résumé toute cette étude dans une brochure, ont voulu prouver qu'à l'aide d'engrais judicieusement employés on pouvait augmenter non seulement la quantité de blé mais encore augmenter la richesse de gluten du blé qui est la partie la plus nutritive; ils ont recherché quelle est l'influence du sol, des engrais, des récoltes précédentes, de l'espèce ensemencée, sur la formation de la matière azotée dans le grain de blé.

Ces travaux ont démontré que la richesse en azote du sol augmentait la richesse en gluten du blé, que l'écart entre le blé le plus riche et le plus pauvre en gluten pouvait atteindre jusqu'à 6 ou 7 p. 100, et qu'on pouvait modifier les espèces par la culture, les engrais, etc.

Ce sont ces variétés de blé, réunissant pour les cultivateurs les avantages de la grande production à la qualité du grain à tous les points de vue, que M. Gastellier, avec l'aide de MM. L'Hôte et Schribaux, s'efforce de créer depuis 1884 par le croisement artificiel d'espèces réputées productives avec d'autres ayant la réputation de fournir du grain de bonne qualité.

M. Gatellier a obtenu 35 variétés nouvelles, que l'on peut comparer entre elles, au point de vue de leurs caractères extérieurs, avec les espèces primitives ayant servi de parents. Les caractères moins tangibles se rapportant à la richesse en gluten, au poids moyen du grain, à la finesse de l'écorce sont indiqués en regard de chaque produit. Il paraît démontré que, dans le mariage entre deux espèces primitives, le produit ressemblait à la mère et qu'on avait chance d'y ajouter la qualité du père.

M. Gatellier a démontré que par ces procédés de croisement, poursuivis dans une voie scientifique, on peut arriver à créer des variétés de blé qui pourront encore être améliorées par la sélection en choisissant pour la semence les plus beaux épis et dans ceux-ci les plus beaux grains.

Là aussi nous trouvons des graphiques et des tableaux dressés avec beaucoup de soin, nous indiquant l'état de l'agriculture, les cours des produits, la statistique des récoltes, etc.

C'est ici qu'on remarque les fromages de Brie, dont les spécimens, très habilement faits, sont soumis à l'appréciation de la classe 69. La production annuelle dépasse actuellement 6 millions dans l'arrondissement de Meaux, et est en voie d'augmentation. C'est l'industrie agricole par excellence, n'exigeant pas un capital considérable, pouvant s'appliquer à toutes les situations et à toutes les conditions. De toutes parts on fait depuis quelques années les plus louables efforts pour perfectionner cette industrie, et les résultats ont été si satisfaisants qu'il est passé aujourd'hui en proverbe, dans certains pays, que le fromage *paie le fermage.*

On remarque aussi les belles collections de céréales de M. le vicomte d'Avène, qui s'est donné la mission depuis de longues années de vulgariser les meilleures espèces de blé.

M. le vicomte d'Avène, souvent lauréat dans les concours régionaux, exposait, en même temps que ses blés, plusieurs variétés d'avoines. Il a présenté aussi deux rapports très intéressants, l'un sur la culture sidérale, qu'il regarde comme une nouvelle et très importante étape dans la voie du progrès, l'autre sur l'emploi des engrais chimiques sans addition de fumier de ferme, la culture sans bestiaux et l'utilisation de l'azote atmosphérique.

Parmi les exposants de la Société d'agriculture de Meaux, nous voyons aussi figurer M. Jules BENARD, à Coupvray, notre collègue au Jury des récompenses, qui avait envoyé les plus remarquables produits de sa ferme. Son éloge n'est plus à faire, et nous ne pouvons que lui adresser nos remerciements pour les renseignements qu'il a bien voulu nous fournir sur le beau département de Seine-et-Marne.

La ferme de Coupvray, par Esbly, est devenue une ferme modèle, qui est visitée non seulement par les agriculteurs français, mais encore par un très grand nombre d'étrangers qui viennent y chercher un enseignement que notre collègue est toujours prêt à donner avec la meilleure grâce.

Nous avons aussi remarqué les lins en tiges et en filasse de M. PAPILLON-BARDIN qui, depuis plus de vingt ans, a fait tous ses efforts pour répandre la culture du lin dans sa contrée.

Les avoines noires de Coulommiers de M. COUESNON-BONHOMME jouissent d'une légitime réputation dans toute la région du Nord de la France. M. Couesnon-Bonhomme a obtenu des résultats remarquables par la culture en lignes de ces belles avoines, par le binage fréquent et l'emploi des engrais chimiques à base de superphosphate. Le rendement est de 25 à 30 quintaux à l'hectare. C'est ainsi qu'il a pu obtenir des avoines, variétés de Coulommiers, qui sont recherchées pour semences par les marchands et par les syndicats agricoles.

M. Couesnon-Bonhomme entretient aussi depuis 1874 un troupeau dishley-mérinos pour l'élevage des reproducteurs; ce troupeau a contribué par la vente annuelle de 60 à 80 béliers à l'amélioration de l'espèce ovine dans la contrée.

Ce même propriétaire applique depuis six ans une nouvelle méthode d'ensilage pour la conservation des fourrages verts, particulièrement de troisième coupe de luzernes qu'il est presque toujours impossible de faire sécher. La méthode employée est l'ensilage à air libre perfectionné.

Le perfectionnement consiste surtout dans la confection la plus lente possible du silo, dans certaines limites, remplaçant la confection rapide d'autrefois, et permettant à la masse de s'échauffer à un point tel que le fourrage en est pour ainsi dire *cuit*. Cette demi-cuisson ajoute à la bonne odeur (odeur de pain d'épice) du fourrage et en fait un aliment de premier choix pour la nourriture des moutons.

L'analyse qui a été faite à la station agronomique de Melun démontre qu'il est supérieur de beaucoup au fourrage séché.

Nous devons une mention spéciale aux conserves d'oseille de M. CLAIRET, de Vareddes. M. Clairet a installé une usine qui traite chaque année le produit de plus de 50 hectares d'oseille. Cette culture est une richesse pour la contrée et une ressource pour de nombreux ouvriers.

M. Clairet récolte l'oseille dite de Belleville, variété qui se distingue par ses larges feuilles. Il est difficile de voir une culture légumière mieux tenue et plus vigoureuse.

La production des 50 hectares qu'il cultive est épluchée à la main, dans le champ,

IMPRIMERIE NATIONALE.

en récoltant; les feuilles une fois épluchées sont apportées à l'usine et lavées à grandes eaux par des laveurs mécaniques successifs, ayant chacun quatre compartiments séparés. Ensuite la cuisson a lieu, partie à l'eau, partie fondue à sec dans des bassines à double fond chauffées par la vapeur, cette opération a pour complément le tamisage et une dernière cuisson d'une durée de trois heures.

Ce produit est parfait et fabriqué avec une propreté excessive; il peut se conserver plusieurs années et contient, d'après notre savant chimiste M. Berthelot, 60 p. 100 de matières albuminoïdes (matières qui constituent la viande).

L'usine de M. Clairet date de 1863; un générateur de la force de 25 chevaux alimente le chauffage de 10 bassines à double fond et actionne un moteur vertical de 8 chevaux qui met en mouvement les laveurs et une machine à défibrer, très ingénieuse, inventée par M. Clairet; un puits artésien, quoiqu'il n'ait que 26 mètres de profondeur, fournit en abondance une excellente eau fraîche et jaillissante.

C'est peut-être la seule fabrique de ce genre qui existe en France et à l'étranger; M. Clairet a inventé et a perfectionné lui-même toutes les machines nécessaires au traitement de l'oseille et les procédés pour les conserver pendant plusieurs années.

Aujourd'hui ses produits s'exportent par toute l'Europe et dans le monde entier. Il donne comme chiffre d'affaires 150,000 francs.

Nous signalerons encore les tableaux et les spécimens des récoltes de M. Viet, de Rougeville-Sancy, ainsi que les résultats qu'il a obtenus de divers engrais, notamment du sulfate de fer.

SOCIÉTÉ D'AGRICULTURE DE COULOMMIERS ET COMICE AGRICOLE DE MELUN, FONTAINEBLEAU ET PROVINS.

La Société d'agriculture de Coulommiers et le Comice agricole de Melun, Fontainebleau et Provins occupaient la troisième et la quatrième section de l'exposition collective de Seine-et-Marne. Les documents étaient moins importants que dans les autres sections. MM. Muret frères, de Noyen-sur-Seine, nous présentaient le plan des travaux d'irrigation très bien entendus qu'ils ont fait exécuter sur les bords de la Seine pour arroser 50 hectares de prairies, ainsi que la comptabilité de leur distillerie de betteraves du système Champonnois, qui fonctionne depuis 38 ans.

Nous citerons encore les belles céréales de MM. Bachelier père et fils et le système de conservation de fourrages de M. Désiré Bernard. Au lieu de répandre le foin ou la luzerne et de le secouer pour le faire sécher, M. Bernard emploie le système des moyettes et obtient un résultat très satisfaisant.

EXPOSITIONS INDIVIDUELLES.

M. Nicolas. — Le plan en relief au $\frac{1}{15}$ de la ferme d'Arcy attirait l'attention de tous les visiteurs. Nous ne saurions retracer en quelques lignes l'œuvre de M. Nicolas; nous pouvons affirmer que d'une terre ingrate M. Nicolas a su faire en moins de vingt ans une exploitation sans rivale en France et même à l'étranger. Par l'emploi des engrais chimiques judicieusement employés, il a pu augmenter ses récoltes de céréales et de fourrages et nourrir un nombreux bétail. Profitant de sa proximité de Paris, il a su organiser une distribution rapide d'excellent lait, qui rend des services inappréciables à la population parisienne et qui a révolutionné complètement le commerce du lait à Paris.

Le congrès international d'agriculture a fait, le dimanche 7 juillet, une excursion très intéressante à la ferme d'Arcy-en-Brie, exploitée par M. Nicolas.

M. Méline, président du congrès, dirigeait cette visite dans le but de montrer aux agriculteurs étrangers faisant partie du congrès une des fermes les plus importantes du rayon de Paris.

Le vrai moyen de permettre d'apprécier la valeur des travaux de M. Nicolas sur les terres du domaine d'Arcy, c'est de reproduire ici le discours de M. Joulie, qui a exposé au congrès les méthodes de culture employées.

Nous lui laissons la parole.

SUR LA TRANSFORMATION DES TERRES DE LA FERME D'ARCY [1].

Messieurs,

Après ce que vous venez de voir dans la plaine d'Arcy, je tromperais certainement votre attente si je n'essayais pas de vous donner une idée nette de la pensée scientifique, de la méthode qui a présidé à la transformation de la terre que vous venez de visiter, si je ne cherchais pas à dégager des chiffres que M. Nicolas a réunis dans ses tableaux de l'exposition la philosophie de cette transformation.

L'opération d'Arcy n'est pas seulement intéressante par les magnifiques récoltes que vous venez d'y admirer. Cette ferme n'est pas la seule, heureusement, qui produise de belles récoltes. Mais ce qui la caractérise essentiellement, le côté par lequel elle doit surtout frapper l'attention de l'agronome et de l'économiste, c'est la rapidité avec laquelle une terre de mauvaise qualité, inculte pour la majeure partie, fort mal cultivée pour le surplus, est devenue l'un des plus fertiles domaines de notre pays.

En 1872, après toutes les acquisitions faites par M. Nicolas, la propriété d'Arcy comprenait, sur 360 hectares de terres cultivables, 210 hectares de terres incultes; c'est vous dire combien était pauvre la terre d'Arcy où les prédécesseurs de M. Nicolas n'avaient trouvé que misère et déceptions.

L'état physique du sol était détestable. L'argile donnant à la terre une compacité excessive, elle retenait l'eau pendant une grande partie de l'hiver. M. Nicolas n'hésita pas à entreprendre un drainage général qui a été exécuté en sept ans et a coûté près de 100,000 francs (305 hectares à 322 francs par hectare).

Les bâtiments faisaient défaut. M. Nicolas en a fait construire pour une somme de 225,000 francs.

Les terres incultes ont été défrichées et soumises à un assolement triennal permettant de les jachérer pour les nettoyer et les aérer, si bien que cinq ans après l'acquisition, en 1877, il y avait encore 48 hectares de jachères à Arcy.

L'ancien domaine ne produisait pas ou presque pas de fumier. M. Nicolas commença par acheter 4,793 tonnes de gadoue de Paris et tous les fumiers qu'il put trouver à sa portée.

[1] Discours de M. H. Joulie à la réunion du Congrès international agricole à la ferme d'Arcy, le 7 juillet 1889.

Ses étables, garnies de bétail, arrivèrent rapidement à produire de 2,000 à 3,000 tonnes de fumier par an, et M. Nicolas introduisit en outre dans sa culture, de 1873 à 1876, 96,652 kilogrammes de guano, 5,292 kilogrammes de phospho-guano, 112,000 kilogrammes de superphosphate, 38,224 kilogrammes de sulfate d'ammoniaque, 77,300 kilogrammes d'engrais organique Lesage, 55,000 kilogrammes de tourteau d'œillette, etc.

De très larges marnages ont été exécutés, si bien qu'en 1877 presque toutes les terres de culture avaient été marnées.

Cependant, malgré tous ces sacrifices, malgré des achats importants de nourriture pour le bétail, le rendement des récoltes se maintenait à un niveau désespérant. Le blé donnait de 14 à 21 hectolitres, l'avoine de 19 à 33 hectolitres à l'hectare.

En 1875, trois ans après l'acquisition, les principaux cultivateurs de la Brie, réunis à Arcy pour le comice agricole, avaient été unanimes à déclarer que, quels que soient les sacrifices du propriétaire, la terre d'Arcy ne produirait pas de luzerne avant 60 ans. Des trèfles médiocres leur paraissaient la seule culture fourragère que l'on put y obtenir, et ces cultivateurs avaient raison, car, ne tenant compte que de ce qu'ils savaient à cette époque, ils avaient le sentiment pratique des difficultés que rencontre la fertilisation du sol, lorsqu'elle roule dans le cercle vicieux de la terre ne récupérant, par le fumier produit à la ferme, qu'une partie des éléments qu'elle a fournis aux récoltes.

Mais M. Nicolas n'était pas cultivateur. Il n'avait pas été élevé à l'école des *impedimenta*. Il croyait au vieil adage *Labor improbus omnia vincit*, et, devant l'insuccès constaté par sa comptabilité dont les balances, si elles ne s'étaient rapidement modifiées, eussent été la condamnation définitive de l'entreprise, il résolut de recourir à tous les moyens possibles pour sortir de l'ornière où il se trouvait engagé.

C'est alors, en 1877, qu'il vint nous consulter, sur l'avis de notre ami commun, M. Rémond, de Mainpincien. M. Rémond, dont la ferme est devenue un modèle, avait appris à l'école de Grignon que la théorie n'est pas toujours ennemie de la pratique. Il suivait avec un vif intérêt les travaux de la jeune école des engrais chimiques, et, l'un des premiers, il avait eu recours à ces utiles auxiliaires suivant les principes que nous nous efforcions alors de répandre dans l'agriculture.

Le succès ayant justifié sa bonne volonté, il n'hésita pas à conseiller à son ami d'entrer dans la même voie. M. Nicolas résolut aussitôt de mettre à profit les nouveaux moyens que la science avait découverts.

Les terres furent tout d'abord soumises à l'analyse, afin de déterminer ce qui pouvait leur manquer pour atteindre à des rendements intensifs et rémunérateurs.

A partir de 1877, la culture d'Arcy a été conduite suivant la méthode que nous avons depuis longtemps adoptée pour les conseils que nous donnons à la pratique et dont les applications, très nombreuses aujourd'hui, étaient encore fort rares à cette époque.

Quelle est donc cette méthode ?

Elle est aussi simple dans ses grandes lignes que compliquée dans les détails d'exécution.

Au point de départ, l'analyse du sol. Il y a longtemps que les savants y avaient songé.

De nombreux et utiles travaux avaient été exécutés dans ce sens. Mais, jusqu'à ces derniers temps, la pratique agricole n'avait pu en tirer qu'un bien maigre parti, et, à l'heure actuelle, les divergences des savants auxquels elle peut s'adresser la jettent encore le plus souvent dans d'inextricables incertitudes.

C'est qu'il ne peut suffire de soumettre a terre à des expériences de laboratoire plus ou moins précises conduisant à en chiffrer la richesse en éléments utiles. Il faut encore savoir, lorsque ces chiffres sont obtenus, quelle est la conclusion pratique qu'il convient d'en tirer, quelle est, en un mot, leur signification

Pour y parvenir, nous avons adopté, dès 1872, une marche invariable pour l'analyse des terres, afin que les résultats obtenus fussent comparables, et nous avons enregistré à côté des chiffres du laboratoire, pour chaque échantillon, les résultats culturaux obtenus sur ces terres, tant par la culture ordinaire que par celle qui fait intervenir les engrais chimiques. Le nombre des terres dont les observations sont ainsi consignées dans nos livres s'élève aujourd'hui à 2,775, provenant de toutes les régions agricoles de la France et de l'étranger.

C'est grâce à ces nombreux rapprochements entre les analyses et l'histoire agricole des terres analysées que nous sommes parvenus à préciser, au moins approximativement, la composition que le sol arable doit donner à notre analyse pour être fertile.

Je dis approximativement, car ces chiffres ne peuvent être absolus et doivent nécessairement varier dans certaines limites, suivant les propriétés physiques du sol. Je dis aussi *à notre analyse*, car il est évident que si l'on adopte d'autres manières de procéder, on arrivera à des chiffres différents pour les mêmes échantillons et que leur signification ne pourra plus être déduite des mêmes données.

L'analyse faite, il suffit de la comparer à la composition type des bonnes terres pour savoir quels sont les éléments que la terre contient en abondance et quels sont ceux qui lui font défaut.

C'est ainsi que les analyses des terres d'Arcy, faites en 1877, nous ont appris que, dans la première couche de 0 m. 20, tous les éléments utiles à la végétation faisaient plus ou moins défaut, ce qui expliquait suffisamment les mécomptes de la culture.

Parmi ces éléments, l'acide phosphorique était celui qui manquait au plus haut degré, et l'analyse des couches sous-jacentes (deuxième et troisième couches de 0 m. 20) indiquait une diminution rapide de ce même élément. Nous savions, dès lors, qu'il fallait insister sur une importation de phosphates, et c'est ce qui a été fait.

La potasse était en quantité faible à la surface, mais arrivait à des proportions presque doubles à 0 m. 40 de profondeur. Nous en tirions la conséquence qu'il faudrait recourir à une certaine importation de potasse au début, mais qu'elle pourrait s'atténuer par la suite à mesure que, par les plantes à racines profondes, et notamment par la luzerne, nous pourrions aller chercher les provisions accumulées dans le sous-sol. C'est aussi ce que l'expérience a vérifié.

La chaux se trouvait en proportion très faible (le quart à peine du nécessaire) malgré les marnages opérés. Nous en concluions à la nécessité de faire intervenir des chaulages légers, mais fréquents. Cette pratique a été adoptée et régulièrement suivie depuis.

La magnésie étant en quantité suffisante ou presque suffisante à la surface, plus élevée encore dans les couches inférieures, il fut décidé qu'il n'y avait pas à s'en occuper.

L'azote, enfin, faisant défaut pour moitié environ du nécessaire, on décida qu'il en serait importé, sous forme de nitrate de soude (la forme la plus active), les quantités que la pratique reconnaîtrait nécessaires pour la bonne tenue des récoltes.

Le premier résultat de ces décisions fut une assez forte atténuation des dépenses d'engrais à l'hectare, en même temps qu'une élévation très marquée des rendements.

Le produit moyen du blé, qui était de 14 hectolitres 16 en 1875, passe à 29 hectolitres 64 en 1880, pour atteindre à 35 hectolitres 57 en 1887 et se maintenir, pendant les huit années de 1880 à 1889, à une moyenne générale de 31 hectolitres 19.

Le rapport du grain à la paille, qui était de 30 à 70 en 1875, s'élève pendant cette même période de huit années au beau chiffre de 40 à 60.

L'avoine passe de 19 hectolitres en 1875 et 34 en 1877 à 50 hectolitres dès 1878, pour s'élever à une moyenne générale de 54 hectol. 22 pendant la période de 1880 à 1889.

Pendant le même temps la production des fourrages s'accroît dans de telles proportions qu'après avoir cessé dès 1876 d'acheter des fourrages, M. Nicolas arrive à en vendre des quantités importantes, tout en restreignant l'étendue donnée aux cultures fourragères au profit de la production des céréales. Nous voyons, en effet, dans les tableaux exposés par M. Nicolas que l'étendue consacrée aux céréales passe successivement de 165 hectares 56 en 1880 à 199 hectares 56 en 1889, pendant que les cultures fourragères, qui ont occupé 145 hectares 79 en 1880 et 167 hectares 12 en 1882, sont successivement réduites pour arriver à 117 hectares 81 en 1889.

Les conséquences des analyses de terre ont donc été considérables.

Cependant, l'analyse du sol, même interprétée, comme nous venons de le dire, à la lumière d'un vaste ensemble d'observations agricoles, est bien loin de donner, sur la fertilité réelle de la terre, des renseignements complets et suffisamment précis.

Dans la couche arable, les éléments utiles à la végétation existent sous des formes chimiques très diverses : les unes complètement inertes et se confondant, au point de vue physiologique, avec le sable et l'argile qui forment la grande masse du sol et ne servant à la plante que de support et de magasin pour les substances qu'elle doit absorber ; les autres, au contraire, essentiellement actives et constituant les véritables aliments des plantes, mais n'existant jamais qu'en très faible quantité et provenant, le plus souvent, des transformations que subissent lentement les premières sous l'influence des agents météoriques. Or, quelque progrès qu'ait pu faire jusqu'ici l'analyse chimique des terres, elle n'est pas encore parvenue à établir nettement, pour chaque élément utile, la distinction nécessaire entre ces deux états.

Ainsi s'explique le singulier contraste que vous ne manquerez pas de relever entre les quantités que nous déclarons nécessaires et celles qui sont enlevées par les récoltes.

Nous demandons, par exemple, 4,000 kilogrammes d'acide phosphorique à l'hectare pour assurer la fertilité d'une terre arable à l'égard de cet élément et, si vous examinez la composition d'une récolte de 30 hectolitres de froment, grain et paille, vous constatez que ses exigences atteignent à peine à 26 kilogrammes, soit une quantité 145 fois moindre. Il en est de même pour les autres éléments, mais avec des proportions différentes.

Si, du moins, la proportion pour chaque élément était la même pour toutes les terres, une fois bien établie elle pourrait nous guider d'une façon à peu près certaine. Mais il n'en est point ainsi. Les combinaisons chimiques dans lesquelles sont engagés les éléments utiles à la végétation ne sont pas identiques partout, et les facultés de livraison qu'elles possèdent sont, par conséquent, différentes et impossibles à prévoir par l'analyse.

Que faire donc ?

Après avoir fait l'analyse du sol qui indique tout au moins les grandes lignes du problème, faut-il se livrer à une série indéfinie d'essais et de tâtonnements, sans guide aucun, pour arriver empiriquement à la détermination de la formule à suivre dans l'emploi des engrais ?

Non sans doute. On fera une première expérience en se fondant sur les données générales et approximatives tirées de l'analyse du sol, puis on examinera les plantes obtenues. Si la végétation est satisfaisante, si l'aspect de la récolte, à la floraison d'abord, à la maturité ensuite, ne laisse point à désirer, il n'y a plus de grosses chances à courir en employant la même formule l'année suivante.

Si, au contraire, le résultat est mauvais ou insuffisant, il faut analyser la plante pour se rendre compte de ce qu'elle a absorbé et, par comparaison avec la composition type du même végétal, pour reconnaître ce qui lui a manqué.

Je viens de prononcer un mot qui réclame une explication.

Qu'entendons-nous par composition type du même végétal et où trouverons-nous ce renseignement nécessaire pour interpréter les résultats de notre analyse ?

Les premiers savants qui se sont occupés de la composition chimique des végétaux supposaient implicitement que le même végétal devait avoir toujours la même composition et qu'il suffisait de le soumettre une fois à l'analyse pour être fixé à cet égard. C'est dans cette hypothèse que furent entreprises les célèbres analyses de Berthier, qui considérait le végétal comme un minéral cristallisé pur, dont la composition est invariable.

Mais, à mesure que d'autres chimistes ont analysé les mêmes plantes, on s'est aperçu que la composition d'un même végétal subissait des variations d'une certaine étendue. On en est arrivé alors au système abusif des moyennes, sur lequel sont fondées les tables de Wolff qui ne tiennent aucun compte des causes possibles des variations observées.

Lorsque nous avons voulu faire contribuer tous ces travaux à la direction de la pratique agricole, nous avons dû les reprendre et partir d'une idée philosophique absolument différente.

Pour nous, le végétal, comme tout être organisé, a des exigences précises qu'il tend à réaliser en vertu de sa constitution physiologique même, de la forme et de la nature des tissus qui le composent, aux diverses phases de son développement. S'il rencontre dans le sol toutes les ressources nécessaires à la satisfaction de ses exigences physiologiques, à mesure qu'elles se produisent, il pousse régulièrement dans la plénitude de ses facultés à tous les âges et arrive à son maximum possible de développement. S'il s'agissait d'un végétal cultivé, la récolte serait alors maxima.

Mais c'est là un idéal qui ne se réalise jamais dans la pratique. Il est pour ainsi dire impossible que, pendant le cours de sa végétation, la plante ne rencontre pas quelque circonstance physique ou chimique défavorable; aussi le maximum possible de rendement n'est-il jamais atteint. Ces accidents physiologiques ont un retentissement fatal sur la composition chimique du végétal qui s'en trouve modifiée dans des sens divers, suivant la nature et le nombre des accidents qui se sont produits. De là les variations de composition qu'il révèle au creuset du chimiste.

Mais, si le maximum de développement ne peut être obtenu, la nature et l'industrie agricole présentent des types qui s'en rapprochent plus ou moins. Il suffira donc, pour déterminer la composition type d'une espèce donnée ou, du moins, pour avoir des chiffres qui s'en rapprochent, de soumettre à l'analyse les sujets les plus ou les mieux développés que l'on pourra en obtenir. C'est ce que nous avons essayé de faire pour les principales espèces cultivées, et c'est ainsi que, pour le blé seulement, nous avons fait plus de 300 analyses de sujets dont le rendement a été noté, et, ainsi que nous nous y attendions, nous avons vu les écarts de composition diminuer d'amplitude, à mesure que les rendements ont été plus élevés.

Ces études, que nous poursuivons depuis plus de quinze ans, nous ont conduit à une formule de la composition du blé qui, si elle n'exprime pas exactement sa composition type, n'en est du moins pas très éloignée et suffit amplement aux besoins de la pratique agricole.

Nous avons, en outre, constaté l'existence d'une loi naturelle qui peut être exprimée ainsi :

Lorsqu'un élément utile fait défaut à un végétal pendant sa croissance, tous les autres éléments de sa composition s'accumulent dans ses tissus en proportions d'autant plus fortes que le défaut est plus marqué.

Il en résulte que nous pouvons aujourd'hui, par l'analyse d'un échantillon de blé pris au moment convenable (à la floraison), reconnaître ce qui lui a manqué pour arriver à un développement supérieur.

Nous le pouvons aussi, mais avec une approximation moindre, pour beaucoup d'autres cultures que nous avons soumises à des études analogues, mais moins avancées.

Nous avons donc, dans l'analyse de la récolte, un moyen de rectifier, s'il y a lieu, la formule d'engrais issue de l'analyse du sol.

En un mot, pour me servir d'une comparaison empruntée à l'artillerie, l'analyse du sol nous indique la direction dans laquelle la pièce doit être pointée, et l'analyse de la récolte obtenue nous permet ensuite de rectifier le tir et d'en augmenter la précision.

Telle est la méthode que nous avons suivie à Arcy et dans toutes les fermes qui, depuis plus de quinze ans, nous ont fait l'honneur de nous consulter et à laquelle nous devons tous les succès qu ont eu un certain retentissement.

Ces succès sont nombreux; mais il est rare qu'ils soient aussi éclatants qu'à Arcy et à Mainpincien, parce que notre agriculture ne compte pas un grand nombre de cultivateurs aussi clairvoyants, aussi persévérants et aussi bons administrateurs que MM. Nicolas et Rémond.

Ici toutes les opérations sont soumises à une comptabilité précise par doit et avoir et donnent la mesure de leur valeur par une balance en profit ou en perte. Toutes sont étudiées avec les mêmes soins et, aussitôt qu'il se manifeste un accident, nous trouvons dans les livres de la ferme des renseignements certains qui permettent d'en dégager la cause.

M. Nicolas termine une de ses notes beaucoup trop élogieuses pour nous en disant que, si la France entière suivait notre méthode et nos conseils, sa production en céréales serait doublée.

Nous ne pouvons être aussi optimiste, car les obstacles que rencontre le développement de notre agriculture sont très multiples et une bonne méthode de fertilisation ne saurait, à elle seule, les lever tous. Mais il n'est pas douteux qu'elle pourrait y contribuer dans une certaine mesure, si tous les agriculteurs étaient assez intelligents et assez instruits pour en saisir la pensée et s'en approprier les applications.

Nous sommes, hélas! encore bien loin de cet idéal. Malgré les grands progrès de ces derniers temps, l'instruction agricole à tous les degrés est et restera longtemps le plus urgent besoin de notre agriculture. Aussi devons-nous toute notre reconnaissance aux hommes d'État qui consacrent leur activité et leur influence à l'organisation de cet enseignement et aux éminents professeurs qui lui apportent le précieux concours de leur science et de leur talent de vulgarisation.

M. Hardon. — Comme M. Nicolas, M. Hardon est un cultivateur améliorateur qui en peu de temps a transformé son domaine de Courquetaine par l'emploi des engrais chimiques et la culture des fourrages.

De même aussi son lait est hautement apprécié à Paris. Ses collections de céréales, de fourrages étaient très belles, nous le remercions aussi d'avoir exposé des photographies très exactes nous faisant connaître tous les travaux qu'exige l'exploitation d'un domaine agricole.

MM. Grandin, oncle et neveu. — MM. Grandin, de Cocherel, poursuivent depuis plusieurs années l'amélioration des semences de blé; leur blé de Challenge, remarquable par sa blancheur, rend beaucoup en gerbes et en grains. La récolte de 1888, faite par une température contraire, a cependant donné 1,190 gerbes à l'hectare, pour 39 hectolitres du poids de 79 quintaux.

M. Mir. — M. Mir s'est consacré à la tâche d'améliorer le domaine d'Armainvilliers; nous signalerons ses céréales, blés et avoines, obtenues dans des terrains médiocres par l'emploi raisonné des engrais chimiques.

M. Meyer. — Les céréales de M. Meyer, distillateur agricole à Caubert, ont été très remarquées ainsi que les produits de sa distillerie dont l'agencement ne laisse rien à désirer.

Parmi les expositions agricoles individuelles du département de Seine-et-Marne, nous devons encore citer celles de MM. Perrin, Leroy, Ernest Bénard et Demarle.

DÉPARTEMENT DE LA GIRONDE.

EXPOSITION COLLECTIVE DU COMICE AGRICOLE DE L'ARRONDISSEMENT DE BAZAS.

Appelé en 1887 par le comité départemental de la Gironde à préparer une exposition collective de la production agricole de l'arrondissement, le Comice de Bazas rédigea un programme qui fut accepté par tous les autres comices du département, et qu'il a rempli dans la mesure de ses moyens financiers.

Le Comice agricole de l'arrondissement de Bazas fut fondé en 1851, et il était présidé, au moment de l'Exposition universelle de 1889, par M. Alexandre Léon, conseiller général de la Gironde.

Nous remarquons d'abord quatre cartes statistiques, dont trois dressées par M. Marcel Courrégelongue, à Bazas, secrétaire général du Comice, et donnant un aperçu de la production agricole de l'arrondissement.

La première indique la répartition des bois, terres, prairies et vignes.

La deuxième, dite *du bétail,* montre le nombre des animaux des espèces bovine et ovine élevés dans chaque commune, par 100 hectares.

La troisième présente le nombre d'hectares cultivés en seigle et froment, dans chaque commune, par 100 hectares de surface totale.

La quatrième, enfin, est une carte des terrains agricoles; elle a été dressée par M. Deloubes, agent voyer de l'arrondissement de Bazas.

Le Comice agricole a placé à côté de ces cartes statistiques :

1° Des échantillons de terres et de fossiles prélevés de tous côtés, et caractérisant les couches géologiques du sol de l'arrondissement;

2° Le plan d'un domaine composé de cinq métairies, avec l'importance de chaque culture. Des modèles, à l'échelle, d'une métairie, d'une étable, d'une porcherie et d'un séchoir à tabac;

3° Un tableau de toutes les céréales cultivées : des échantillons d'avoine, mil, millade, maïs, sarrasin; et une collection, dans des bocaux, de toutes les graines alimentaires et fourragères, en même tempe que des échantillons de tous les fourrages et des différentes qualités de foin;

4° Les échantillons des trois qualités de tabac produites dans l'arrondissement, des tiges de chanvre, une poignée de filasse brute et peignée;

5° Deux tableaux de photographies d'animaux reproducteurs et de boucherie, primés dans les concours, régionaux et départementaux; des toisons, des peaux, des modèles des diverses ruches, bournac, normande, à cadres, usitées dans l'arrondissement; des cires, des miels et des rayons, des spécimens de bruyères servant à la nourriture des abeilles.

Les instruments servant à la culture du pin, les poteries pour le gemmage, système Hughes, étaient exposés par M. Baron, à Luxey, par M. Dubédat, à Sendetst, par M. Hazera, à Hostens.

Les produits résineux de toutes sortes, essence de térébenthine, colophanes, brais, résines, goudrons, provenaient des exploitations de MM. Clément Lacoste, Théodore Lafforgue et Belin.

M. Mauriac, à Barie, avait envoyé une collection de toutes les variétés d'osier et de sorgho à balais cultivées.

Le Comice agricole de Bazas exposait enfin une collection des vins du Bazadais, dans lesquels on trouve les crus de Sauternes, de Bommes, Touleune, Fargues et Langon, et aussi des vins obtenus dans la contrée landaise du canton de Captieux. Mais tous ces produits appartenaient à la classe 73.

DÉPARTEMENT D'EURE-ET-LOIR.

Ce département était représenté à l'Exposition universelle de 1889 par deux sociétés agricoles : le Comice agricole de Chartres, sous la présidence de M. Pierre Roussille; et le Syndicat agricole de Chartres, sous la présidence de M. Vinet.

COMICE AGRICOLE DE CHARTRES.

Nous publions d'abord une notice historique sur le Comice agricole de l'arrondissement de Chartres, qui nous a été communiquée par son président, M. Pierre Roussille.

En février 1820, sous la présidence de M. Bouvet-Jourdan, industriel agronome, ancien constituant, se fondait à Chartres, sous la dénomination de *Société d'agriculture d'Eure-et-Loir,* la première association agricole du département, composée d'un délégué agriculteur par canton.

C'était l'époque de la propagation du mouton mérinos, cet animal transhumant, si bien approprié au climat sec et au sol des grandes plaines de la Beauce : aussi la Société consacra ses premiers efforts à en encourager, à en multiplier l'élevage; elle indiqua aux cultivateurs les moyens de produire les laines fines, dont le prix atteignait alors 3 francs la livre. Elle importa et encouragea à cet effet la culture des prairies artificielles, trèfle, minette, incarnat, surtout le sainfoin.

En même temps, elle s'occupait d'encourager l'élevage du cheval percheron, la plus belle race de trait léger de France.

Elle rechercha les meilleures variétés de blé pour les acclimater en Beauce. En 1826, sous la présidence de M. Jumentier, elle dut commencer à lutter contre les industriels qui voulaient déjà faire enlever ou au moins diminuer les droits qui frappaient les laines fines étrangères à leur entrée en France. Elle eut gain de cause; et la Beauce, grâce à l'élevage rémunérateur du mérinos, traversa une période de prospérité, qui amena de grands progrès dans les pratiques de la culture.

En 1836, la Société qui recrutait sans cesse de nouveaux membres décida qu'il y avait lieu de constituer des comices agricoles d'arrondissement.

Et le Comice agricole de Chartres fut fondé par M. le préfet Gabriel Delessert, sous la présidence de M. Adolphe Chasles, député d'Eure-et-Loir, maire de Chartres, grand propriétaire rural.

Chaque année un concours fut ouvert à Chartres où l'on récompensa les meilleurs éleveurs de taureaux, de vaches, de moutons, et aussi les serviteurs de ferme les plus fidèles et les plus anciens. Son action s'étendait sur les huit cantons de Chartres, Nord et Sud, Maintenon, Auneau, Janville, Voves, Illiers, Courville, qui forment, au faîte de la crête séparant les bassins de la Loire et de la Seine, le plateau de la Beauce (250,000 hectares environ de terres arables).

Il y eut à cette époque, à l'instigation de M. Bouvet-Jourdan, d'assez nombreux essais d'élevage de vers à soie et de belles plantations de mûriers : à Berchères-les-Pierres, par M. Bouvet-Jourdan; à la Loupe, par M. de Reverseaux; à Dangeau, par M. Guillaumin. C'est alors aussi que la culture du colza fit son apparition chez M. Lelong, à Soulaires; chez M. Girat, à Morancez (1840-1845).

Mais le prix des laines baissant sans cesse, les cultivateurs de la Beauce tentèrent, timidement d'abord, d'augmenter la production de la viande : en 1843, un bélier anglais new-kent fut importé chez M. Roussille, à Bessay, un taureau durham chez M. Girat, à Morancez, avec la coopération du Comice agricole, qui encourageait tous les progrès.

En 1847, les membres du Comice, déjà nombreux, décidèrent de transporter leurs concours annuels dans chaque canton alternativement, et ce fut Janville le siège du premier concours cantonal, 12 juin 1847. Toutes les populations rurales purent ainsi juger de visu, à leur porte, les mérites des sujets exposés ou récompensés. On créa des sections cantonales, formées chacune de trois délégués, pour préparer les concours et stimuler le zèle des concurrents

De 1848 à 1860, sous la présidence de M. Genreau, les concours permirent d'admirer les spécimens des troupeaux mérinos, dont on avait su doubler la taille, et le poids des toisons, chez MM. Guérin, de Chollet; Labiche, de Béville; Isambert, d'Auneau; Bailhau, d'Illiers; Lelong, de Levéville; Lhomme, de Fresnoy-le-Gilmert; Lefebvre; Thirouin; et les cultures progressives qui devenaient de plus en plus nombreuses dans chaque canton.

A dater de 1849, le Comice récompensa les instituteurs qui donnaient aux enfants quelques leçons d'agriculture, d'arpentage, etc...

A son instigation fut fondée, à Bonneval, une colonie agricole de jeunes détenus, qu'une commission de patronage plaçait ensuite dans les fermes.

En 1860, sous la présidence de M. Émile Lelong, la variété des spéculations agricoles s'imposant de plus en plus, on admit à concourir, à côté des mérinos, les moutons élevés surtout en vue de produire de la viande : moutons anglais de race dishley, costwold et southdown, moutons anglo-mérinos.

Et la Beauce avait acquis une telle habileté dans l'élevage de tous les animaux domestiques, qu'à Londres, à la première Exposition universelle en 1851, ce fut un cheval percheron, à M. Rose Desvaux, de Courville (l'étalon *Empereur*), qui remporta le prix d'honneur des races de trait; en 1861, ce fut le troupeau mérinos de M. A. Gatineau, de Beaufrançois, qui enleva le prix d'honneur des mérinos, à la deuxième Exposition universelle; comme plus tard, à Hambourg, à Stettin, à Vienne, à New-York, les béliers mérinos de M. Bailleau, d'Illiers, allèrent battre tous leurs concurrents.

En 1863, ce fut aussi à un membre du Comice de Chartres, M. Lhomme, de Fresnoy-le-Gilmert, que fut décernée la première prime d'honneur d'Eure-et-Loir. Ce fut aussi sous l'inspiration du Comice de Chartres, qu'eurent lieu les premiers concours de moissonneuses, en 1861, à Lucé; en 1862, à Archevilliers; plus tard, en 1874, à Voves, pour faire connaître à tous ces merveilleuses machines destinées à remplacer la main-d'œuvre qui se faisait de plus en plus rare dans les campagnes.

Les traités de commerce de 1860, ayant mis les questions économiques à l'ordre du jour, le Comice de Chartres prit part à la grande enquête de 1865-1866, dont l'Empire ne fit jamais connaître les résultats.

Il procéda à une étude attentive des baux à ferme, et proposa en 1867, à l'adoption de Messieurs les notaires, un nouveau modèle de bail mieux approprié aux circonstances et aux temps nouveaux.

En 1874, la race chevaline fut appelée à prendre part aux concours du Comice. Les cultures industrielles, la betterave pour la distillation ou la sucrerie formèrent une catégorie spéciale et eurent leurs récompenses.

Depuis 1881, sous la présidence de M. Pierre Roussille, le Comice de Chartres continue l'étude de toutes les questions qui intéressent l'agriculture; il stimule le zèle de tous dans la voie de tous les progrès, encourage tous les efforts, propage les meilleures pratiques agricoles et les instruments les plus perfectionnés. De nouveaux succès sont venus grossir le nombre de ses membres, lauréats des grands concours régionaux et généraux.

En 1877, la prime d'honneur est échue à son vice-président, M. P. Roussille; en 1885, à M. Thirouin-Haudoin, un des membres du bureau, et la prime d'honneur de la petite culture nouvellement créée, à M. Oudart, un de ses adhérents, pendant que MM. Chasles, Rayneau, Bailleau, Sedillot, Gaussu, remportaient les prix d'ensemble pour les races chevaline, ovine et porcine.

Grâce à ses ressources augmentées par les souscriptions de ses membres de plus en plus nombreux (ils sont aujourd'hui près de 600), et aux subventions qu'il reçoit, le Comice a pu, depuis trois ans, offrir des primes à la petite culture; provoquer la création de nombreux champs d'expérience et de démonstration, destinés à montrer par quels soins, à l'aide de quels engrais, on peut augmenter la production des terres, seul moyen qui reste à la culture française de lutter contre la concurrence des produits étrangers, dont l'invasion s'accentue chaque jour. La Beauce occupe aujourd'hui le quatrième rang sur l'échelle de la production du blé à l'hectare, avec une moyenne de 24 hectolitres à l'hectare.

Enfin il a essayé de réunir, dans ces derniers temps, des échantillons de tous les produits de la culture du pays, afin de mettre sous les yeux des visiteurs de l'Exposition universelle de 1889 les spécimens des productions agricoles de la Beauce.

Quarante cultivateurs environ ont pris part à l'exposition collective du Comice agricole de l'arrondissement de Chartres. Ils avaient exposé tous les produits obtenus par la culture et les industries annexes des fermes en Beauce : céréales, plantes fourragères, racines, tubercules, betteraves à sucre, alcools, sucres, fécules, farines, laines, lait, beurre et crème.

Ils y avaient ajouté les plans de fermes et d'usines agricoles, les procédés d'ensilage, les appareils à analyser les terres et les engrais.

Enfin on y voyait encore une coupe de terrain de la Beauce, les archives du Comice et un grand nombre de brochures très intéressantes.

MM. Lejards, à Levéville, Lhomme, à Fresnoy-le-Gilmert, et Pierre Roussille ont envoyé différentes variétés de blés. Il est juste de noter que les rendements ont sans cesse été en augmentant depuis un certain nombre d'années. Cette progression est due à la fois à la profondeur des labours, aux prairies artificielles, à la culture des racines, à l'emploi combiné des fumures et des engrais artificiels.

Nous relevons des rendements de 30, 36 et 38 hectolitres à l'hectare, bien supérieurs à ceux qui avaient été constatés lors de l'Exposition de 1878.

Pour les avoines, les betteraves fourragères et à sucre, les topinambours, les pommes de terre, etc., nous ajouterons aux noms précédents ceux de MM. A. Leroy et Cie, Barthélemy Thireau.

Nous trouvons ici des rendements pour l'avoine de 45 à 60 hectolitres à l'hectare, pour les betteraves à sucre, 27,000, 34,000, 40,000 et même 45,000 kilogrammes à l'hectare et dosant de 5 à 7 et 8 degrés, selon les graines employées.

Pour les pommes de terre le rendement signalé par M. Thireau est de 2,000 kilogrammes à l'hectare.

Plusieurs agriculteurs ont donné les plans de leurs fermes, en tenant compte des améliorations qu'ils ont apportées depuis leur prise de possession.

Beaucoup de fermes ont été reconstruites et bien aménagées : le traitement des fumiers surtout à beaucoup gagné. L'influence du Comice s'est fait sentir aussi bien pour la grande et la petite culture.

Ces plans étaient accompagnés d'un grand nombre de photographies représentant les chevaux de race percheronne et les moutons de race mérinos élevés dans le pays.

Nous sommes ici en plein Perche, en plein pays d'élevage de ce cheval de trait si remarquable, que nous envient les pays étrangers; en effet c'est surtout dans l'arrondissement de Nogent-le-Rotrou et dans une fraction de ceux de Chartres, de Dreux et de Châteaudun, qu'on rencontre une race de chevaux nombreux, propre à tous les services du trait.

D'une taille en général élevée, qui anciennement était de 1 m. 55 à 1 m. 60, et qui actuellement dépasse ce dernier chiffre et arrive à 1 m. 65, le cheval percheron offre dans son ensemble les caractères d'un tempérament sanguin uni en proportions variables au tempérament musculo-lymphatique, c'est là ce qui explique le développement colossal qu'on a pu donner par l'alimentation dans ces derniers temps à différents types de cette race. Nous avons dit ailleurs ce que nous pensions de ce mode d'élevage si préjudiciable, et nous avons vu avec satisfaction qu'on l'abandonnait pour revenir au cheval type de la race.

Ce dernier est presque toujours de robe grise, la tête est un peu forte, quelquefois un peu longue; les naseaux bien ouverts et bien dilatés; l'œil est grand et expressif; le front large, l'oreille fine; l'encolure, qui était autrefois un peu courte, tend à s'allonger, elle est généralement bien sortie; le garrot est saillant, l'encolure longue et inclinée; la poitrine un peu plate est haute et profonde, le corps bien cerclé, le rein un peu long; la croupe est horizontale et bien musclée, la queue attachée haut; les membres un peu grêles vers l'extrémité inférieure sont presque toujours munis d'articulations courtes et fortes.

Mais ce qui distingue surtout le cheval percheron, c'est son caractère doux, sa légèreté d'allures et son endurance au travail le plus pénible. Il est excessivement rare de rencontrer des chevaux méchants ou rétifs dans cette race.

M. Chasles, à Cronay, avait exposé des photographies de chevaux très remarquables des différente types de la race percheronne.

M. Pierre Roussille avait envoyé aussi des photographies de vaches et de béliers primés dans les concours de 1887 et 1888; MM. Royneau, à Aufferville, et Chasles ont produit des laines de leur exploitation, elles provenaient de moutons mérinos, dishley-mérinos et southdown.

Le Comice agricole a expérimenté, fait connaître et fait adopter la vaccination (méthode Pasteur) contre le sang-de-rate des moutons.

La mortalité a diminué depuis, d'une façon merveilleuse, puisqu'elle est passée de 15 p. 100 à 0.30 p. 100.

Dans l'exposition collective du Comice agricole de l'arrondissement de Chartres nous trouvons encore la Société anonyme de la sucrerie de Béville-le-Comte et la Société anonyme de la sucrerie de Voves, toutes deux administrés par M. F. Bourez.

Ces Sociétés, qui exposaient des sucres blancs cristallisés de premier jet, n'ont pas d'exploitation agricole proprement dite. A Béville-le-Comte, elles ont une culture d'environ 50 hectares de betteraves sur terres louées annuellement aux cultivateurs de la contrée, afin de se rendre compte de la qualité des graines et engrais employés et faire des essais des modes de cultures de betteraves préconisés par la science.

Les installations de ces sucreries sont parfaites et on y a appliqué les derniers systèmes les plus perfectionnés.

Les rendements sont très remarquables et supérieurs à ceux de 1878 :

BÉVILLE.

1878. Rendement en sucre brut de tous les jets blancs et roux.........	6 68
1889. Rendement en sucre brut de tous les jets blancs et roux.........	11 02
DIFFÉRENCE EN PLUS..................	4 34

VOVES.

1878..	Néant.
1889. Rendement en sucre brut de tous les jets blancs et roux.........	11 05

L'augmentation considérable des rendements est due aux bienfaits de la loi de 1884, qui a sauvé la sucrerie française d'une ruine complète.

M. Roussille (François-Charles-Albert), membre à vie du Comice agricole de Chartres, et délégué par le Comice à l'installation à l'Exposition universelle, avait exposé plusieurs brochures, telles que *La fabrication du superphosphate, Le fumier de ferme, La valeur nutritive de l'ajonc, Les polders du Mont-Saint-Michel, La maturation des olives, L'assimilabilité des phosphates*, etc., toutes brochures très intéressantes, mais que nous ne pouvons analyser dans ce rapport.

SYNDICAT AGRICOLE DE L'ARRONDISSEMENT DE CHARTRES.

Le Syndicat agricole de l'arrondissement de Chartres est administré par un bureau composé de dix membres, dont le président est M. Vinet, sénateur, maire de Garancière-en-Beauce.

Le Syndicat a été créé le 1er juillet 1886; il fait partie de l'Union des syndicats de l'Ouest.

Les ressources se composent d'une cotisation annuelle de 2 francs payée par chaque membre et d'un prélèvement de 2 p. o/o sur toutes les fournitures faites aux membres du Syndicat.

L'objet et le but du Syndicat sont définis dans des statuts très bien rédigés. Afin de prévenir la fraude, les adhérents sont priés de prendre des échantillons des produits qui leur sont livrés selon des instructions spéciales. Ces échantillons sont analysés par le laboratoire de la Station agronomique de Chartres et aux frais de la caisse syndicale.

Dans le but de sauvegarder les intérêts de ses membres, le Syndicat impose à ses fournisseurs des conditions dont les principales sont mentionnées sur des imprimés rédigés chaque année vers le mois de décembre pour les adjudications du printemps suivant.

Le Syndicat de Chartres a déjà pris une grande importance, bien que sa fondation soit encore récente.

Le nombre de ses membres est actuellement de 1,166 répartis dans dix-neuf cantons, et le chiffre de ses affaires, en 1889, s'est élevé à 400,165 fr. 30.

Dans le but de resserrer les liens qui doivent exister entre tous les membres de l'association et de favoriser l'écoulement de leurs produits, le Syndicat de Chartres a fondé, de concert avec celui de la Mayenne, le *Bulletin agricole de l'Ouest,* organe mensuel publié sous la direction de MM. Laizour, professeur départemental d'agriculture de la Mayenne, et Garola, professeur départemental d'agriculture d'Eure-et-Loir. Cette publication est servie gratuitement à tous les adhérents et les frais en sont acquittés par la caisse syndicale.

Par les conseils pratiques qu'il donne, le *Bulletin agricole de l'Ouest* rend tous les jours de nombreux services à ses lecteurs, et il n'est pas douteux qu'il ne contribue au bien-être général en instruisant les cultivateurs.

De plus, une bibliothèque essentiellement agricole installée à la chambre syndicale est à la disposition des membres de l'association, qui peuvent emprunter gratuitement des ouvrages pour les consulter à domicile.

Enfin des expériences agricoles pratiques ont été tentées par la section agricole, par la commission météorologique d'Eure-et-Loir, et des champs d'expériences et de démonstration dans le fonctionnement desquels un certain nombre de syndiqués ont pris une part très active, ont été établis sur divers points du département.

Les observations recueillies sur ces expériences ont été soigneusement réunies et ont fait l'objet de deux brochures qui ont paru en 1888 et 1889.

Le bureau du Syndicat agricole de Chartres, toujours soucieux de rendre service à ses adhérents et de les éclairer autant qu'il est en son pouvoir, a souscrit à ces ouvrages malgré la dépense assez élevée qu'entraînait leur publication, et il les a libéralement distribués à tous ses membres.

DÉPARTEMENT DES VOSGES.

EXPOSITION COLLECTIVE DU COMICE AGRICOLE D'ÉPINAL.

Le Comice agricole d'Épinal, fondé en 1842, comprenait à l'origine les six cantons de l'arrondissement d'Épinal.

En 1848, le canton de Rambervillers s'est séparé des autres et s'est créé un Comice particulier qui continue à exister et qui s'est voué spécialement à encourager l'élevage de la race chevaline.

Les cinq autres cantons, Banis, Bruyères, Châtel-sur-Moselle, Épinal et Xertigny, sont restés groupés et forment encore aujourd'hui la circonscription du Comice d'Épinal.

La population de cette circonscription approche de cent mille âmes.

Elle habite une région mixte, où l'on trouve dans le même canton les cultures de la plaine et celles de la montagne.

La propriété y est extrêmement divisée.

Pour obtenir des progrès, il faut imprimer l'élan à la masse des petits cultivateurs, d'où la nécessité de multiplier les causes de récompenses et les récompenses elles-mêmes.

Les ressources étant modiques, un tel résultat n'a pu être obtenu qu'à force d'économie, et qu'en inspirant aux lauréats une préférence marquée pour les médailles moins onéreuses pour les ressources du Comice que ne le sont les primes en numéraire. Cette préférence ne souffre guère d'exceptions actuellement.

M. Maud'heux, à qui nous devons une partie de cette notice, a été élu président de l'association le 4 mai 1865. Depuis cette époque, il a été réélu sans interruption. Peu de changements se sont produits dans la composition du bureau d'administration. Cette constance a maintenu dans le Comice des traditions et un esprit de suite qui ont puisamment aidé à sa prospérité.

De tout temps le Comice avait encouragé la bonne tenue des exploitations, les travaux de boisement ou de reboisement, la création des prairies naturelles ou artificielles, l'usage intelligent des engrais, l'apiculture, les défrichements.

Son bureau actuel a continué les mêmes errements, mais avec d'importantes variantes. Il a accentué l'impulsion donnée aux cultures fourragères, quand elles ont perdu dans une trop large mesure le concours de l'industrie féculière, si prospère autrefois, si gravement atteinte maintenant par la concurrence allemande, hollandaise et russe.

L'art d'exécuter des prodiges de travail pour aboutir à des résultats qui ne sont en rapport ni avec le temps employé, ni avec les dépenses subies, ne lui a pas paru l'idéal de l'agriculture. Il a mesuré les récompenses accordées aux défrichements, en s'inspirant de la conviction qu'avant de livrer de nouveaux espaces à la culture, il est sage de s'appliquer à cultiver le mieux possible ceux dont elle dispose déjà.

Tout en recommandant l'usage des engrais chimiques, il a lutté sans relâche contre le gaspillage engendré par l'incurie et la routine. Des récompenses hors de proportion avec leurs causes ont été systématiquement décernées pour faire pénétrer dans l'esprit, et, surtout, dans la pratique des habitants des campagnes cette vérité que le meilleur des engrais est celui qu'ils ont sous la main, et qui ne leur coûte que la peine de le retenir ou de le recueillir à leur grand profit et au grand profit de l'hygiène publique. Depuis cinq ans surtout, des progrès considérables ont été faits dans cette voie.

Les irrigations si bien organisées, et dont on ne peut accuser généralement que l'excès d'abondance, ont été dirigées vers une pratique plus intelligente.

IMPRIMERIE NATIONALE.

Des champs d'expériences ont été créés avec des fortunes diverses. Au printemps prochain, la pomme de terre *Richter's imperator* sera expérimentée au moyen de semences envoyées par M. Aimé Girard.

L'élevage des races bovine, ovine et porcine est récompensé chaque année.

Chaque année surtout, les sujets de race chevaline qui sont présentés au concours augmentent en nombre et en qualité.

L'amélioration de l'outillage agricole et des procédés employés pour les récoltes n'a pas été négligée. Des concours de moissonneurs à la faux et à la sape ont été institués; puis, indépendamment des exhibitions organisées le jour de la fête annuelle, qui subsistent toujours, des concours de machines à faucher, à faner, à moissonner, de râteaux à cheval entre constructeurs et entre agriculteurs. Des primes ont été offertes à ceux qui introduiraient ou généraliseraient dans une commune l'usage d'instruments perfectionnés. Au fur et à mesure que les machines ont acquis quelque faveur et que l'emploi s'en est répandu, les concours de faux et de sape, les concours entre constructeurs, les concours même entre cultivateurs ont été supprimés. Le traditionnel concours de charrues a seul trouvé grâce. Les autres ne répondaient plus à des besoins égaux aux sacrifices qu'ils nécessitaient. Les cultivateurs étaient désormais édifiés suffisamment pour faire le choix des procédés et des instruments.

Le Comice s'est attaché de tout temps à honorer par des récompenses les auxiliaires des cultivateurs de sa circonscription. Les domestiques, les bergers, les vignerons, les irrigateurs et, depuis quelques années, les gardes forestiers communaux, ont été honorés suivant leurs mérites. Les serviteurs complètement attachés à l'exploitation par les liens de la domesticité pendant un temps si long qu'ils deviennent presque des membres de la famille sont de plus en plus rares. Aussi la sollicitude du Comice a augmenté en faveur des aides qui les remplacent le plus avantageusement dans la plupart de nos communes, c'est-à-dire des manœuvres. Cette expression ne sert point à désigner le journalier quelconque qui offre son travail tantôt à l'un, tantôt à l'autre, sans engagement de quelque durée. Le manœuvre, dans l'arrondissement d'Épinal, est un petit propriétaire qui n'a pas de train de culture ni d'attelages. En vertu d'un contrat qui n'est jamais écrit, mais qu'il n'est pas très rare de voir durer trente et quarante ans entre les mêmes personnes par l'effet de prorogations tacites successives, le manœuvre est à la disposition d'un cultivateur déterminé, toutes les fois que celui-ci a besoin de ses bras. Ce cultivateur, de son côté, fait les labours et les cultures de son manœuvre. A la Saint-Martin, on établit et on règle le compte de chacun. Combien de cultivateurs auraient renoncé à leurs exploitations à cause notamment des exigences de la main-d'œuvre, s'ils n'avaient trouvé appui dans la bienfaisante association que nous venons de décrire.

Trop souvent des difficultés, peu aisées à résoudre, naissent entre maîtres et domestiques de l'inexécution d'engagements respectifs que leur nature purement verbale ne précise même pas. Le Comice de Rambervillers avait eu l'idée d'offrir le moyen de les prévenir et de les régler en proposant aux cultivateurs du seul canton dont sa circonscription se compose un projet de règlement. Le Comice d'Épinal s'est empressé de s'approprier cette idée, de l'adapter aux besoins plus divers de sa circonscription dont l'étendue est quintuple, de la compléter, et de voter ainsi, dès 1872, le modèle d'engagements entre maîtres et serviteurs ruraux qui a figuré à l'Exposition universelle de 1889; s'il faut reconnaître qu'il n'est pas toujours facile d'obtenir que les domestiques qui louent leurs services apposent leurs signatures sur un contrat conforme à ce modèle, et même sur un contrat quelconque, il faut reconnaître aussi que les solutions équitables que le Comice d'Épinal a proposées dans son modèle de contrat sont presque toujours acceptées dans la pratique, et même imposées par Messieurs les juges de paix de la circonscription, lorsqu'ils sont saisis de l'un des cas prévus dans ce même modèle.

Voici le modèle de règlement des engagements respectifs entre maîtres, serviteurs ou aides ruraux, adopté par le Comice agricole d'Épinal.

Article premier. — A moins de convention contraire, l'engagement des serviteurs et aides ruraux a lieu pour un an, du 26 décembre à pareil jour de l'année suivante.

Art. 2. Cet engagement est contracté par écrit, en autant d'originaux qu'il y a de parties. Il devient obligatoire pour chacune d'elles par l'acceptation résultant de sa signature, sans qu'on ait à se préoccuper ici de la question des arrhes.

Art. 3. Celles des parties qui désirera le continuer pour l'année suivante devra proposer cette continuation, le 15 novembre au plus tard, à l'autre partie, qui sera tenue de se prononcer dans les cinq jours.

En cas d'acceptation, les parties en feront et en signeront mention à la suite de chaque original de leur précédente convention.

En l'absence, ou en cas de refus de la proposition de continuer l'engagement, il cessera de plein droit à l'expiration de l'année pour laquelle il a été consenti.

Art. 4. La somme du travail variant suivant les saisons, il est reconnu par les parties que le gage sera réparti de la manière suivante. Il est dû :

Du 26 décembre au 25 janvier (centièmes du gage)	6
Du 26 janvier au 25 février	6
Du 26 février au 25 mars	7
Du 26 mars au 25 avril	8
Du 26 avril au 25 mai	8
Du 26 mai au 25 juin	10
Du 26 juin au 25 juillet	11
Du 26 juillet au 25 août	11
Du 26 août au 25 septembre	11
Du 26 septembre au 25 octobre	9
Du 26 octobre au 25 novembre	7
Du 26 novembre au 25 décembre	6
Total	100

Art. 5. Si, dans le cours de l'année, le serviteur ou aide quitte son service sans motifs légitimes, ou si le maître est dans la nécessité de le renvoyer pour cause de désobéissance, d'inconduite ou de

mauvais traitements envers les animaux domestiques, le maître pourra lui retenir une somme égale au gage du mois qui suivra le jour de la sortie.

Si le maître renvoie le domestique sans justifier de l'un des motifs graves énoncés ci-dessus, il paiera tous les gages échus, et, en outre, à titre d'indemnité, celui du mois qui suivra le jour du renvoi.

Art. 6. Si le serviteur ou aide rural quitte le service, ou si le maître le renvoie, en cours d'année, pour cause de force majeure, le gage sera payé jusqu'au jour de la sortie, sans indemnité de part ni d'autre.

Art. 7. Dans le cas où, en cours d'année, le maître renverrait son serviteur et aide pour raison de cessation de culture, non prévue expressément lors de l'engagement, il lui paiera, outre les gages échus, celui du mois qui suivra le jour du renvoi.

Si l'aide ou serviteur contracte mariage ou prend du service militaire sans y être actuellement obligé par la loi du recrutement, il devra, dans le premier cas, et s'il n'a pas averti son maître un mois au moins à l'avance, payer à titre d'indemnité le gage du mois; dans le second cas, payer le gage des deux mois qui suivra le jour de sa sortie.

Art. 8. En cas de maladie prouvée, il ne sera fait de retenue qu'autant que l'empêchement du serviteur ou aide de faire son service durera plus de 15 jours.

Passé ce temps, le maître pourra, s'il le juge à propos, faire une retenue proportionnelle à la durée de l'incapacité de travail. Il ne pourra être fait aucune retenue, lorsque le service lui-même aura été la cause de cette incapacité.

Les indemnités, retenues et gages seront toujours calculés conformément à l'article 4.

Art. 9. L'absence, sans autorisation du maître, donnera lieu à une retenue double du gage, applicable au temps pendant lequel l'absence s'est produite. Ainsi, pour une demi-journée, la retenue sera égale au gage de la journée entière.

En cas de renvoi, cette retenue ne pourra être cumulée avec celle fixée en l'article 5.

Le refus de travail, ou l'absence non autorisée, pendant trois jours consécutifs, pourra être considéré par le maître comme un abandon du service, prévu en l'article 5.

Art. 10. La répartition du gage, telle qu'elle a été faite par l'article 4, ne s'applique ni aux filles de basse-cour, ni aux marcaires, ni aux bergers.

En ce qui les concerne, les indemnités et retenues sont calculées comme si chaque mois représentait le douzième du gage de l'année entière.

Art. 11. A titre de garantie, et dans l'intérêt même du serviteur ou aide rural, le maître pourra conserver entre ses mains, jusqu'à la fin de l'engagement, le gage des deux derniers mois échus.

Art. 12. Un exemplaire du présent règlement, signé par le maître, sera remis gratuitement par lui à son serviteur ou aide, au moment de la signature de l'engagement, et insertion en sera faite.

Art. 13. Un état d'émargement annexé à l'exemplaire, qui restera entre les mains du maître, constatera le paiement des acomptes versés sur le gage.

Donner la direction aux cultivateurs déjà formés, stimuler leurs efforts, c'est une œuvre utile. Mais elle serait incomplète si les jeunes générations n'étaient dès leurs débuts préparées à la carrière agricole dans la mesure raisonnable et pratique. Dès 1859, le Comice est entré dans cette voie en décernant des récompenses aux rares instituteurs qui enseignaient dans nos campagnes l'agriculture et l'arpentage.

En 1868, un effort plus hardi a été fait, poursuivi sans relâche et sans cesse aussi couronné par le succès. Des concours annuels d'instruction agricole ont été créés entre tous les élèves des écoles rurales de la circonscription du Comice. Les détails de l'organisation et du fonctionnement de ces concours, les sujets des compositions, le nombre des élèves qui ont concouru, celui des récompenses décernées ont été fournis dans une brochure qui faisait partie de l'envoi fait à l'Exposition universelle. La collection des compositions de 1868 à 1888 a été placée sous les yeux du Jury de la classe 74.

Pour ne parler que de cette distinction, l'impulsion ainsi donnée à l'enseignement de l'agriculture a valu au Comice, en 1881, un diplôme d'honneur de la Société nationale d'encouragement à l'agriculture. Les résultats ont été féconds et l'imitation empressée. Les maîtres ont été vivement stimulés; les élèves ont pris goût à l'agriculture; les ouvrages agricoles qui ont été distribués aux lauréats des concours ont été lus par leurs familles et ont réalisé parmi les membres de celles-ci une excellente pro-propagande.

Les principaux Comices voisins ont adopté peu à peu l'institution dont l'initiative était partie d'Épinal. Depuis deux ou trois ans, elle a l'heureuse fortune d'être pratiquée par la Société départementale d'horticulture des Vosges.

DÉPARTEMENT DE LA HAUTE-MARNE.

COMICE AGRICOLE DU CANTON DE JOINVILLE.

Le Comice agricole du canton de Joinville, dont la fondation remonte au 12 novembre 1851, s'occupe exclusivement d'agriculture pratique, d'économie rurale, d'horticulture et de sylviculture.

Son président actuel est M. Capitain-Gény, officier de la Légion d'honneur, conseiller général à Bussy, près Joinville, à qui nous devons ces renseignements.

La Société compte, à ce jour, 125 membres environ. Le directeur de l'école professionnelle technique de Joinville et les instituteurs du canton de Joinville en font partie.

Le professeur d'agriculture du département est chargé d'y faire des conférences. Le Comice se réunit en séances ordinaires quatre fois par an, en février, mai, septembre et décembre.

Depuis 1877, le Comice, grâce aux subventions de l'État et du département, a pu donner, dans les différents concours, des primes et des médailles aux cultivateurs. Ces primes pour chevaux étalons, taureaux et vaches de race schwitz, instruments agricoles, engrais chimiques, semences blé et avoine, et récompenses données aux serviteurs ruraux, se sont élevées à une somme de 13,500 francs environ.

En dehors des concours de l'arrondissement de Vassy, les cultivateurs du canton de Joinville ont obtenu notamment des primes et des récompenses dans les concours régionaux de Chaumont, Nancy, Épernay, pour l'espèce chevaline.

En 1878, le Comice obtenait à l'Exposition six récompenses pour ses produits agricoles, ses oseraies, plantations forestières et vins; aussi, malgré la récolte mauvaise de 1888 et pour encourager les cultivateurs, le Comice n'a pas hésité, encore cette fois, à envoyer quelques produits à l'Exposition universelle de 1889.

Nous voyons, entre autres, ceux de la ferme d'Annonville appartenant à M. Caillet, négociant à Joinville.

Cette ferme comprend 110 hectares et un sol moyen argilo-calcaire.

Les différentes céréales exposées étaient de belle qualité. Les blés d'automne traités au nitrate de soude et au superphosphate de chaux ont produit 15 hectolitres à l'hectare; ceux non traités seulement 12, la paille dans la même proportion; l'avoine a donné 20 hectolitres à l'hectare.

Plusieurs instituteurs se sont fait remarquer par les cahiers agricoles qu'ils ont présentés.

Comme exposition individuelle de la Haute-Marne, nous devons citer M. Jules Persin, à Boulancourt, qui avait présenté des céréales et différentes racines.

DÉPARTEMENT DE LA CREUSE.

COMICE AGRICOLE DE L'ARRONDISSEMENT D'AUBUSSON.

L'exposition collective du Comice agricole de l'arrondissement d'Aubusson, sous la présidence de M. Honoré Martinon, était représentée par des collections de céréales, par des racines, par des produits agricoles divers, par quelques cartes et des états statistiques, et enfin par un certain nombre de brochures intéressantes.

Le Comice agricole de l'arrondissement d'Aubusson étend son influence sur 10 cantons, 102 communes, comprenant 99,724 habitants.

La surface de l'arrondissement, qui est de 203,903 hectares, comporte des terres formées de terrains primitifs et de roches schisteuses et granitiques, et dont le territoire, d'une altitude assez élevée, est découpé par un grand nombre de vallées étroites qui ont en général de 300 à 400 mètres de profondeur, et n'est pas toujours favorable au développement de l'industrie agricole. En effet, les plaines y sont rares et de peu d'étendue, et l'on y rencontre des landes dont la mise en culture est difficile. Aussi les pâturages et les pacages sont-ils très nombreux, et l'élevage du bétail est regardé comme une des meilleures sources de revenus pour les agriculteurs.

M. Chaumeton avait envoyé à l'Exposition universelle une très belle carte hydrographique, orographique et agronomique de l'arrondissement.

Parmi les collections de céréales et de tubercules, nous avons remarqué ceux de M. Honoré Martinon, qui a été l'organisateur de l'exposition, de M. de Meangon, de M. Étienne Picaud.

Mme Vve du Miral a exposé des navets et raves qui ne doivent pas être oubliés dans notre nomenclature.

DÉPARTEMENT DE LA MARNE.

En 1878, le département de la Marne fut représenté par son Comice central, mais, en 1889, nous ne voyons plus comme expositions collectives que le Comice agricole de Reims et celui de Sainte-Menehould.

Malgré cela, nous dirons, comme pour les autres départements, quelques mots de l'historique du Comice central et des Comices d'arrondissement du département de la Marne.

Nous ne voulons pas commencer notre exposé sans remercier M. Lhotelain, le savant et sympathique président du Comice de Reims, qui nous a fourni avec la meilleure grâce tous les documents qui nous ont permis d'établir notre rapport.

En 1821, le 2 juin, sous la présidence de M. de Jessaint, préfet de la Marne, se réunirent quelques hommes d'initiative et de dévouement qui, animés du désir de stimuler les progrès agricoles, fondèrent le Comice départemental.

M. de Jessaint en fut le véritable initiateur, et M. Becquey, ministre d'État, le premier président.

Le Comice fixa son siège à Châlons et n'eut, dès l'origine, que des commissaires par arrondissement. Cette organisation dura jusqu'en 1848. A cette date, les Comices se formèrent par arrondissement.

Cette organisation dura jusqu'en 1856, avec quelques tiraillements, par suite de discussions sur les statuts; mais en 1855, sur la proposition de M. Ponsard au conseil général, cette assemblée décida la fondation départementale d'un Comice central, avec une subvention de 4,000 francs, et de six Comices d'arrondissement, avec une subvention de 100 francs par canton compris dans leurs circonscriptions.

Depuis ce moment jusqu'à aujourd'hui, les six Comices ont rivalisé d'efforts pour imprimer à l'agriculture départementale l'essor le plus grand possible.

Voici le fonctionnement simple de cette grande association :

Les Comices d'arrondissement nomment leurs bureaux. Les bureaux réunis nomment le bureau du Comice central.

Pendant que les Comices d'arrondissement font des réunions annuelles cantonales, le Comice central parcourt d'année en année les six circonscriptions, et y distribue les primes départementales.

Les Comices d'arrondissement sont libres dans leurs actions particulières et font leurs programmes comme ils l'entendent.

Le programme du Comice départemental est toujours inspiré par l'intérêt général du département, et ensuite par la spécialité de l'arrondissement où il tient sa réunion.

Outre les fêtes annuelles, le Comice départemental ouvre, à des périodes plus ou moins éloignées, et en s'inspirant des besoins du moment, de grands concours spéciaux, où il appelle tous ceux qui peuvent concourir au progrès du département.

C'est ainsi qu'en 1858, se tenait au camp de Châlons un grand concours de moissonneuses;

En 1863, un grand concours de moissonneuses en juillet, et de semoirs en octobre;

En 1865, un grand concours de faucheuses à Vitry-le-François;

En 1874, un concours international de machines à moissonner; à la suite de ce concours, 90 moissonneuses furent achetées par les cultivateurs du département;

En 1876, au camp de Châlons, un grand concours de pompes et machines à élever l'eau;

En 1878, s'ouvrait un concours de moissonneuses-lieuses et moissonneuses à un cheval.

En dehors de ces concours, le Comice départemental a rendu d'autres services à l'agriculture et au département :

Ainsi, en 1871 (numéros d'août 1871 et 1872), après le rude hiver de 1870-1871, qui avait gelé les blés et annulé leur récolte, il s'agissait de pourvoir les cultivateurs de semences pour les emblavures prochaines. Le Comice départemental se réunit, sur l'invitation de son président, pour parer aux difficultés de la situation. Sur sa proposition, il fut décidé qu'il allait être formé une caisse de blés de semence. Cette caisse, au moment de la réunion, avait en avoir 28,000 francs, provenant tant des reliquats des comptes précédents que des dons faits après la guerre. Ainsi, le Danemark avait fait verser 5,000 francs dans la caisse du Comice; la Société d'agriculture d'Écosse environ 3,000 francs, en blés de semences. Ces dons, si précieux en ce moment, leur ont valu une éternelle reconnaissance des agriculteurs du département, M. le Ministre de l'agriculture, voyant l'utilité de la caisse, y versa 20,000 francs, si bien que c'est avec une somme de 48,000 francs que les opérations commencèrent. Le partage des fonds fut fait entre les Comices, d'après la moyenne des emblavures en froment en année ordinaire.

COMICE DE CHÂLONS-SUR-MARNE.

L'histoire du Comice de Châlons, de 1821 à 1848, est celle du Comice départemental; à partir de 1848, la section de Châlons se forme en même temps que les autres.

Le Comice de Châlons n'a cessé de rechercher les voies du progrès et d'y pousser les cultivateurs : primes de toute espèce pour améliorations foncières, pour bonnes constructions rurales, pour bétail perfectionné, primes aux serviteurs ruraux, rien n'a été négligé.

COMICE D'ÉPERNAY.

Le Comi e d'Épernay date de 1848; c'est le véritable Comice viticole du département. La circonscription comprend, en effet, les meilleures vignes à raisins blancs de la Champagne : Avize, Cramant, le Mesnil, etc. Aussi est-ce surtout vers le perfectionnement de la culture des vignes et de la vinification qu'il a dirigé ses efforts, et le monde entier, tributaire de nos vins mousseux, peut attester qu'ils ont été couronnés de succès.

COMICE AGRICOLE DE SÉZANNE.

Le Comice agricole de Sézanne date du 11 juin 1843; ses premiers travaux comprennent l'étude des diverses questions agricoles et celles relatives aux irrigations, à la vaine pâture et au reboisement.

COMICE AGRICOLE DE VITRY-LE-FRANÇOIS.

La fondation du Comice agricole de l'arrondissement de Vitry-le-François remonte à l'année 1839; elle est due à l'initiative de MM. de Soulange, de Salligny, Bourlon, de Lesseville, Galland, de Tarcy, membres du Comice agricole du département, qui réunirent au chef-lieu et constituèrent en commission cantonale tous les membres du Comice départemental existant dans le canton. Les administrateurs de cette commission s'appliquèrent à grouper autour d'eux le plus grand nombre possible de cultivateurs qu'ils surent s'attacher par l'intérêt de leurs travaux.

COMICE AGRICOLE DE REIMS.

La section de l'arrondissement de Reims s'est séparée du Comice central de la Marne le 8 novembre 1846, pour former une Société indépendante sous la dénomination de Comice agricole de l'arrondissement de Reims; le nombre des adhérents était alors de 262.

En 1878 il fut de........	539	En 1885 il fut de........	1,115
En 1879 de............	602	En 1886 de............	1,194
En 1880 de............	766	En 1887 de............	1,190
En 1881 de............	858	En 1888 de............	1,185
En 1882 de............	959	En 1889 de............	1,203
En 1883 de............	1,012	En 1890 de............	1,191
En 1884 de............	1,038		

Malgré que les deux Comices agricoles de Reims et de Saint-Menehould aient seuls été représentés au quai d'Orsay, nous dirons quelques mots des progrès considérables obtenus au point de vue agricole dans le département de la Marne.

Le froment, qui était cultivé en 1852 sur une étendue de 105,000 hectares, comprenait, en 1882, 93,117 hectares, et, en 1888, 93,995 hectares.

Le seigle avait 83,000 hectares en 1852, 71,450 en 1882 et 74,012 en 1888.

Le sarrasin, qui avait 8,000 hectares cultivés en 1852, n'en avait plus que 4,110 en 1882 et 2,908 en 1888.

L'avoine occupait 135,000 hectares en 1852, 124,434 en 1882 et 125,106 en 1888.

La culture du froment et du seigle, qui avait subi un mouvement décroissant de 1852 à 1882, a augmenté en 1888.

La perte subie par le méteil et le sarrasin est compensée par un accroissement à peu près égale sur l'avoine.

L'étendue consacrée aux pommes de terre (qui était de 3,400 hectares en 1852 et de 9,110 hectares en 1888) a augmenté considérablement, près de 50 p. 100.

La betterave était presque inconnue; elle a passé d'abord timidement, peu à peu elle a prospéré : en quelques années cette culture a sextuplé; aujourd'hui il y a des sucreries dans le département de la Marne.

Aux portes de Reims on cultive la betterave avec succès; nous citerons les cultures de M. Charbonneau, les usines d'Épernay, de Loivre, etc., dans lesquelles le sucre est préparé. Il y a aussi un certain nombre de distilleries.

D'après le recensement de 1886, la population du département s'élevait à 429,494 habitants; c'est une population spécifique de 52 habitants par kilomètre carré : ce chiffre est notablement inférieur à la moyenne de la France. En 1801, on ne comptait que 304,651 habitants. C'est un accroissement important, environ 125,000 habitants. De 1862 à 1882 la population agricole a subi des modifications sérieuses. En 1862, on trouvait 29,857 propriétaires agriculteurs; en 1882, ce chiffre est augmenté d'un sixième.

Malheureusement la propriété est divisée. On compte dans le département 2,333,580 parcelles d'une contenance moyenne de 33 ares. Faut-il espérer que l'on saura tirer parti des lois républicaines qui permettent d'améliorer cette situation?

En 1862, il y avait 31,766 exploitations agricoles; en 1882, ce chiffre est doublé; il augmente encore. On trouve près de 800 exploitations d'une étendue supérieure à 100 hectares. Un mode de culture répandu, c'est l'exploitation directe par le propriétaire; rarement on rencontre le métayage.

De même qu'en tous lieux la valeur vénale de la propriété a subi des variations. En 1852, le prix des terres labourables variait depuis 318 francs jusqu'à 2,558 francs; en 1862, il y a une augmentation; en 1882, il y a une diminution; à présent la situation n'est guère meilleure, cependant il y a des tendances à l'amélioration. Les variations du taux du fermage ont suivi des augmentations et des diminutions correspondantes.

C'est surtout dans le département de la Marne que l'outillage agricole s'est amélioré d'une manière très prompte. Il y a quelques années, on ne trouvait encore dans les plaines champenoises que l'antique charrue de nos pères; aujourd'hui c'est une modification profonde. Déjà, à la fin de 1852, on comptait 1,578 batteuses dans le département de la Marne; en 1862, on recensait 3,097 machines à battre, 62 semoirs, 12 faucheuses, 11 faneuses, 11 moissonneuses; en 1882, il y avait 5,766 batteuses, 1,268 houes à cheval, 845 semoirs, 1,320 faucheuses, 1,311 moissonneuses, 961 râteaux à cheval, et la force motrice utilisée par l'agriculture était de 1,664 chevaux-vapeur; tout cela fourni par 194 roues hydrauliques, 148 machines à vapeur et 42 moulins.

Les voies de communication ont été développées avec beaucoup d'activité. Aujourd'hui on compte dans la Marne 480 kilomètres de chemins de fer, 590 kilomètres de routes nationales, 586 kilomètres de routes départementales, 651 kilomètres de chemins vicinaux de grande communication, 798 kilomètres de chemins vicinaux d'intérêt commun, 2,854 kilomètres de chemins vicinaux ordinaires. A ces résultats, il faut ajouter les avantages procurés par l'amélioration de la navigation.

Les concours régionaux agricoles qui ont eu lieu successivement à Châlons, en 1861 et en 1868; à Reims, en 1876; à Épernay, en 1884, ont permis de constater le zèle des agriculteurs de la Marne pour le progrès agricole. Même dans les terres maigres de la Champagne pouilleuse les améliorations adoptées par eux ont produit des résultats extrêmement frappants.

L'analyse chimique a fourni de précieux renseignements aux cultivateurs de la Marne. On connaît la terre des environs de Reims; sur 100 parties, elle renferme 0.157 d'acide phosphorique, 0.152 de potasse, 41.8 de chaux, 0.023 de magnésie et 0.256 d'azote. Les conséquences sont manifestes. C'est au fumier et à l'engrais chimique qu'il faut avoir recours. Or, la craie de Champagne paie mieux que les autres terres le fumier qui lui est confié.

Du fumier, encore du fumier, toujours du fumier, et l'on peut escompter la moisson. Vienne la sécheresse, qui partout grille le sol et les moissons, qu'importe? La craie offre à la plante un inépuisable réservoir d'humidité : sous le soleil le plus ardent, la plante verdit et prospère au point de confondre toute expérience acquise en d'autres contrées. Tombe-t-il des pluies diluviennes? Rien n'est compromis. La craie absorbera indéfiniment ces torrents pour en dispenser plus tard la bienheureuse action, au fur et à mesure des besoins de la végétation.

A l'Exposition universelle, on rencontre une grande quantité de produits agricoles du département de la Marne. Ils sont répartis sur plusieurs points. Nous avons déjà nommé les Comices de Reims et de Sainte-Menehould. Un groupe spécial a une importance considérable; c'est l'Exposition du Comice agricole de Reims. M. Lhotelain a fait une œuvre remarquable; c'est une leçon de choses excellemment faite, c'est un sujet d'études extrêmement intéressantes, c'est un exemple à imiter. Il y a là des céréales en tiges et en grains qui font croire à une terre promise, des beurres et des fromages du pays très joliment tournés, des fruits et des légumes remarquables et des vins.

Ce sont des spécimens des blés récoltés par M. Montfeuillard, à Selles. Le grain est plein, bien formé. On dit qu'il est impossible de mieux faire sur les bords de la Suippe. Même, dans ce sol calcaire, M. Montfeuillard a cultivé des légumineuses avec un plein succès; il vient d'essayer la culture des féveroles, et il a réussi. Depuis deux ans, il applique l'assolement quadriennal qui restreint la jachère; il étudie la culture de la betterave à sucre, la betterave riche.

On sait que M. Montfeuillard s'est donné de tout cœur à la vulgarisation de la doctrine des engrais chimiques; M. le docteur Thomas a trouvé en lui un collaborateur très précieux pour le relèvement de l'agriculture en Champagne.

Près des produits exposés par M. Montfeuillard, se trouve un envoi de M. Thomas-Derevoge, à Pontfaverger. C'est une poignée d'orge Chevalier. Cette orge se caractérise par le développement de ses épis, par sa paille élevée, par son grain blanc, très renflé, à écorce fine. Depuis longtemps, l'orge Chevalier est cultivée en Angleterre, mais elle n'est guère connue en France que depuis une trentaine d'années; elle s'est d'abord répandue en Alsace, et la Société d'agriculture de la Basse-Alsace a beaucoup contribué à sa propagation.

Nous devons signaler aussi les produits agricoles de M. Bailliot, à Muizon, qui exploite une grande ferme de 210 hectares. Il y a quelque chose comme vingt-trois ans, M. Bailliot entrait dans la ferme de Muizon. A peu près partout, on n'y cultivait alors que du seigle. M. Bailliot s'est mis à étudier les variétés de blés qui réussiraient le mieux dans les terrains de Muizon. Les expériences ne datent pas d'hier. En 1866, il avait quinze variétés de blé; peu à peu il élimine les grains qui ne donnaient que des résultats insuffisants, et, en 1887, il n'avait plus que quelques variétés de blés dont les rendements étaient avantageux, mais inégaux. Il semait alors le Goldendrop, le blé de Bordeaux, le shériff, le blé de Bergues, le Hallett blanc, le prince Albert, le Chiddam blanc à paille rouge, le Hallett Victoria.

Toutes ces variétés sont recommandables, mais, à Muizon, elles ne prospèrent pas d'une même façon. Les résultats que M. Bailliot a obtenu en 1888 avec le blé-seigle l'ont engagé à adopter spécialement dans certaines terres cette variété, dont les avantages ne sont pas assez connus dans le pays champenois.

Le nom de ce blé lui vient tout simplement de son aptitude, maintes fois constatée, à réussir dans les terres maigres et siliceuses, qui semblent uniquement convenir à la culture du seigle. La paille est haute, blanche, creuse, le tallage est médiocre. L'épi long et effilé, d'un roux foncé, est couvert sur les bulles d'un duvet qui, quelquefois, disparaît presque entièrement vers l'époque de la maturité. Le grain est gros, assez long, bien plein, d'un beau jaune.

M. Bailliot a exposé aussi des laines à toisons et en mèches. Elles provenaient de son troupeau qui compte 700 têtes en hiver et 500 en été. M. Bailliot a conservé le mérinos; et il a aménagé son troupeau de telle façon qu'il retire laine et viande par le renouvellement régulier de l'effectif.

M. Baudenon, à Saint-Étienne-sur-Suippes, a envoyé aussi des toisons provenant d'un troupeau qu'il a formé avec beaucoup de soins, depuis une dizaine d'années. Il se sert, pour la reproduction, des béliers mérinos des établissements les plus renommés, et ne conserve rigoureusement pour la reproduction que des bêtes de choix.

Il serait injuste d'oublier les belles variétés de blés de M. Chrétien, cultivateur à Cauroy-lès-Hermonville; de M. E. Philippot, de Vrilly; de M. Renard-Matra, de Luthernay.

Enfin, nous devons surtout mentionner les séries de blés remarquables exposées par M. Ch. Lhotelain, le sympathique commissaire de l'exposition collective du Comice agricole de Reims.

M. Ch. Lhotelain n'a adopté les blés qu'il a exposés qu'après des expériences très sérieuses. Il ne sera peut-être pas sans intérêt de rappeler ici les résultats qui ont été obtenus par lui dans des cultures d'essai.

	RENDEMENT À L'HECTARE en quintaux.
Blé Hallett	23
Blé Kessingland	21
Blé Trump	20
Blé Redchef Dantzick	20
Blé Hunter	19
Blé de Saumur	18
Blé d'Australie	16
Blé spalding rouge	16
Blé de Crépy	16
Blé de Champagreard	13
Blé Browick	15
Blé Chiddam à épi blanc	15
Blé rouge d'Écosse	14
Blé bleu de Noé	12
Blé Chiddam à épi rouge	12
Blé rouge de Saint-Laur	11
Blé à épi carré Schireffs squart lear	13
Blé de Bergues	11
Blé hybride Lamer	9
Blé hybride Dattel	10

Il est bon de ne pas oublier que l'année 1888 a été mauvaise.

M. Lhotelain lui-même signale que les rendements sont généralement plus élevés.

Les expériences de ce savant professeur ont été complètes; d'ailleurs il ne s'en est pas tenu là. M. Lhotelain a cultivé dans des champs d'expériences une quantité d'autres blés, par exemple le blé barbu de Sicile, le blé dur de Médéah, le blé de Riclé, le blé de Zélande, le blé de Pologne, le blé de Xérès, le blé blanc de Naples, le blé noir de Nice, le blé hybride Galland. La gelée a été impitoyable; ils ont péri.

Nous trouvons encore, parmi les exposants des produits agricoles, M. Couvreur et

M. Piot-Fayet. M. Couvreur, à Fismes, qui a présenté des blés et des avoines. La beauté de ces produits démontrait le soin apporté dans le choix des semences, dans l'emploi des fumiers et des engrais chimiques.

M. Piot-Fayet, à Sainte-Gemme, cultive une étendue de 90 hectares environ, moitié terres argileuses ou argilo-calcaires, moitié terres jaunâtres, marbrées de blanc. Les produits exposés indiquent une culture bien menée. Chaque année, M. Piot-Fayet fait tout près de 25 hectares de blé, à peu près même quantité en avoine, seigle, etc. Il y a environ 20 hectares de prairies artificielles et 2 à 3 hectares de prairies naturelles. En jachère une vingtaine d'hectares, seulement 3 hectares tout au plus en jachère morte. Sur le reste on cultive de la minette, du trèfle incarnat, du trèfle violet, etc., surtout des betteraves, des carottes fourragères, du maïs et des pommes de terre.

Cette dernière culture est faite avec grands soins.

Parmi les plantes fourragères et légumineuses, et autres produits de ce genre qui figurent dans l'exposition collective du Comice agricole de Reims, on distingue spécialement trois variétés de betteraves fourragères qui sortent des remarquables cultures de M. Ernest Charbonneau, plusieurs variétés de pommes de terre, betteraves, carottes et navets de M. Ronseaux et de M. Wargnier-Charse, tous deux de Courcelles-lez-Rosnay, et de M. Fauvet d'Arras, à Prouilly.

La collection des cinquante variétés de pommes de terre de ces deux derniers exposants est digne de beaucoup d'attention.

Les échantillons de betteraves fourragères appartiennent en général à des variétés connues : on retrouve la betterave disette et ses sous-variétés très recommandables; la betterave globe jaune, qui présente l'avantage d'un rendement considérable, la betterave jaune grasse, la betterave rouge ovoïde, la betterave rouge globe, qui est si remarquable par sa maturité hâtive.

Le rendement accusé par les exposants varie entre 30,000 et 60,000 kilogrammes par hectare.

M. Wargnier-Charse a aussi exposé une collection remarquable d'asperges. Il y a lieu d'espérer que cet exemple sera suivi, car nous nous sommes laissé dire que la culture de l'asperge pourrait réussir admirablement dans la Marne.

MM. Thiéry et Delabruyère-Sergent, de Loivre, Renard-Matra, de Luthernay, ont envoyé huit variétés de betteraves à sucre. Ces récoltes sont destinées à alimenter les sucreries de Fismes et de Loivre, qui ont présenté leurs produits dans la classe 74.

L'exposition collective du Comice agricole de Reims comprenait encore des tableaux représentant les plans agricoles de la ferme de Villers-Allerand, les plans en perspective isométrique de la ferme de Courcelles, près Reims, de M. Pol-Marguet, et, enfin, deux herbiers, indiquant les ressources de la flore de la Marne, de M. l'abbé Létrange, à Taissy, et de M. Arnould-Baltard, à Trigny.

La carte géologique de l'arrondissement de Reims est l'œuvre d'un homme très distingué, M. le docteur Lemoine, qui a étudié dans tous ses détails la région de Reims. Ce sera un guide précieux pour les cultivateurs du pays.

Une autre carte est due à un homme instruit et compétent, M. Bonnedame. C'est la carte viticole et vinicole de la Champagne.

Ces cartes seront à leur place dans la bibliothèque de l'agriculteur de Champagne; il y joindra surtout ce manuel de l'engraissement dans les pâturages, si précis et si correct, de M. Th. Maldam, de Longvoisin. Il faudrait y joindre les collections d'insectes utiles et nuisibles de M. Jolicoeur, docteur à Reims.

La Collectivité de Reims comprenait aussi les remarquables produits exposés par la Société des établissements économiques de la ville de Reims. Il en sera rendu compte par une autre classe, qui est bien plus compétente à ce sujet.

M. S. Girard, de Reims, a envoyé un volume sur l'historique de la boucherie et de la charcuterie à Reims, leurs rapports avec l'alimentation des différentes classes, les salaires. Non loin de là, se trouvaient divers instruments exposés par le regretté M. Ballot, de Taissy : une pince pour passer les anneaux aux taureaux; une pince pour la castration des agneaux; un coupe-queue pour les agneaux; un palonnier compensateur. Une trousse de berger était exposée par M. Laubréau, de Ville-en-Tardenois. Puis le soufflet champenois de M. A. Gérard; c'est un soufflet à tampon de coton stérilisé, pour empêcher l'introduction des ferments étrangers dans les moûts insufflés.

Nous trouvons aussi des spécimens d'engins agricoles exposés par d'autres constructeurs, entre autres la baratte de M. V. Girardot; les pressoirs de M. Darc-Flamain, de Cumières; et ceux de MM. Léon Mabille et Renaudin-Huguenin, tous deux à Reims.

Il y a aussi les instruments agricoles d'un savant de la Marne; ce sont les inventions remarquables de M. Charlier.

L'art du vétérinaire est étroitement lié à l'agriculture; c'est pourquoi M. Charlier n'a pas dérogé au programme de l'Exposition universelle en s'associant à ses collègues du Comice agricole de Reims pour leur exposition collective.

Les instruments imaginés par M. Charlier pour la castration sont au complet; c'est une véritable histoire.

On sait que la castration est une opération qui a pour effet d'adapter d'une manière plus complète les animaux des différentes espèces aux usages de la domesticité.

M. Charlier a préconisé la castration comme moyen de prolonger la lactation chez les vaches au delà du terme physiologique; on les transforme parallèlement en bêtes d'engrais, de telle sorte qu'une fois la sécrétion lactée tarie, les animaux se trouvent prêts pour la boucherie, dodus et gras. En effet, ce double problème se trouve résolu; il fait de la castration des vaches une excellente mesure de zootechnie.

Ce n'est qu'une partie des inventions de M. Charlier.

Il arrive quelquefois que les irrégularités des dents molaires du cheval gênent les mouvements des mâchoires de l'animal et empêchent la coaptation des deux arcades dentaires, ce qui nuit énormément à la mastication. Pour remédier à cet inconvénient, un savant de Bruxelles avait imaginé un rabot odontriteur; on arrivait ainsi à égaliser les dents molaires. Mais l'outil était lourd, son mouvement était difficile, etc. M. Charlier l'a modifié d'une manière très heureuse.

Une autre opération, celle qui consiste à extirper les cornes chez les veaux et les agneaux, n'a pas moins d'importance.

Un peu plus loin, c'est un tube à trachéotomie permanente, des sondes pour favoriser l'évacuation de l'urine chez les grandes femelles domestiques. On ne possédait que des appareils rudimentaires. La sonde exposée par M. Charlier est pourvue d'un robinet pour empêcher l'entrée de l'air dans la vessie et suspendre l'écoulement de l'urine à volonté. Encore une excellente invention.

C'est aussi à Paris que M. Charlier a vu adopter avec empressement son petit trois-quarts à anneaux oblongs pour pratiquer la ponction du cœcum du cheval.

Un grand progrès a été réalisé par M. Charlier avec la ferrure périplantaire. C'est l'application ingénieuse des idées que Lafosse développa autrefois. Il est bien désirable que ce progrès soit généralisé davantage. Malheureusement les maréchaux ferrants, surtout ceux des campagnes, ignorent presque tous les bonnes notions et les innovations de ce genre, faute d'écoles de maréchalerie dont l'utilité est pourtant si manifeste.

Le rapporteur de la classe 75 rendra compte des produits de la viticulture de la Marne. Des vins de choix figuraient dans la collection du Comice agricole de Reims.

En somme, l'exposition organisée par les soins de M. Lhotelain constituait un aperçu complet de la culture dans l'arrondissement de Reims. Cette collection de produits résume de la manière la plus brillante les progrès accomplis par les cultivateurs du pays.

COMICE AGRICOLE DE L'ARRONDISSEMENT DE SAINTE-MENEHOULD.

Le Comice de cet arrondissement date, comme les autres, de 1848. Son programme, savamment étudié, comportait, de même que celui des autres Comices, la bonne tenue des fermes, la mise en valeur des terres incultes, l'assolement, le drainage, l'irrigation, le perfectionnement de l'outillage, l'amélioration des races. Aussi les résultats ne se firent pas attendre, et l'agriculture de cette partie du département parvenait à une prospérité qu'elle n'avait jamais connue.

L'exposition collective de l'arrondissement de Sainte-Menehould, qui s'est faite sous la présidence de M. Henri Payart, contenait des produits agricoles tels que blé, avoine, racines, pommes de terre, etc., envoyés par MM. Chemery (Alfred), à Moiremont, et M. Chandron (Charles), au Vieil-Dampierre. Ce dernier avait joint à son envoi des toisons de laine lavée à dos.

Nous signalerons encore les sables verts servant à l'amendement des terrains de Champagne plantés en vignes de Mme Vve Person (Henri), à Sainte-Menehould, et les plants d'aulnes et de pins noirs d'Autriche de M. Thirion (Amédée), à Somme-Yèvre.

DÉPARTEMENT DE L'AISNE.

COMICE ET SYNDICAT AGRICOLE DES AGRICULTEURS ET VIGNERONS DE L'ARRONDISSEMENT DE CHÂTEAU-THIERRY.

Le Comice agricole et Syndicat des agriculteurs et vignerons de l'arrondissement de Château-Thierry, le premier en date du département de l'Aisne, a été fondé en 1836, sur l'initiative de M. Salmon, ancien cultivateur, qui en fut le premier président. M. de Tillancourt, député, lui succéda et fut, à son tour, remplacé par M. Bigorgne, conseiller général; le président actuel est M. Waddington, sénateur, ambassadeur à Londres, et le vice-président est M. Carré, à Épieds, à qui nous sommes redevables de ces renseignements.

Grâce au concours de ces hommes dévoués et de leurs collaborateurs, le Comice, par l'enseignement qu'il répandit, par l'impulsion éclairée qu'il sut donner aux travaux de l'association, par les récompenses qu'il décerna aux plus dignes parmi ses membres et parmi les serviteurs de fermes, par l'importation de reproducteurs et de semences de choix, contribua très efficacement, pendant cette période de plus d'un demi-siècle, au progrès agricole, à la diffusion des procédés scientifiques de cultures, à l'amélioration du bétail.

Le sol arable de l'arrondissement de Château-Thierry est, dans son ensemble, de qualité moyenne ou médiocre; une partie de sa surface connue alors sous le nom caractéristique de «Brie pouilleuse» indique ce qu'il était alors.

Mais, depuis, amélioré par les engrais plus abondants, les assolements mieux raisonnés, les amendements calcaires et le drainage, il se prête mieux aujourd'hui à la culture productive des céréales et des fourrages, à l'élevage du bétail et particulièrement du mouton. C'est spécialement dans cette direction que les efforts faits avaient été sanctionnés par d'excellents résultats.

L'introduction constamment répétée de taureaux cotentins achetés, dans les pays d'origine, par le Comice, a puissamment contribué à constituer, pour l'espèce bovine, une race mixte, comme laitière, assez apte au travail et susceptible de produire des animaux de boucherie d'une suffisante précocité.

En ce qui concerne l'espèce ovine, loin d'avoir eu besoin de recourir à l'importation, c'est, au contraire, ce pays-ci qui a été le foyer de l'amélioration d'un grand nombre de troupeaux dans l'Aisne, l'Oise, la Marne et Seine-et-Marne.

Le type des moutons qu'un maître en zootechnie, M. Sanson, a qualifié du nom de «mérinos-soissonnais», est entièrement originaire de l'arrondissement de Château-Thierry.

Les troupeaux de Lyonval et Edrolles fondus dans d'autres depuis quelque temps,

IMPRIMERIE NATIONALE.

ceux existants de Montemapoy, de Passy-en-Valois, de Lessart-Montron, de Villardelle, étaient ou sont de cette contrée. Ceux d'Oulchy-le-Château, de Lampeigne, y confinent. Le Jury de la classe 74 a, du reste, justement apprécié leur mérite au point de vue de la laine en classant comme il convenait les exposants de cet arrondissement.

Cette amélioration constante des produits du règne animal a eu d'ailleurs cette conséquence logique et en quelque sorte forcée de conduire à l'amélioration du sol et des cultures et à l'augmentation progressive des produits.

Malheureusement, cette contrée, en raison de la spécialité de ses cultures et de son industrie agricole, a souffert, plus que toute autre, de la persistante dépréciation du prix des laines et des céréales, depuis dix ans. Sans doute, la situation tend à s'améliorer, mais il reste encore des mesures à prendre pour ramener la prospérité disparue, et il faut compter qu'un assez long espace de temps et une nouvelle génération de cultivateurs seront nécessaires pour remettre complètement les choses en état et réparer les larges brèches faites, de ce côté, à la fortune publique, à la production agricole et au travail national.

Cette grave situation éveilla l'attention du Gouvernement et, en 1884, une commission spéciale fut chargée par le Ministre de l'agriculture d'étudier la situation agricole du département de l'Aisne et particulièrement celle des fermes qui n'avaient pas été reprises à bail, de rechercher les causes de la situation critique de chacune de ces fermes et les remèdes qui pouvaient être apportés à l'état général de l'agriculture du département. Cette commission était composée de MM. Heuzé, Barral, Lecouteux, Philippart, Menault et Risler.

C'est M. Risler, directeur de l'Institut national agronomique, qui fut chargé de réunir dans un rapport les résultats des enquêtes faites dans chaque arrondissement. M. Risler terminait son rapport en indiquant les remèdes suivants à la situation agricole du département de l'Aisne :

1° Droits d'entrée sur les produits étrangers; 2° réforme des tarifs de chemin de fer; 3° diminution des impôts; baisse des fermages; 5° progrès et instruction agricole; 6° réforme des baux et devoirs des propriétaires fonciers; 7° crédit agricole.

Nous n'entrerons dans aucun détail : ils sont trop connus pour que nous y insistions.

C'est vers ces résultats qu'ont tendu, sans cesse, les efforts du Comice agricole et du Syndicat qui comptent aujourd'hui plus de 700 membres. Il travaille à la vulgarisation des bonnes méthodes, des procédés scientifiques; il met à la disposition des cultivateurs des distinctions et des encouragements, leur donne des conseils pratiques dans un bulletin mensuel très répandu et leur fait acheter chaque année, depuis 1885, plus de 12,000 quintaux d'engrais et de semences à des prix avantageux et avec des garanties de dosage et de pureté absolument sûres.

L'industrie agricole proprement dite est représentée par deux usines à sucre, celles de Château-Thierry et Neuilly-Saint-Front, et deux distilleries agricoles, Vilandelle et Neuilly-la-Poterie.

Les coteaux de la Marne produisent du vin ordinaire qui, dans les bonnes années, est acheté pour la Champagne. La petite culture exporte beaucoup de fruits, de légumes, dirigés sur Reims, Paris et même l'Angleterre, en ce qui concerne spécialement la cerise dite «de Sauvigny».

Le produit des basses-cours est important. Il s'écoule sur le marché de Château-Thierry, à destination de Paris et de l'Est. Enfin l'industrie fromagère a pris, depuis 10 ans, un sérieux développement dans la partie de l'arrondissement limitrophe de Seine-et-Marne.

Les principaux troupeaux ovins qui se livrent à l'élevage des reproducteurs sont ceux de Montemapoy, commune de Dammard, à M. Delizy qui possède 1,200 moutons mérinos; de Passy-en-Valois, par la Ferté-Milon, à M. Parent qui a succédé à M. Bataille et qui possède 600 moutons mérinos; de Lessart-Montron, à M. Lemoine qui a succédé à M. Hutin et qui possède aussi 600 mérinos, et de Villardelle, à M. Bahin.

On voit donc que cet arrondissement peut être considéré comme un centre de reproduction du mérinos amélioré, qui donne économiquement la laine et la viande.

La culture du blé a fait, de son côté, de sérieux progrès, aussi bien que celle des autres céréales. L'emploi sur une plus grande échelle des engrais chimiques a beaucoup contribué à son succès.

Depuis 25 ans et surtout depuis 1878, on peut évaluer l'augmentation des rendements à 20 p. 100. Le spécimen des céréales exposées par M. Gaillart, à Neuilly-Saint-Front, pouvait donner une juste idée de la production générale de la contrée.

COMICE AGRICOLE DE L'ARRONDISSEMENT DE SOISSONS.

Le Comice agricole de Soissons, fondé en 1849, reconnu comme établissement d'utilité publique, compte parmi ses sociétaires un grand nombre d'agriculteurs et d'industriels de haute valeur.

Le Comice a pris une part active à l'enquête agricole dont le département de l'Aisne a été le théâtre en 1884. Il peut se féliciter à bon droit d'avoir concouru, par des constatations et des chiffres irréfutables, et de concert avec le comité agricole de l'Aisne, où il se fait régulièrement représenter, à éclairer les pouvoirs publics sur l'intensité de la crise agricole et à les convaincre de la nécessité de recourir à des mesures réparatrices.

Mais là ne pouvait pas se borner sa tâche, car une question considérable s'imposait : l'augmentation des rendements. Le Comice dut prêcher d'exemple. Il fallait vulgariser, jusque dans les plus petites exploitations rurales, l'emploi et surtout l'emploi judicieux des engrais de commerce.

A cet effet, le Comice appela à lui des chimistes spéciaux; il créa un champ de démonstrations accessible à tout visiteur; il organisa des conférences qui eurent lieu sur le terrain même et qui attirèrent de nombreux auditeurs; en un mot, il se tint constamment à l'étude du problème à résoudre.

D'un autre côté, le bulletin de la Société entretenait la propagande.

Le Comice peut donc légitimement revendiquer une part du progrès aujourd'hui réalisé et qui se traduit, pour les céréales, par un rendement qu'on peut estimer comme supérieur de 20 p. 100, depuis quelques années, aux rendements des récoltes précédentes.

Le champ de démonstrations du Comice agricole de Soissons donna les résultats suivants en 1888 :

		POUR LES PARCELLES avec engrais au printemps.	POUR LES PARCELLES sans engrais au printemps.
Moyenne des 4 soles de betteraves.	Dépenses par hectare......	1,028f 25c	860f 50c
	Récolte des racines........	38,560k à 6°8	30,500k à 7°
	Prix de revient de la tonne..	26f 65c	28f 20c
Moyenne des 4 soles de blés.	Dépenses par hectare......	463f 50c	448f 00c
	Récolte en grains..........	2,580k	2,275k
	Prix de revient du quintal..	17f 95c	19f 70c

Le Comice agricole n'a pas eu d'efforts à faire pour centraliser et envoyer à l'Exposition les principaux produits de sa circonscription :

Céréales de diverses origines, en gerbes et en grains;

Betteraves sucrières et leurs dérivés : sucre, mélasse, alcool;

Haricots de Soissons, pommes de terre, fécule;

Laines de mérinos et métis-mérinos, brutes, peignées et filées, laine anglaise.

Tous les échantillons ont été pris chez les éleveurs de la circonscription : MM. Dormeuil, Triboulet et Hincelin.

Ces produits ont eu pour principale destination de servir de cadre au *tableau synoptique* du champ de démonstrations du Comice, dont nous avons donné plus haut les résultats. Ce tableau, à titre d'œuvre d'enseignement agricole, avait bien sa place à une exposition collective de la classe 74, et nous regrettons de n'avoir pu le reproduire en entier.

Nous devons aussi, dans ce département, mentionner l'exposition individuelle de M. Jules Legras, à Berny, près Laon, qui consistait en betteraves-mères, pieds entiers de betteraves, porte-graines, etc.

Dans une brochure très bien faite sur la méthode de culture des betteraves porte-graines, M. Legras conclut aux avantages de la plantation écartée des betteraves porte-graines. La betterave employée est d'origine française et a subi de rigoureuses sélections, afin d'arriver à une teneur en jus et une pureté plus élevée, en lui conservant les caractères et les qualités de sa race.

DÉPARTEMENT DE L'AUBE.

Cet important département était représenté à l'Exposition universelle de 1889 par deux sociétés : 1° le Comice agricole départemental de l'Aube, qui, sous l'habile direction de son président, M. Huot, avait organisé une exhibition très complète de tous les produits du département. Un certain nombre d'entre eux, n'étant pas exactement du ressort de la classe 74, n'ont pas été examinés par le Jury de cette classe; 2° la Société horticole, vigneronne et forestière de l'Aube, qui, sous la présidence de M. Charles Baltet, avait exposé les produits des vignes, forêts et pépinières du département de l'Aube, les outillages et les accessoires de culture, les méthodes d'enseignement horticole et la statistique du développement agricole de l'Aube depuis 1789.

COMICE AGRICOLE DÉPARTEMENTAL DE L'AUBE.

Le Comice agricole départemental de l'Aube a pris part, en 1878, à l'Exposition universelle. Il lui a été décerné un diplôme de médaille d'or; ses exposants ont reçu également de nombreuses récompenses : médailles d'or, d'argent et de bronze.

Le Comice, à cette époque, se composait de 135 membres. Il en compte aujourd'hui 2,000. Ce résultat a été obtenu par les nombreux avantages que la société offre à ses adhérents. Des conférences agricoles sont faites à chaque réunion générale du Comice. Des champs de démonstrations et d'expériences ont été créés sur plusieurs points du département, aux frais de l'association, avec le concours dévoué et désintéressé du savant professeur d'agriculture de l'Aube, M. Dupont, qui est en même temps secrétaire général du Comice.

Deux fois par an, la société distribue gratuitement à ses membres des semences de toutes espèces choisies parmi les variétés les plus intéressantes. Grâce à ces distributions, l'agriculture du département possède les blés à grands rendements, les avoines les plus productives, les racines et les pommes de terre les plus avantageuses.

Tous les ans aussi, des concours de reproducteurs et d'instruments agricoles ont lieu successivement dans chaque arrondissement.

Des séries d'essais de machines agricoles spéciales, pouvant rendre le plus de services dans le département, se font de même annuellement (moissonneuses, moissonneuses-lieuses, faucheuses, semoirs à engrais et à graines, appareils de labourage, pulvérisateurs pour le traitement des vignes, etc.).

A la suite des expériences, des ventes avec primes et remises sur les prix courants ont lieu par l'intermédiaire du Comice. Il se vend, dans la même journée, jusqu'à 40,000 francs de machines et même au delà. Aussi le département de l'Aube est-il un de ceux où fonctionne le plus grand nombre d'appareils agricoles.

Cette situation justifie donc l'addition que le Comice a faite, dans sa collectivité, des machines agricoles construites dans le département. Quelques-unes parmi elles se font, du reste, remarquer par des dispositions absolument nouvelles et des plus ingénieuses.

Depuis sept ans, une commission syndicale du Comice est chargée d'approvisionner les membres de l'association, d'engrais commerciaux et semences de choix. Dans le courant de 1889, elle aura acheté plus de 2 millions de kilogrammes d'engrais.

Le Comice de l'Aube s'efforce aussi de propager par sa publication, le *Bulletin agricole de l'Aube,* les meilleures méthodes culturales. Il ne recule devant aucun sacrifice pour aider l'agriculture du département à traverser la crise actuelle dans les conditions les moins difficiles. Aussitôt après les expériences mémorables de Pouilly, il a organisé, le premier, des séries de vaccinations dont l'illustre savant, M. Pasteur, a bien voulu confier la direction à son éminent collaborateur, M. Roux.

La propriété est très divisée dans le département de l'Aube. Sous l'influence des enseignements et du concours donné par le Comice aux agriculteurs, pour l'achat des instruments et des engrais, notamment le rendement cultural s'est élevé d'environ 25 p. 100 chez les membres de l'association. Du reste, l'examen des produits agricoles présentés dans la collectivité de l'Aube prouve le choix judicieux des espèces cultivées et les résultats satisfaisants obtenus.

Sans prétendre, sur tous les points du département, aux rendements extraordinaires du Nord, il est facile de constater les progrès accomplis, en tenant compte de la fertilité du sol de la Champagne et surtout de l'ancienne routine qui présidait à la culture de ces terres.

L'emploi des engrais chimiques s'est largement répandu depuis quelques années; en effet, si nous relevons les demandes faites au syndicat du Comice agricole, nous trouvons que le nombre des demandes de 1,000 kilogrammes et au-dessous, qui était de 710 en 1887, s'est élevé en 1888 à 865, et que le nombre des demandes au-dessus de 1,000 kilogrammes, qui était de 285 en 1887, s'est élevé à 360 en 1888.

Le Comice a adopté, dans la disposition des produits de ses exposants, le classement par produits similaires qui fait mieux juger de la valeur des productions agricoles du département. Avec cette méthode, les expositions restreintes sont englobées dans la masse et concourent à l'ensemble. Un étiquetage très complet permettait de distinguer les produits de chacun et de juger de leurs mérites.

Aussi, tout en passant en revue l'exposition entière du Comice agricole départemental de l'Aube, nous sera-t-il facile de rendre justice à chacun des membres qui sont venus apporter leur part à cette exhibition.

Déjà, un certain nombre d'entre eux avaient paru à l'Exposition universelle de 1878, et nous avons été réellement satisfait de constater les immenses progrès qui avaient été réalisés depuis cette époque.

M. Gustave Huot, président du Comice, a contribué dans une large part à ces résultats par son dévouement aux choses agricoles : en 1889 comme en 1878, il a apporté le plus grand zèle à l'installation des produits du Comice agricole départemental de l'Aube.

M. Marcel Dupont, professeur départemental d'agriculture, avait présenté un tableau indiquant la composition des échantillons de terres arables de l'Aube, la statistique spéciale à chaque sol, les résultats des champs d'expériences et de démonstrations de l'École normale de Troyes, et les résultats d'essais physiologiques et culturaux sur les engrais phosphatés. Ces travaux très importants ont rendu de grands services à la région.

M. Gustave Huot, président et organisateur de l'exposition collective du département de l'Aube, avait fourni des produits très remarquables, tels que des blés d'Australie, bleu, Durand, Swaloff, Hallett, Shireff; des avoines de Hongrie, d'hiver, géante à grappes, dite *merveilleuse*, des carottes fourragères géantes, des betteraves à sucre, des pommes de terre de toutes espèces.

Tous ces produits provenaient du domaine de la Planche que M. Huot dirigeait depuis 1852; il y établit la première distillerie, système Champonnois, qui fut montée en France. Cet exposant possède une variété allemande de betteraves qui, par trente-six ans de sélection rigoureuse chez lui, s'est améliorée dans une importante proportion.

Ainsi, les densités constatées par le professeur départemental, M. Dupont, en décembre 1888, ont été de 8°,3 pour un premier lot de racines d'un poids moyen de 960 grammes, et de 9 degrés pour un second lot de racines d'un poids moyen de 400 grammes.

Une analyse de betteraves des cultures de M. G. Huot, faite par M. Durin, chimiste à Paris, ont donné :

Poids moyen de quatre betteraves		0k,555
Densité		8°,8
Sucre	par décilitre de jus	21,05
	pour 100 grammes de jus	19,35
	pour 100 grammes de betteraves	18,57
Cendres par décilitre de jus		0,863
Quotient de pureté	par extrait sec	87,65
	par la densité	89,50
Coefficient	salin (Rapport du sucre aux cendres)	24,40
	organique	10,00

Depuis quelques années que les graines de betteraves de la Planche sont livrées au commerce, elles sont très recherchées par les fabricants de sucre.

L'ensemble de l'exploitation est dirigé vers la production exclusive des semences de toutes espèces : blé, avoine, betteraves, carottes, pommes de terre.

Les terrains bas sont exploités en prés et en oseraies. La culture du raifort y est en expérience depuis deux ans; elle semble devoir donner des résultats très satisfaisants.

Les céréales qui ornaient l'exposition de l'Aube avaient été aussi fournies par MM. Guénin-Gauthrot, Berthaut-Manchin, Albert Croissant, Florent Fouchez, Auguste Fouré, Alexandre Jeannel, Guillaume Gamichon, Claude-Louis Gérard.

Chez tous ces cultivateurs, les rendements ont été bien plus forts qu'en 1878, et cela, grâce à l'emploi d'une plus grande quantité de fumiers et d'engrais artificiels.

Les betteraves fourragères avaient été envoyées par MM. Louis Contat, Millard-Sainton; les betteraves à sucre, par M. Arthur Pellerin; les pommes de terre, par MM. Adolphe Gannichon et Lucien Lasneret.

Tous ces produits agricoles étaient remarquables, et nous devons signaler aussi les orges diverses pour brasserie, de M. Émile Cousin. Cette dernière culture avait été faite expérimentalement, sur la demande du professeur départemental de l'agriculture.

M. Honoré Bourgeat, en dehors des céréales et des fourrages, a aussi fourni au Comice des laines et des toisons de mouton, ainsi que MM. Jules Chuchu et René Crosette.

L'exposition de l'Aube contenait aussi tout un matériel d'apiculture, des ruches à cadres mobiles et des ruchettes d'observation servant à l'élevage des mères; ces différents appareils appartenaient à MM. Victor Mathieu, Prudent Brunet et Armand Collin.

Enfin nous signalerons des plans ordinaires et en relief d'exploitations agricoles, entre autres, le plan du domaine de Villiers, commune d'Ervy, arrondissement de Troyes; les alambics rectificateurs par l'air pour eaux-de-vie de marcs, de M. Chevalet; les collections zoologiques et ornithologiques, de M. Chailliot.

SOCIÉTÉ HORTICOLE, VIGNERONNE ET FORESTIÈRE DE L'AUBE.

Cette Société, qui existe depuis mars 1865, n'était que la transformation de la Société d'horticulture de l'Aube, qui avait été fondée en août 1850 par les mêmes personnes.

Elle a grandi d'année en année, et de 400 membres qu'elle comprenait à son début, elle est arrivée à en avoir plus de 2,000.

Les ressources augmentant, elle a pu remplir le programme qu'elle s'était tracé, et y ajouter chaque année de nouveaux services à ses titres à la reconnaissance de l'horticulture; c'est ainsi qu'on la voit multiplier ses encouragements, faire des expériences, visiter les jardins et les propriétés où il y a des conseils à donner, des améliorations à récompenser, des mérites à signaler; organiser des champs d'essais, instituer un véritable enseignement horticole, propager les meilleurs méthodes de semis, de plantations, de greffages, et les variétés de plantes les mieux appropriées au sol et au climat; ouvrir des concours et distribuer des récompenses au vieil ouvrier courbé par le travail sous le poids des ans, aussi bien qu'à l'agronome que distinguent ses procédés perfectionnés de culture, aux instituteurs qui, en élevant la jeunesse, en lui inculquant de bons et sains principes, en lui faisant voir tout ce qu'il y a de beau dans l'étude des choses de la nature, peuvent tant faire aimer la vie rurale et favoriser le progrès.

C'est ce qui a fait dire à M. Tisserand, directeur de l'agriculture, dans la séance solennelle du 26 décembre 1887 qu'il présidait au nom du Ministre, à Troyes, que la *Société horticole, vigneronne et forestière de l'Aube a bien mérité du pays.*

Dans cette même séance, il faisait connaître les résultats obtenus. En effet, la valeur des produits de la culture potagère et maraîchère du département de l'Aube, qui, avant 1870, atteignait 550,000 francs, arrivait déjà en 1882 au chiffre de 1 million de francs, lequel est certainement dépassé aujourd'hui.

Pour les défrichements et les reboisements que la Société encourage avec une ardeur égale, les progrès ne laissent pas aussi d'être remarquables.

Les terres incultes, depuis 1870, ont été réduites de 1,000 hectares et les bois ont vu leur étendue s'augmenter de 20,000 hectares.

Les forêts couvrent aujourd'hui 123,000 hectares.

Tout cela a été obtenu grâce à l'impulsion des hommes qui ont été appelés à diriger la Société; elle devait prospérer avec un président comme M. Charles Baltet qui, suivant les belles traditions de son père et de ses oncles, s'honore à la fois par le travail et par la science, et qui tient si haut et si ferme le drapeau de l'horticulture française.

Le lot collectif de la Société horticole de l'Aube comprenait un grand nombre de produits qui ne devaient pas tous être jugés par la classe 74, qui n'avait à connaître que des produits des exploitations rurales. En effet, les autres produits dépendaient de la classe 49, matériel et engrais; de la classe 73, boissons fermentées; de la classe 73 *bis,* statistique et agronomie; de la classe 73 *ter,* enseignement agricole; et enfin de la classe 75, viticulture, sans parler de tout ce qui concernait spécialement l'horticulture.

La Société elle-même exposait les produits des jardins, des vignes, des forêts, des pépinières du département de l'Aube, les méthodes d'enseignement, les annales et publications de la Société provenant de l'importante bibliothèque qu'elle tient à la disposition des sociétaires, etc.

Les principaux exposants pour la sylviculture et l'arboriculture étaient MM. Rothier, Arbeltier de la Boullaye, Asselin, Baltet frères, Decerse-Quinat, Ruelle, Tarsel-Virey et Jules Thuillier.

Nous n'oublierons pas non plus ceux qui ont vulgarisé tous ces travaux spéciaux d'arboriculture et d'horticulture par l'enseignement ou par des publications intéressantes. Sans citer à nouveau M. Charles Baltet, le président, nous nommerons MM. Billot, Chaillot, Édmond Barotte, Nicolas Briet, Mlle de Butor, François Cogné, de Cossigny, Demandre, Gauthier, Guyot, Louis Hariot, Letruffe, etc.; car la liste est longue, et l'exposition de la Société horticole, vigneronne et forestière de l'Aube était très remarquable, et il aurait fallu citer tous les sociétaires qui avaient concouru au succès de cette exhibition.

DÉPARTEMENT DU FINISTÈRE.

COMITÉ DÉPARTEMENTAL DU FINISTÈRE.

L'exposition collective du Comité départemental du Finistère était tout entière installée par M. François Baron, directeur de l'École d'agriculture du Lézardeau.

Elle comprenait : 1° les herbiers et les collections d'insectes utiles et nuisibles appartenant aux élèves, les différents plans de l'École;

2° Les produits agricoles, tels que betteraves jaunes ovoïdes des Barres et Mammouth, avoines prolifiques de Californie, avoines noires de Bretagne, seigles Schribaux, seigles du pays, orges du pays à épis carrés;

3° Des beurres et des fromages façon Camembert et façon Port-Salut.

L'étendue de la culture, dirigée par M. Baron, est actuellement de 75 hectares en terres labourables et en prairies. Ces dernières occupent maintenant les deux tiers de la surface totale.

Il exploite, à ses risques et périls, depuis le mois de septembre 1862, la ferme de Kerneuzec, qu'il habite. En 1873, M. Baron a agrandi son exploitation d'une autre ferme, dite *Kermagorec*, dépendant également du Lézardeau.

En 1881, il a loué l'ancienne école d'irrigation du Lézardeau.

En 1885, il a loué la ferme de Rosglans, contiguë à l'École du Lézardeau, afin d'éloigner un voisinage qu'il considérait comme nuisible aux intérêts de l'École.

Des changements profonds ont été introduits par cet habile directeur dans cette grande exploitation depuis qu'il la possède. Ainsi, jusqu'à ce jour, il a défriché des landes sur plus de 3 hectares; il a créé des prairies sur environ 20 hectares; il a fait du drainage sur 4 hectares; les chemins ont été améliorés et entretenus de façon à devenir carrossables; de nouvelles routes ont été créées.

Dans les fermes, il a installé des plates-formes à fumier et des fosses à purin, des laiteries, des beurreries, des fromageries et des porcheries pouvant contenir 70 bêtes à l'engrais.

Les bâtiments ont été complètement transformés, afin de les rendre plus confortables; les planchers ou le ciment ont remplacé les terrasses humides, les couvertures et les plafonds améliorés.

Le bétail se compose d'une vacherie contenant de 95 à 100 vaches bretonnes, formant quatre troupeaux; de 6 chevaux, servant aux différents travaux de la ferme; de 60 à 70 porcs à l'engrais et nourris avec les déchets des farines et le petit lait provenant de la fromagerie.

Le personnel des fermes se compose de six ménages qui sont logés, chauffés, éclairés et reçoivent 3 ou 4 litres du lait écrémé par jour.

Chacun a un petit jardin, plus une somme de 55 à 65 francs par mois.

Trois de ces hommes sont attachés au service de la vacherie, deux autres aux attelages et le sixième aux travaux divers comme homme d'équipe.

Les femmes soignent les vaches et les porcs.

Quand les travaux l'exigent, d'autres journaliers et journalières sont occupés, les hommes, à raison de 1 fr. 50 à 1 fr. 75 par jour, et les femmes, de 1 franc.

Une personne spéciale est chargée du service de la laiterie. Le matériel de ferme est très complet, mais on ne se sert de machines à vapeur que pour battre les céréales, et encore, c'est une machine en location.

En dehors des prairies qui occupent une grande partie de l'étendue de l'exploitation, l'assolement pour les autres cultures est de six ans sur 24 hectares, dont :

2/6, soit 8 hectares en betteraves,

2/6, soit 8 hectares en céréales,

1/6, soit 4 hectares en trèfle,

1/6, soit 4 hectares en pommes de terre.

Le rendement des prairies a à peu près doublé par suite de l'emploi annuel de 600 ou 700 mètres cubes de boues de ville, plus 500 kilogrammes de phosphate employés chaque année sur les parties les plus humides.

L'emploi des phosphates a eu pour résultat non seulement d'augmenter beaucoup la quantité de foin, mais aussi d'augmenter la qualité en poussant au développement et à la croissance des légumineuses. Les rendements en betteraves, qui étaient de 60,000 à 70,000 kilogrammes, atteignent aujourd'hui 80,000 à 90,000 kilogrammes.

Nous avons donné tous ces détails pour permettre d'apprécier l'influence salutaire de l'École du Lézardeau dans le département du Finistère. Son directeur, M. Baron, est très dévoué aux intérêts agricoles, et il le prouve par la bonne gestion qu'il a su introduire dans ses différentes fermes.

Il était absolument nécessaire de créer et d'améliorer les chemins qui mettent ses fermes en rapport les unes avec les autres et avec les stations voisines de chemins de fer, afin de faciliter les travaux de toutes sortes, mais particulièrement les transports si considérables dans une exploitation.

M. Baron a aussi insisté sur la possibilité de produire des fumiers à bon marché, en retirant du bétail le prix de sa nourriture.

Les petites vaches bretonnes consomment, en foin ou équivalent, 10 kilogrammes par jour à 0 fr. 06, soit 0 fr. 60. Elles produisent 4 litres de lait à 0 fr. 15.

M. Baron a ajouté aux anciennes constructions de nouveaux bâtiments : un hangar de 400 mètres superficiels, des écuries, des remises pour voitures, des greniers, des fromageries. Les écuries et vacheries sont bien aérées, les greniers très sains et parquetés, les hangars spacieux. La fromagerie peut contenir 6,000 fromages façon Camembert.

Le matériel de ferme est très complet et un manège à cheval met en mouvement les machines et instruments d'intérieur de ferme.

L'assolement total est le suivant : prairies naturelles, 34 hectares; betteraves fourragères et autres racines, 8 hectares; trèfle incarnat et autres, 9 hectares; blés, 17 hectares; avoine, 17 hectares.

Les rendements ont été de 1882 à 1888, pour les blés, en moyenne, de 29 hectolitres à l'hectare; les avoines, de 64 hectolitres; les prairies, de 7,000 kilogrammes; les betteraves, de 62,000, et les carottes, de 42,000; le tout à l'hectare.

Donc les fumiers ne coûtent que le prix de la litière et les soins. En d'autres termes, les vaches payent le foin 60 francs les 1,000 kilogrammes.

Il en est de même pour les porcs qui, avec 4 kilogr. 500 de grain ou de farine, produisent 1 kilogramme de viande, poids vif.

EXPOSITION INDIVIDUELLE DE M. CHANDORA.

M. Léon Chandora, qui habite Moissy-Cramayel, en Seine-et-Marne, a envoyé, à l'Exposition universelle, des céréales en gerbes et en grains et d'autres produits agricoles, provenant d'une ferme qu'il exploite dans le département du Finistère.

La ferme du Leuhan, à Plabennec, dans le Finistère, fut créée par M. Chandora en 1882, à la suite des travaux de desséchements, drainages, défrichements, et de mise en culture du marais du Leuhan. Cette opération fut faite en 1881 et 1882.

Cette exploitation, qui est très visitée par les propriétaires et les agriculteurs de la contrée, a une étendue de 85 hectares. Il est rare que les fermes soient aussi grandes dans ce pays : elles ont rarement plus de 40 hectares.

Lorsque M. Chandora acquit ces terrains, ils avaient très peu de valeur, et il sera facile de se rendre compte des travaux effectués, quand nous dirons qu'il y a actuellement 3,575 mètres de canaux de desséchements.

En 1888, il a été produit 35,000 fromages.

Le personnel se compose d'un directeur, qui est le fils de M. Chandora, d'un contremaître, de deux charretiers, de deux hommes et de deux femmes occupés à la vacherie et à la fabrication du fromage, d'un ouvrier employé à l'entretien des canaux d'assainissement et d'irrigations et des chemins d'exploitation.

En dehors de ce personnel, il y a de deux à douze ouvriers, suivant la saison, nécessaires pour les travaux de sarclage, fenaison, moissons, betteraves, etc.

En résumé, M. Léon Chandora a le mérite d'avoir constitué dans de bonnes conditions une excellente exploitation, d'avoir créé une fromagerie qui fournit des revenus très suffisants, et enfin d'avoir donné le bon exemple en introduisant dans une contrée pauvre et non défrichée les machines et instruments agricoles perfectionnés et les moyens de faire rendre au sol tout ce que l'agriculteur peut lui demander par une culture intensive.

DÉPARTEMENT DES DEUX-SÈVRES.

EXPOSITION COLLECTIVE AGRICOLE DES DEUX-SÈVRES.

L'Exposition collective agricole des Deux-Sèvres fut organisée sous le patronage et avec le concours financier de la Société centrale d'agriculture et du Conseil général, par M. Gustave Robert, professeur départemental d'agriculture, commissaire spécial.

Le Comité départemental des Deux-Sèvres pour l'Exposition universelle avait émis le vœu qu'une exposition agricole fût organisée et avait chargé de cette besogne la Société centrale d'agriculture et le professeur départemental. La Société a donné son patronage à cette œuvre et a joint son concours financier à celui du Conseil général, tout en laissant la préparation et la direction journalière au professeur départemental d'agriculture.

La Société centrale d'agriculture voulut qu'à propos du Centenaire de 1789, le département des Deux-Sèvres fût dignement représenté. C'est pourquoi, elle a accordé son patronage à cette œuvre de progrès, elle a largement ouvert sa caisse pour subvenir aux dépenses. Elle s'est imposé des sacrifices considérables et elle a donné les quatre septièmes de la somme nécessaire à l'organisation et à l'installation de l'exposition collective.

Cette exposition a été faite avec les échantillons des roches du département, qui, en se désagrégeant, ont donné naissance aux sous-sols et aux sols exposés, et qui constituent la collection très fidèle des différents terrains des Deux-Sèvres. On a pris dans chaque canton deux fermes de moyenne étendue, de moyenne qualité quant au terrain et à la façon dont elles sont exploitées. Ces fermes ont été, autant que possible, prises sur des terrains d'origines différentes. On a prélevé scrupuleusement les différents échantillons des terres et des produits agricoles qui figurent dans la collection. On a pris en outre deux ou trois vues photographiques par ferme, pour donner une idée exacte des constructions rurales.

Afin que cette exposition soit aussi complète que possible, on a, en outre, prélevé 110 échantillons de vins blancs et rouges et 25 d'eaux-de-vie.

De plus, une notice de chaque ferme a été rédigée et donne tous les renseignements possibles de la culture.

La Société a voulu, en organisant cette exposition, apporter sa pierre à l'édifice que la France entière élevait pour le Centenaire de 1789, faire voir, sous une forme peut-être un peu sévère, des documents d'une origine scrupuleusement authentique et faire connaître au pays et à l'étranger les produits d'un des départements français.

Ces produits agricoles, déclarés au nom de chacun des cultivateurs qui les ont fournis et tirés de leur exploitation, ont été aménagés spécialement par la Société d'agriculture et surtout par M. Gustave Robert, qui a réuni ces échantillons et qui a tâché de reconstituer, sous une forme tangible, le caractère précis et actuel de la situation agricole des Deux-Sèvres.

Les renseignements fournis par les exposants permettent d'établir les conditions moyennes dans lesquelles se trouvent actuellement les exploitations agricoles du département des Deux-Sèvres.

Les fermes, dont l'étendue totale des cultures varie entre 20 hectares et 80 hectares environ, sont exploitées par fermages qui varient de 4,000 à 8,000 francs, avec des baux de 9 ans ou 15 ans. Les métayers sont devenus rares. Les fermes ne sont pas trop divisées au point de vue des parcelles et comprennent en moyenne environ 40 à 60 hectares de terres arables, 6 hectares de prairies naturelles, 1 hectare de jardin, 1 hectare de vigne, 5 hectares de bois, 8 hectares de pâtis.

La nature du sol est argilo-calcaire, quelquefois siliceux, silico-argileux et souvent très caillouteux, et l'épaisseur des couches arables est très variable et mesure de 0 m. 30 à 1 mètre.

Les assolements sont de quatre ans, cinq ans ou six ans. Ainsi l'assolement général est le suivant :

1° Plantes sarclées; 2° blé; 3° avoine, vesces; 4° choux; 5° blé; 6° trèfle. Les plantes sarclées et le froment reçoivent toujours du fumier, et les choux de la poudre d'os ou tout autre engrais du même genre.

Le froment se cultive après les plantes sarclées, après le sarrasin et le trèfle. C'est après le trèfle que sa culture est le plus avantageuse. Après les plantes sarclées, on donne généralement une demi-fumure. Après le trèfle, on emploie seulement du phosphate à raison de 400 à 500 kilogrammes par hectare, que l'on répand à l'automne et au printemps. Le rendement varie de 15 à 22 hectolitres par hectare, et la moyenne s'élève à 18 hectolitres. Les variétés de froment que l'on cultive sont : 1° le petit blé rouge ou blé de Saint-Laud; 2° le blé gris de Saumur; 3° le petit blé blanc (grain blanc et épi rouge), mais on abandonne cette dernière variété. Les semences sont chaulées et arrosées de sulfate de cuivre. Les soins d'entretien se bornent à l'entretien des rigoles d'écoulement et d'un hersage au printemps. On sème environ 1,500 litres à l'hectare.

Le seigle n'entre pas toujours dans l'assolement. Cette culture se restreint de plus en plus; on le remplace par le méteil, dont on a semé 1 hectare. La culture du seigle se fait sur défrichement de terres siliceuses laissées en pâturages pendant cinq ou six ans. On prépare le guéret par trois ou quatre labours. On sème 1 hectol. 1/2 à l'hectare, en octobre, et l'on enfouit la semence au moyen de la herse, en sillons de 0 m. 50 de large. Le rendement s'élève de 20 à 25 hectolitres à l'hectare, et quelquefois beaucoup moins, car c'est une culture très variable; ce qui n'est pas étonnant, avec la médiocrité des terres où on le cultive. On fume avec phosphate, à raison de 400 à 500 kilogrammes à l'hectare.

L'avoine d'hiver, que l'on sème beaucoup sur un chaume de froment, a un inconvénient, c'est d'engendrer beaucoup de chiendent; aussi ne la cultive-t-on que sur des surfaces peu étendues. On pourrait changer sa place dans l'assolement et la cultiver après une plante sarclée. Après un froment, on sème l'avoine sur un simple labour et sans engrais, à raison de 2 hectolitres à l'hectare. On obtient un rendement de 35 à 40 hectolitres et de 3,000 à 4,000 kilogrammes de paille.

Le sarrasin est semé après les choux ou sur jachères; on en trouve deux variétés : 1° le sarrasin gris ou argenté; 2° le sarrasin de Tartarie.

Les féverolles, haricots et pois n'entrent pas dans l'assolement, car ces plantes ne sont cultivées que sur des surfaces restreintes.

Les vesces et jarosses sont cultivées comme fourrages.

La pomme de terre chardon est la seule cultivée en grand; elle occupe en général le premier rang dans l'assolement sur une superficie variant de 1 hectare 50 ares à 3 hectares. On prépare le sol par un bon labour de printemps; à l'époque de la plantation, on donne un hersage, puis on répand l'engrais à raison de 20,000 kilogrammes de chaux, terreau et fumier mélangés, puis on laboure de nouveau, et enfin on plante les tubercules au moyen de la houe à main. Quelques jours avant la sortie de terre de la tige, c'est-à-dire quinze jours après la plantation, on herse jusqu'à ce que la surface soit bien plane et meuble. Quand tous les tubercules sont levés, on entretient le sol en bon guéret au moyen de la herse à cheval. La plantation se fait du 15 mars au 15 avril, à raison de 12 à 15 hectolitres à l'hectare. La récolte se fait à la fin de septembre et le rendement atteint de 80 à 100 hectolitres.

La culture du topinambour est à peu près la même, mais le rendement en est un peu plus élevé.

Les betteraves globes et les ovoïdes des Barres sont celles qui ont donné les meilleurs résultats dans les Deux-Sèvres. Cette culture occupe toutes les terres, les plus profondes et les moins arides; malgré ce choix et de bonne fumure, on n'obtient que des succès relatifs. On sème la betterave en pépinière au mois de mars, sur terre meuble et bien fumée, et l'on repique les plants en juin. Le sol est préparé, dès le printemps, par un labour profond; au bout d'un mois ou un mois et demi, on herse, puis on donne un deuxième labour et l'on attend l'époque de la plantation; alors on répand l'engrais, on laboure et l'on plante. On répand de 20,000 à 25,000 kilogrammes de chaux et fumier mélangés, auxquels on ajoute 150 kilogrammes de nitrate de soude. Le rendement s'élève de 35,000 à 40,000 kilogrammes à l'hectare.

La carotte n'occupe qu'une superficie peu étendue. On la sème en mai sur un sol bien fumé et bien ameublé. Les soins d'entretien sont nombreux : sarclages, binages, et son rendement est élevé à 60,000 kilogrammes à l'hectare; c'est une culture qui mériterait de prendre plus d'extension, si la main-d'œuvre ne faisait pas défaut au moment où il faut nécessairement y apporter tous ces soins.

Les prairies sont fumées avec de la cendre ou des phosphates en quantité variable. Les herbages pâturés ont une superficie moyenne assez grande.

Le trèfle est semé dans un froment ou dans une avoine, au mois de mars, à raison de 20 à 25 kilogrammes à l'hectare. On couvre la semence au moyen d'un léger hersage, toutes les fois que l'état du sol le permet. Le trèfle occupe une surface de 4 à 6 hectares; on le conserve deux ans, et son rendement de la première année est de 3,000 à 4,000 kilogrammes de fourrage à l'hectare pour une coupe seulement. Le trèfle a un parasite qui fait quelque fois de grands ravages, la cuscute. La variété cultivée est le trèfle violet.

Le trèfle incarnat se sème en automne, c'est-à-dire du 15 août à la fin de septembre, sur un léger labour et quelquefois sur chaume; son rendement est aussi élevé, mais il ne donne qu'une coupe.

Les vesces et gesses n'occupent qu'un hectare; on les sème après le froment; on les cultive pour le fourrage et pour la graine. Le rendement en fourrage vert pour les vesces est très élevé.

Le maïs est un des bons fourrages d'été; on le sème au mois de mai, à la volée, à raison de 70 à 100 kilogrammes à l'hectare; son rendement est variable.

Le chou fourrager forme la base de l'alimentation du bétail pendant une partie de l'année. Sa culture occupe une étendue moyenne de 2 à 3 hectares. La variété que l'on cultive principalement aujourd'hui est le chou fourrager de la Sarthe, qui tend à remplacer le chou branchu et ses dérivés. On sème les choux en mars, en pépinière, sur un sol préparé à l'avance. On fume le terrain dès l'automne avec du fumier frais; mais on obtient aussi de très bons résultats avec la poudre d'os et les superphosphates. Le seul soin à donner à ses pépinières est un ou deux sarclages. Les plants sont repiqués en juin et juillet. On prépare le sol par plusieurs labours. La fumure principale est apportée sous forme de poudre d'os à laquelle on ajoute du fumier de ferme. Lorsque le temps est très chaud, on plonge les racines des jeunes plants dans du noir animal ou du phosphate délayé dans de l'eau, ce qui suffit à assurer la reprise.

Dans les Deux-Sèvres, le bétail est nombreux et l'on y élève des bovidés de race parthenaise, mélangée avec d'autres races.

Mais on y pratique surtout l'élève du cheval et du mulet.

Les chevaux sont de race bretonne, percheronne ou poitevine, et dans chaque ferme on trouve quelques élèves, chevaux ou mulets. La saillie est faite par le cheval ou le baudet, depuis les prix de 5 francs jusqu'à 30 francs; la sélection n'est pas toujours suffisante, surtout lorsqu'elle a lieu à la lande.

Les juments pleines sont soumises au régime de pâturage. L'allaitement dure de 6 à 8 mois. Le sevrage se fait généralement à l'entrée de l'hiver. Quand la mère est en état de gestation, on sépare le poulain de la mère et on lui donne un supplément de nourriture.

La Société centrale d'agriculture des Deux-Sèvres, le Comice agricole de Fontenay-le-Comte et le département de la Charente-Inférieure avaient exposé le *stud-book* ou livre généalogique des animaux de l'espèce mulassière.

Ce stud-book définit ainsi les caractères spéciaux du cheval poitevin-mulassier :

Taille de 1 m. 55 à 1 m. 75 ; tête forte et longue ; front et chanfrein étroits ; yeux petits ; oreilles longues ; bouche grande et lèvres épaisses ; l'encolure est longue, épaisse chez le mâle, grêle chez la femelle ; crinière abondante, double, chargée de crins. Le garrot est épais, plutôt bas qu'élevé. Le dos est large, long, un peu ensellé. Les reins sont larges, ainsi que la croupe, qui présente des hanches saillantes. La queue est longue et chargée de crins. La poitrine est large, les côtes sont larges et un peu aplaties. Le ventre est développé sans être ovale. L'épaule est longue et droite ; les membres sont forts, bien musclés, chargés de crins, et les articulations sont larges. Ses tendons sont forts et durs. Le sabot est large, souvent plat et la corne est molle. Le tempérament est lymphatique ou sanguin, lymphatique chez quelques sujets.

Les caractères spéciaux des baudets du Poitou sont :

Taille de 1 m. 30 à 1 m. 50 ; tête très forte et courte ; front et chanfrein larges. Les yeux sont grands, couverts de poils. Les arcades orbitaires sont très fortes. Les oreilles sont longues, chargées de longs poils. La bouche est petite et les lèvres sont minces. L'encolure est épaisse et forte et la crinière presque nulle. Le garrot est épais et peu élevé. Le dos et les reins sont droits et longs. La croupe est étroite et les hanches sont effacées. La queue est courte ; elle porte quelques crins à son extrémité inférieure. La poitrine est large et les côtes sont arrondies. Le ventre est développé. L'épaule est courte. Les membres sont garnis de muscles longs et grêles. Les articulations sont très larges. Les tendons sont forts, les poils longs, frisés ou feutrés garnissent tout le corps de l'animal, et sur le bas des membres ils retombent sur les sabots à corne sèche qui trop souvent sont étroits. Le tempérament est nerveux.

DÉPARTEMENT DU LOT.

SOCIÉTÉ AGRICOLE ET INDUSTRIELLE DU LOT.

Ce département était représenté à l'Exposition universelle par la Société agricole et industrielle du Lot, sous la présidence de M. le docteur Rey. Elle avait envoyé des céréales, du blé, du seigle, du maïs, des pommes de terre, du tabac, du chanvre, du lin, des légumes et des betteraves.

Mais les produits les plus importants envoyés au quai d'Orsay étaient les truffes, qui sont vendues souvent sous le nom de *truffes du Périgord*. Le commerce en était concentré entre les mains de deux ou trois marchands en gros de Cahors, qui les expédiaient à Périgueux, masquant ainsi leur véritable origine.

Mais, dans ces derniers temps, cette situation a changé, et les truffes du Lot ont aujourd'hui une réputation qu'elles méritent à tous égards.

Il y a quarante ans, personne ne songeait à cultiver la truffe dans le Lot; on se contentait de la cueillir là où le hasard la faisait éclore. On trouvait seulement dans cette localité quatre ou cinq caveurs chargés du soin de la récolte générale de la commune, les autres propriétaire leur donnant le droit de recherche sur leurs terres, moyennant une bien faible redevance annuelle. A cette époque-là, le Lot pouvait en fournir pour un millier de francs; mais on doit tenir compte du prix dérisoire auquel le délicieux tubercule était livré : 0 fr. 60 et 0 fr. 75 la livre.

Plus tard, les prix haussèrent; mais les habitants, absorbés par la culture de la vigne, très prospère sur le sol excessivement calcaire et léger du département, ne voulaient pas, disaient-ils, lâcher le certain pour l'incertain. C'eût peut-être été plus juste de dire : le connu pour l'inconnu. Car, en effet, ils plantaient la vigne, la taillaient, la sarclaient, la binaient, l'ébourgeonnaient, etc.; ils voyaient cette riche récolte, source de leur bien-être, suivre les diverses phases de son développement jusqu'au jour enfin où la vendange venait couronner leur labeur incessant.

Tandis que la truffe semblait refuser leur sollicitude, elle germait et croissait toujours dérobée à leurs yeux; ils avaient beau chercher, ils ne trouvaient ni la cause ni l'origine. Ils ignoraient absolument ce qui pouvait lui être favorable ou défavorable, et pourtant ils ne faisaient rien pour en augmenter le rendement.

Le phylloxéra arrive et avec lui la ruine complète. Que faire pour atténuer la misère? Va-t-on se mettre à la culture des céréales? Non; au lieu d'avoir là un remède, ce ne serait pas même un palliatif. Avec le sol si calcaire de cette partie de la France, et la sécheresse aidant, le cultivateur a bien souvent peine à retrouver sa semence ou tout au moins à la doubler.

Les habitants tournent enfin leurs yeux vers le chêne truffier, et s'y accrochent comme à leur dernière branche de salut. S'ils ignorent encore ce qu'ils auront à faire pour le faire fructifier plus tôt et davantage, ils le laisseront croître et produire naturellement. Tous les propriétaires se mettent donc à l'œuvre; ils cueillent avec soin le gland des chênes autour desquels se trouve une truffière; ils en sèment dans leurs vignes malades; il faut des pépinières pour transplanter encore et toujours. De même que dans tout progrès, dès le début, il y a bien eu quelques incrédules qui, avant d'agir, ont voulu voir le résultat de ceux qui étaient moins pessimistes qu'eux; mais, lorsque l'évidence est arrivée avec ses chiffres concluants, ils ont été confondus et se sont empressés de réparer le retard par un redoublement d'activité. Enfin on a fait tant et si bien, que, par une augmentation graduelle, la culture de la truffe est devenue une source de richesses.

La production moyenne du département est actuellement d'environ 500,000 kilogrammes, mais elle augmente tous les ans par suite des plantations continuelles qui se font. Le prix du kilogramme sur les marchés est très variable, de 3 à 4 francs à 8 et 10 francs; la moyenne est d'environ 5 francs; mais, par suite des intermédiaires, il n'est pas moins de 10 francs en arrivant au consommateur.

La plantation se fait surtout dans le département, dans le terrain jurassique et sur l'étage moyen de ce terrain, quoique l'aolithe supérieure en fournisse aussi; ces deux étages occupent la moitié au moins de la surface du département, et le Lot est, après le Vaucluse, le département qui produit le plus de truffes.

Les sols calcaires sont les seuls qui produisent la truffe noire, surtout là où la roche, calcaire, fissile et perméable, forme le fond du sol au point de masquer, après les pluies, la terre arable interposée. Elle peut cependant se développer dans des sols ne contenant que 2 à 3 centimètres de chaux, et c'est dans ces derniers, à l'abri des châtaigniers, que la truffe noire se développe.

Si, par le marnage, on ajoute dans des terrains siliceux la proportion de chaux jugée nécessaire, M. Chatin pense qu'on peut encore espérer y rencontrer la truffe; c'est une culture qu'il a tentée dans le canton de Rambouillet, mais dont il ne nous a pas encore dit les résultats, que je sache du moins.

En résumé, il classe en première ligne, comme bons producteurs, les terrains jurassiques, puis les terrains crétacés et, en dernier lieu, les dépôts tertiaires.

Une bonne proportion de magnésie et de potasse dans le sol est encore un élément de succès.

Tout climat convenant à la vigne convient aussi à la truffe.

Les truffes viennent toujours à l'extrémité des racines et à l'ombre des arbres, notamment du noisetier, du charme, de l'orme, etc., mais principalement et surtout du chêne, et, suivant M. Chatin, du chêne pubescent et du chêne rouvre.

Les truffières se forment soit dans les jeunes semis de chênes truffiers, soit dans de vieilles plantations où des clairières succèdent aux couverts ou ombrages. Elles sont placées autour des arbres auxquels elles se rattachent et dans le voisinage des jeunes racines; aussi le rayon s'étend et s'écarte de plus en plus du tronc à mesure que l'âge des arbres augmente. Où il existe des truffes d'ailleurs, la terre est effritée, le sol est dénudé et les mousses sont sèches et soulevées.

La production commence après six à dix ans de plantation, pour aller en augmentant jusqu'à trente et quarante ans, rester stationnaire et enfin diminuer.

M. Chatin dit qu'il est possible de cultiver la truffe dans un sol suffisamment calcaire, sous un climat tempéré et au moyen de semis de glands truffiers, c'est-à-dire tombés d'un chêne ayant une truffière à son pied. « Sur une terre labourée, dit-il, on sème, dans des sillons ouverts par la charrue, le gland truffier en novembre, ou mieux en mars (après l'avoir stratifié avec du sable pour assurer la conservation de la faculté germinative, si l'on craint les ravages des mulots, etc.), et l'on recouvre en passant la herse.

« Les glands seront mis à 1 mètre sur la ligne, et celles-ci, dirigées du nord au sud, seront espacées de 2 mètres. Chaque année un labour sera donné entre les lignes, et le milieu de celles-ci, soit 1 mètre de largeur, pourra recevoir, les premières années, une récolte de céréales, etc. Vers quatre ou cinq ans, les jeunes chênes *marquent,* c'est-à-dire laissent voir les truffières en formation à leur pied; à six ou huit ans, ils commencent à produire. »

A mesure de l'accroissement des chênes, on éclaircit d'abord, en enlevant sur les lignes les pieds qui ne marquent pas, puis on supprime une ligne sur deux et successivement, de façon à obtenir des écartements de 4, 6 et 8 mètres. Entre temps, on se trouve bien du labour de printemps.

La production d'un hectare est très variable, suivant la nature du sol, les chênes qui l'occupent, les conditions climatériques de l'année; mais il n'est pas rare de trouver des sols qui, sans cette production, vaudraient 80 ou 100 francs à peine et qui peuvent donner 300 ou 400 francs par an et par hectare.

Les propriétaires éclairés cultivent les chênes en labourant le sol et en les taillant, mais la grande masse néglige ces soins.

Quant à la récolte, elle se fait avec des chiens ou des porcs dressés à cet effet, soit directement par l'homme lui-même et le plus souvent à la pioche. Mais les animaux, le porc surtout, sont préférables pour la recherche des truffes, par cette raison qu'ils ne fouillent que les truffes mûres sans toucher aux autres; tandis qu'avec la pioche le travail se fait au hasard et on récolte en même temps des truffes mûres et celles qui, plus ou moins blanches encore à l'extérieur, ont peu ou pas de parfum.

La truffe se récolte en hiver, depuis fin novembre jusqu'en mars, et le prix est d'autant plus élevé que le froid est plus grand, parce qu'alors elle peut se conserver et se transporter, tandis qu'elle se détériore vite par un temps chaud et humide.

Pour une bonne récolte, il faut des pluies au mois d'août pour la quantité, et de la chaleur ensuite pour la qualité.

Les deux communes au centre de la plus forte production dans le Lot sont Cuzance, canton de Martel, au nord du Lot, et Concots, canton de Limogne, au sud, d'où viennent les truffes exposées; dans cette dernière localité, on a créé un marché spécial à la truffe. Leur exposition aurait été beaucoup plus considérable, si les propriétaires avaient su la conserver.

Les deux centres ci-dessus produisent les plus grandes quantités de truffes, et les truffes les plus parfumées; mais on en trouve encore sur les marchés de Martel, Saulllac, au nord; Cajarc, à l'est; Gourdon, à l'ouest; et enfin, Cahors, Limogne, Lalbenque, au sud, et aux foires de ces divers cantons, pendant la période de la récolte de la truffe, c'est-à-dire pendant l'hiver.

En résumé, la plantation des chênes truffiers, quoique s'étendant chaque année, est loin encore de couvrir tous les sols aptes à la production de la truffe dans le Lot, et c'est le seul moyen de retrouver les revenus donnés autrefois par les vignes aujourd'hui détruites par le phylloxéra.

L'origine de la production de la truffe ne peut être indiquée, mais les plantations se sont surtout développées depuis six ou sept ans, par suite de la disparition des vignes, qui en est la raison prédominante, rapportant autant, sinon plus, avec moins de travail, un hectare pouvant donner en moyenne 800 ou 1,000 francs dans les meilleures conditions.

On peut compter actuellement 5,000 hectares en production et au moins autant plantés qui ne produisent pas encore par suite de leur jeunesse. Un chêne, et par suite un sol, peut produire indéfiniment, pourvu que 'on conserve entre les arbres les distances nécessaires.

Si nous passons à l'examen des céréales, nous voyons les blés des champs de démonstrations, avec leurs pailles, de M. Pierre Savre, professeur départemental, à Cahors, à qui nous devons d'avoir pu mettre nos lecteurs au courant de la culture de la truffe. Par ces champs de démonstrations, il s'agissait de montrer qu'avec quelques frais supplémentaires, on pouvait obtenir de plus forts rendements. Le travail était fait par le propriétaire; les engrais chimiques et les semences étaient fournis par le professeur d'agriculture, et les produits appartenaient aux propriétaires.

MM. Bruel et fils, à Sauillac, avaient envoyé au quai d'Orsay des noix et des huiles de noix, en même temps des glands, des chênes truffiers, des plants de chênes et des truffes en conserves. Cette maison dit qu'elle fait un grand commerce de cerneaux, et que ses huiles sont très appréciées dans les départements de l'Ardèche, du Puy-de-Dôme, et d'Indre-et-Loire.

Le tabac exposé provenait de plusieurs propriétaires et représentait cette culture dans le département du Lot sans aucune distinction spéciale de chaque agriculteur.

Le département du Lot a envoyé un grand nombre d'échantillons de vins, mais cela concerne la classe 73.

DÉPARTEMENT DE LA MAYENNE.

SOCIÉTÉ AGRICOLE DE LA MAYENNE.

L'exposition collective de la Mayenne a été organisée par M. Léon Rezé, à Grey-en-Bouère, qui avait pour son compte envoyé des céréales, du lin, du chanvre, des laines, des racines, des cidres, poirés et eaux-de-vie.

M. Leizour, professeur départemental de la Mayenne, s'était joint à M. Rezé et nous lui devons les notes que nous donnons sur la constitution, le fonctionnement et les résultats fournis par le Syndicat des agriculteurs de la Mayenne, dont il est le président.

Déjà, en parlant du département d'Eure-et-Loir, nous avons dit que, dans le but de resserrer les liens qui doivent exister entre tous les membres des associations des syndicats et de favoriser l'écoulement des produits, le Syndicat de la Mayenne a fondé, de concert avec le Syndicat de Chartres, le *Bulletin agricole de l'Ouest,* organe mensuel publié sous la direction de MM. Leizour et Garola, tous deux professeurs départementaux.

Le métayage a fait la richesse du département; c'est lui, pour des raisons multiples qu'il est inutile d'énumérer, qui a permis aux agriculteurs de ce département de traverser des moments pénibles.

Beaucoup de fermiers n'avaient pas même de baux écrits, et ils s'en passaient fort bien puisqu'ils avaient, à leur place, la parole de leur propriétaire, pour qui, bien souvent, c'était un culte de famille que celui de conserver dans leurs fermes les colons qui les faisaient valoir, souvent depuis un temps immémorial; dans ces conditions, les fermiers se sentaient en quelque sorte comme chez eux, ayant des baux tacites plus qu'à vie, puisqu'ils étaient assurés que la veuve ou les enfants ne seraient pas déplacés.

Pour des raisons que je ne rechercherai pas ici, ce mutuel attachement du maître et du fermier, la pratique de cette vertu de l'ancienne fidélité française, et cette garantie tacite pour ce dernier ont presque disparu : je dis presque, parce que nous avons encore quelques propriétaires qui ont conservé cette louable habitude, ou qui se sont imposé de faire comme on faisait avant eux, il y a cinquante ans et plus.

Au point de vue agricole, le département de la Mayenne peut être divisé en deux zones bien distinctes : l'une, composée de l'arrondissement de Château-Gontier et d'une grande partie de celui de Laval, est exploitée presque exclusivement à colonie partiaire, tandis que l'autre, composée de l'arrondissement de Mayenne et d'une petite portion de celui de Laval, est exploitée surtout par des fermiers à prix d'argent ou des petits propriétaires faisant valoir eux-mêmes leur héritage.

Dans la première partie, les propriétaires de biens ruraux s'occupent presque tous de leurs cultures, donnent des conseils à leurs métayers et les aident souvent de leurs deniers. Aussi les procédés culturaux y sont-ils relativement plus avancés et les produits du sol plus abondants. C'est là que la chaux a été tout d'abord employée, lorsque son action sur le sol et les plantes a été connue, et c'est à cet emploi qu'est due l'énorme augmentation qui a été constatée dans la fortune publique pendant les vingt-cinq ou trente années qui ont suivi.

Grâce à la chaux, les terres anciennement cultivées ont produit davantage et des récoltes qu'elles étaient impropres à produire précédemment; puis sont arrivés les défrichements des terres incultes et des bois, enfin la culture fourragère plus étendue. La transformation du bétail et son augmentation ont suivi de près l'obtention des fourrages plus abondants, plus variés et surtout plus nutritifs. Toutefois la production des céréales a été maintenue dans une proportion qui souvent atteignait plus de la moitié des terres cultivées.

Mais, contrairement à ce qu'on pourrait supposer, la production plus abondante des animaux, et par conséquent du fumier, n'a pas donné lieu à une augmentation de fertilité des terres; ce qui s'explique par la déplorable habitude qu'ont les cultivateurs de détruire la partie organique du fumier par son mélange à la chaux.

Au début de l'emploi de cette dernière, les terres de la Mayenne étaient couvertes en maints endroits de cultures arborescentes. Les champs de genêts à balais, d'ajoncs d'Europe et de vieilles pâtures y étaient nombreux et ces cultures, faites de temps immémorial, avaient accumulé une énorme quantité de détritus organiques dans le sol. Les effets de la chaux, dans ces conditions, ont été considérables.

Elle a provoqué la décomposition rapide de ces détritus organiques, qui ont fourni aux récoltes les éléments de leur constitution et en particulier l'azote, auquel était due la pousse souvent trop rapide des céréales.

Le cultivateur, qui précédemment consacrait tout le fumier produit dans la ferme à la culture des céréales, s'est vite aperçu que ce fumier mis en même temps que la chaux avait l'inconvénient d'amener une végétation herbacée trop considérable et par suite la verse, au grand préjudice de la production du grain.

Si à ce moment, au lieu de s'obstiner à appliquer quand même leur fumier aux céréales, les agriculteurs de la Mayenne l'avaient appliqué aux récoltes fourragères qui ne craignent pas les excédents d'azote du sol, ils auraient sans doute empêché les clairvoyants de l'époque de formuler le précepte : *La chaux enrichit le père et ruine les enfants;* malheureusement, ils n'ont point agi ainsi et, au lieu d'utiliser la matière azotée du fumier pour produire des fourrages, ils ont pris l'habitude de le transformer en ammoniaque en mélangeant le fumier à la chaux dans des *tombes,* où la matière organique est vite détruite.

Ce qui était prévu est arrivé : les terres, fortement chaulées et ne recevant plus d'engrais organiques, se sont vite épuisées et les magnifiques rendements obtenus à la suite des premiers chaulages ne se sont pas maintenus.

Il y a d'ailleurs, dans cette pratique du mélange du fumier à la chaux et dans les premiers résultats qu'elle a donnés, une démonstration pratique, quoique inconsciente, de la nécessité de l'équilibre entre les divers agents de la fertilité du sol, équilibre sur lequel s'appuie la théorie actuelle de l'emploi des engrais minéraux.

La décomposition rapide des détritus organiques du sol mettait à la disposition des récoltes de grandes quantités d'azote, qui, grâce à l'apport de la chaux, se trouvait dans les conditions les plus favorables à sa nitrification, c'est-à-dire à son passage à l'état où il agit le plus puissamment sur la végétation.

D'un autre côté, les éléments minéraux du fumier, dégagés de leurs combinaisons organiques par la combustion de l'engrais dans les *tombes,* rendus, par conséquent, immédiatement assimilables, venaient très heureusement faire face à l'azote mis en liberté et il en résultait une végétation d'autant plus active et mieux équilibrée, que tous les éléments fertilisants se trouvaient ainsi en présence et en quantité d'abord très grande.

Lorsqu'on s'est aperçu de la diminution des rendements, pour essayer de les relever ou tout au moins de les maintenir, on s'est adressé, comme partout, aux engrais commerciaux; mais là encore, le cultivateur a été vite déçu, grâce à la fraude effrénée à laquelle se sont livrés les marchands d'engrais, et depuis longtemps déjà les achats sont devenus extrêmement rares.

Dans le nord du département, les gisements calcaires font défaut et le cultivateur doit payer la chaux plus cher ou aller la chercher à une grande distance. Le fermier à prix d'argent étant absolument indépendant en tant que choix des matières fertilisantes à employer et devant les payer seul, tandis que le métayer n'en paye que la moitié, son propriétaire payant l'autre moitié, le fermier du nord du département n'a pratiqué le chaulage que plus tard. Il a généralement employé des quantités moins considérables de chaux; mais comme il a fait usage des mêmes procédés pour la destruction des matières organiques, il est arrivé ou arrive au même résultat.

Dans cette partie du département, la fertilité naturelle du sol étant moins grande que dans l'autre, il y était fait usage d'une plus grande quantité d'engrais du commerce, bien que la fraude y fût pratiquée sur la même échelle. Les achats d'engrais y ont cependant diminué dans une forte proportion, de 1870 à 1880. A cette dernière époque, le conseil général, ému de l'exploitation éhontée dont le cultivateur était l'objet, se décida à organiser un laboratoire de contrôle qui devait donner à chacun le moyen facile de se rendre un compte exact de la valeur des engrais achetés.

Cette institution, dont les travaux ont pris une très grande extension dans ces dernières années, a eu une influence des plus heureuses sur la culture du département, en faisant renaître parmi les cultivateurs la confiance qu'ils avaient perdue dans les engrais commerciaux.

Toutefois cette influence n'aurait pénétré qu'avec lenteur dans la petite culture et surtout chez le fermier et le petit propriétaire. Il y a à cela une raison bien simple : c'est que la science agricole est ignorée d'une façon absolue, et ce n'est que très lentement qu'on arrive à ajouter foi aux indications qu'elle donne. D'un autre côté, le petit cultivateur, qui n'achète à la fois que quelques kilogrammes d'engrais, ne peut être exigeant sur les conditions du marché et, lorsque celui-ci est mal exécuté, l'affaire a une trop mince valeur pour donner lieu à une revendication plus ou moins coûteuse, dont l'issue est toujours aléatoire. Enfin, pendant longtemps, les fabricants honnêtes ont eu des exigences telles, que le cultivateur le mieux servi, sous le rapport de la composition des engrais livrés, pouvait à peine y trouver son compte. L'effet produit sur les récoltes était toujours bon dans ce cas, mais les résultats économiques de l'entreprise étaient souvent négatifs.

Telles étaient les conditions dans lesquelles se trouvait la culture dans le département de la Mayenne, lorsque la loi du 21 mars 1884 fut votée : un sol appauvri par un emploi mal fait de la chaux, et l'impossibilité pour le cultivateur de se procurer des engrais commerciaux dans des conditions acceptables.

Dès la promulgation de cette loi, et surtout lorsque l'organisation par M. Tandiray du Syndicat des agriculteurs de Loir-et-Cher fut connue, M. Leizour reçut de tous côtés des demandes de renseignements sur la création des syndicats agricoles et en particulier du Comice agricole de Château-Gontier, qui désirait organiser un syndicat d'arrondissement.

Le 27 avril 1884 eut lieu une première réunion à laquelle tous les agriculteurs du département avaient été convoqués et ayant pour but de décider la création d'un syndicat départemental et de discuter les statuts provisoires de l'association.

A la réunion suivante, qui a eu lieu le 11 octobre de la même année et à laquelle n'assistaient que les adhérents aux statuts provisoires, au nombre de 78 seulement, on discuta de nouveau les statuts, qui furent définitivement arrêtés.

Ces statuts, qui sont les mêmes, à peu de chose près, que ceux des départements voisins, déterminèrent le but et l'organisation du Syndicat des agriculteurs de la Mayenne et les différentes conditions de son existence.

Ils consacrèrent la création d'un entrepôt central à Laval et d'entrepôts secondaires qui faciliteraient l'opération pour les petits fermiers, qui sont nombreux dans ce département. Quatorze entrepôts ont été organisés dans le département, et, bien que ces entrepôts constituent, à proprement parler, des intermédiaires entre les vendeurs et les acheteurs, il est incontestable que c'est à leur action qu'est due pour une forte partie la réussite inespérée du syndicat.

Il ne faut d'ailleurs pas se dissimuler que les services moraux rendus par cette association ont eu sur le cultivateur beaucoup plus d'influence que l'abaissement du prix des engrais.

Le cahier des charges détermina aussi les achats du syndicat, les projets de contrat à passer avec les fournisseurs pour les livraisons, le contrôle analytique, le payement.

Les engrais achetés par le Syndicat de la Mayenne depuis sa fondation ont été :

1885	670,000 kilogr.	96,041 francs.
1886	1,015,000	129,754
1887	1,507,000	166,200
1888	1,788,000	227,752
	5,080,000	619,547

En rapportant ces augmentations au même terme de comparaison, on voit que celle de 1886 a été de 81 p. 100, celle de 1887 de 38 p. 100, et celle de 1888 de 18 p. 100, c'est-à-dire que chacune est à peu près la moitié de celle de l'année précédente.

Le syndicat s'est occupé aussi de l'achat des graines et des instruments agricoles au mieux des intérêts de ses associés.

Les adhérents au Syndicat des agriculteurs de la Mayenne sont relativement peu nombreux et il en sera toujours ainsi. Il est admis, en effet, que les propriétaires, fermiers généraux, experts et gérants de biens ruraux qui en font partie, peuvent s'y approvisionner pour toutes les exploitations dont ils s'occupent, sans que leurs métayers soient inscrits au nombre des membres de l'association.

Cela suffit à expliquer que, malgré la petite étendue moyenne des exploitations du département, le syndicat n'arrivera jamais à un nombre considérable de membres; son recrutement se fait d'ailleurs progressivement et régulièrement à mesure que les agriculteurs apprennent à le connaître et à apprécier les services qu'il leur rend.

Le 11 octobre 1884, jour de sa constitution définitive, 78 cultivateurs seulement s'étaient fait inscrire, et quelques pessimistes, en présence de cette faiblesse numérique, conseillèrent de renoncer à sa constitution.

Quelques mois plus tard, les adhésions arrivèrent de tous côtés, et à la fin de 1885, le syndicat comprenait 275 membres. Il en comptait 682 à la fin de 1888.

Pendant le premier mois de 1889, les demandes d'admission ont dépassé 200, et il est probable que le syndicat comptera plus de 1,000 membres à la fin de cette année.

Quant à la superficie des terres cultivées par les membres du syndicat, aucun élément ne nous permet de l'apprécier. A plusieurs reprises, ce renseignement a été demandé; des tableaux ont été adressés à tous les membres de l'association, avec prière d'y porter l'étendue de leurs cultures; mais, comme toujours, il n'y a eu qu'un tout petit nombre à répondre à la question. Si chaque adhérent ne s'occupait que d'une exploitation, il serait possible d'arriver à une approximation; mais tel n'est pas le cas, et les propriétaires, fermiers généraux ou experts, qui représentent dix, quinze, vingt fermes et au delà ne sont pas rares.

En agriculture, une amélioration en entraîne d'autres, et, quel que soit le point de départ, le difficile, lorsqu'on s'adresse au cultivateur ignorant, c'est d'obtenir la première modification à l'état ancien des choses de la ferme et de la culture. La brèche une fois ouverte, la confiance par trop exclusive dans les vieux errements s'ébranle, et, avec le succès des premiers essais, celle que méritent les nouvelles méthodes fait des progrès rapides; parfois même un léger échec, à côté d'une pleine réussite, permet d'activer davantage la curiosité naissante du cultivateur surpris.

C'est ainsi qu'au début de l'emploi des engrais chimiques sur une certaine échelle, principalement en ce qui concerne les engrais azotés, dont les effets immédiats sont si considérables sur la végétation herbacée, quelques mécomptes ont fourni l'occasion de donner des explications fort appréciées sur les effets différents des divers engrais minéraux.

Ces explications ont été données, d'une part, à l'aide d'un très grand nombre de lettres par M. Leizour, et, d'autre part, par des circulaires adressées périodiquement aux membres du syndicat.

Depuis le 15 octobre 1888, les circulaires ont été remplacées par un bulletin mensuel, organe intersyndical, rédigé spécialement pour le cultivateur et traitant successivement des diverses branches de l'industrie agricole. Ce bulletin est servi gratuitement à tous les membres du syndicat, ainsi qu'aux instituteurs du département.

En mettant le cultivateur à l'abri de la fraude des engrais, en les lui fournissant à bon marché, ainsi que les graines et les instruments, et surtout en l'initiant aux procédés perfectionnés de la culture, le syndicat est appelé à rendre à l'agriculture des services considérables. Il est certain, dès aujourd'hui, que sous son influence les rendements s'élèveront rapidement, et comme il contribuera, d'un autre côté, à réduire les frais de production d'une façon très sensible, les bénéfices de l'exploitant augmenteront et permettront des améliorations rapides.

Nous ne terminerons pas cet exposé de l'organisation du syndicat sans rendre justice à M. Leizour, président du syndicat et professeur départemental d'agriculture de la Mayenne, qui, par son zèle et son dévouement à cette œuvre, l'a fait réussir et prospérer.

Après M. Rezé et M. Leizour, nous devons citer M. Sylvain Pichon, vétérinaire à Château-Gontier, qui avait envoyé à l'Exposition universelle une statistique agricole de l'arrondissement de Château-Gontier, des photographies des animaux domestiques du département, des brochures sur le métayage et sur plusieurs sujets vétérinaires, des plans et des cartes. Malheureusement, M. Pichon est mort pendant l'Exposition et il n'a pas eu la satisfaction de voir avec quel intérêt le jury a étudié tous ses travaux.

Nous devons regretter le petit nombre d'exposants agricoles de ce département, qui aurait pu envoyer une plus grande quantité de céréales et de racines.

Mme Berthelot, qui s'occupe, dans sa ferme à Erfroide, de la laiterie ainsi que de l'élevage et de l'engraissement des volailles, a exposé des œufs de poules de races différentes, de canards, dindes et pintades, et des échantillons de volailles engraissées et mortes. Les meilleures couveuses, les gaveuses les plus perfectionnées sont employées à Erfroide, et les poulets gras de la race de Houdan sont expédiés à Paris aux principaux marchands. Mme Berthelot réalise, par cette opération d'élevage et d'engraissement de volailles, de grands bénéfices.

MM. Bossuet et Victor Pottier ont produit des échantillons divers d'huiles comestibles, de graisses diverses et de tourteaux.

Enfin M. Gouasbault a présenté des échantillons de fromages, façon Camembert.

L'exposition collective de la Mayenne comprenait surtout un grand nombre de vins, cidres, eaux-de-vie qui ont été examinés par la classe 73.

DÉPARTEMENT DU DOUBS.

SOCIETE D'AGRICULTURE DU DOUBS.

La Société départementale d'agriculture du Doubs a été fondée en 1799. Elle a eu pour but :

1° La publication d'un bulletin trimestriel;

2° La vente à prix réduits d'instruments, d'engrais et de semences, avec remises variant de 5 à 20 p. 100 par les fournisseurs, de 5 à 10 p. 100 par la société;

3° L'achat et la revente de taureaux du Simmenthal suisse, origine de la race montbéliarde, jusqu'à concurrence de 5,000 francs par an;

4° La création d'une station mulassière depuis 1888 à la Baraque-des-Violons;

5° La création de fromageries modèles établies chaque année à l'aide de subventions de l'État (2,500 francs) et du département (600 francs) dans les localités suivantes : Vernierfontaine, Fertans, Pontarlier, Bannans, Liesle, Buffard, Sancey-le-Grand, Sancey-le-Long, Lavans-Vuillafans, Villers, Mérey-sous-Montrond, Amathay-Vésigneux, Mouthier, Chouzelot, Montrond, Saint-Gorgon, Tarcenay, etc.;

6° Les syndicats agricoles créés dans les cantons d'Ornans, Baudeu, Audeux, Amancey, Busy, Bouclans, et projet du syndicat des fruitières et des agriculteurs du Doubs;

7° Les champs de démonstration d'Ornans, Montbéliard, ferme de la Voevre, marais de Saône.

Cette société a résolu, le 9 janvier 1888, de prendre part à l'Exposition universelle pour mettre en relief les produits agricoles du Doubs. Elle voulait surtout attirer l'attention sur l'industrie fromagère, qui, d'après une lettre de Droz aîné adressée à Parmentier, fabriquait, en 1799, 1,200 milliers, pour parler le langage du temps, et qui fabrique aujourd'hui près de 6 millions de kilogrammes. On payait, au temps de Droz, 30, 40, 50 francs le quintal suivant la lettre citée; on paye aujourd'hui, prix moyen, 145 francs les 100 kilogrammes.

La Société d'agriculture du Doubs a revendiqué une place pour une industrie bien digne, par son antiquité, par ses usages et par ses associations, d'attirer l'attention publique. Il n'était pas, en effet, sans intérêt de reproduire, dans cet immense musée du travail humain sous toutes ses formes, le chalet jurassien, qui a réalisé peut-être le premier cette idée féconde de la mise en commun de cette matière première, le lait, pour le transformer en un aliment durable, commercial et transportable au delà des mers, jusque dans nos colonies les plus lointaines. Dès le XIIIe siècle, on rencontre dans les chartes la trace de ces agglomérations de producteurs; au XVIe siècle, le cardinal de Granvelle, durant sa vice-royauté à Naples, se faisait expédier par eau, en passant par Gray, Lyon et Gênes, du vin de Vuillafans et de Mouthier-Haute-Pierre, avec un tonnelet de vachelins; ce terme de vachelin était alors le nom du gruyère, dont l'origine semble toute comtoise. Les statuts de cette association pourraient encore servir de type à nos actes de sociétés modernes; tout y est prévu : son but, sa durée indéfinie, avec cette réserve que chaque associé peut se retirer à la fin de la campagne annuelle; l'élection de cinq gérants pour l'administration; l'interdiction, sous des peines très sévères, des mélanges et des falsifications, enfin une sorte de juridiction dont les sentences sont généralement acceptées sans recours à la justice ordinaire.

Il eût fallu, si les modestes ressources de la Société d'agriculture ne s'y étaient opposées, construire de toutes pièces cette ferme comtoise, si pittoresque avec ses deux versants de toits, couverts en bardeaux ou ételles de bois, et descendant presque jusqu'à terre, ses cheminées à volets qui se meuvent comme des ailes, puits immenses avec leurs cargaisons de viandes salées, séchées, sous l'action du feu ou de la fumée de l'âtre. On aurait pu montrer le fromager robuste, qui pèse le lait, en verse une partie dans les rondots pour la levée de la crème, et l'autre dans la vaste chaudière pour la brasser, la cailler et en retirer la masse de caséine qu'il dispose en meule sous la presse. Ce spectacle aurait eu certainement son attrait. Mais pour s'être restreint dans cette exhibition, le Comité du Doubs a bien rempli sa tâche.

Le but était, d'une part, de procurer à tout producteur et à tout fabricant du département l'exhibition gratuite des objets de leur travail; d'autre part, la société voulait mettre en relief les progrès réalisés par l'industrie fromagère locale dans son matériel et dans sa fabrication; on peut dire qu'elle a déjà obtenu sur ce point un premier succès au concours temporaire de laiterie, tenu du 14 au 19 mai; par ses soins, dix fruitières modèles ont présenté des meules de gruyère qui ont attiré l'attention du Jury.

Les gruyères provenaient des fromageries de Pontarlier, de Sancey-le-Grand, Sancey-le-Long, Vernierfontaine, Bannans, Mouthier, Chouzelot, Mérey-sous-Montrond et Vercel, qui toutes ont amélioré et leur chalet et leur outillage, et pratiqué surtout le chauffage des caves, indispensable pour obtenir, à cette époque de l'année, la maturité et la commercialité des produits. Elles ont participé encore avec plus de succès à la seconde partie du concours, qui était fixée au mois de septembre.

L'exposition collective du Doubs consiste en un type de chalet exécuté sur le plan de M. l'architecte Boutterin, par un menuisier, M. Bourgeois, d'après les données de M. Charles Martin, directeur de l'école de laiterie de Mamirolle. Cette construction, véritable modèle de précision, donne exactement la proportion des divers locaux destinés à la fabrication du gruyère; elle comprend les caves en sous-sol, avec leurs voûtes de fer et de briques, leurs rayonnages, leur calorifère; au rez-de-chaussée, la cuisine, les chambres à lait et petit-lait, le magasin de pesage, pourvus de tous leurs agrès et ustensiles; enfin, au premier étage, l'habitation du fromager et la salle de réunion des gérants; une disposition spéciale permet d'ouvrir à l'aide de cordages et de poulies chacune des parties de l'édifice pour en observer les détails intérieurs. Bien que ce modèle ne puisse être suivi que dans une importante fromagerie, il peut servir de guide pour la transformation et l'amélioration de tout chalet déjà bâti, et dans l'enseignement pratique de l'industrie fromagère, trop souvent ignorante des conditions si importantes du local. La pièce essentielle du chalet est l'énorme chaudière suspendue à la potence près du foyer, où s'échauffe et se travaille la masse du lait versé par centaines de litres; un beau spécimen de ces ustensiles est exposé par la maison Roussel-Galle, de Port-Lesney; jusqu'alors ce vase se balançait au-dessus de l'âtre sous la large cheminée ouverte à tous les vents, d'où la fumée ne s'élevait qu'accidentellement; aujourd'hui, grâce au foyer perfectionné, le chauffage est plus économique et plus régulier. Un système plus nouveau, bien que plus coûteux, est le système suisse reproduit et modifié par M. Batifoulier, constructeur à Besançon : son mécanisme est très ingénieux; le foyer est mobile : le feu est renfermé dans un petit wagonnet roulant sur des rails au fond d'une case de fer ou de brique, et pouvant alternativement chauffer soit la grande chaudière du lait, soit une petite chaudière placée à distance. Le grand avantage est de régler la chaleur et de la supprimer, quand le degré de calorique est obtenu. La fixité de la chaudière facilite beaucoup le travail, et le revêtement dont elle est munie épargne au fabricant ce grave inconvénient, surtout durant l'été, d'une manipulation opérée devant un foyer ardent. Cette pièce est d'un poids de 1,100 kilogrammes.

Les perfectionnements du chauffage, si important pour la cave, ont trouvé leur réalisation dans deux calorifères de M. M. Zani, l'un emprunté à la Suisse et construit en pierres olaires du Valais, dont la propriété est de conserver une chaleur uniforme et tempérée, l'autre inventé par son auteur pour produire la chaleur voulue et le degré d'humidité par la vapeur de l'eau dont l'appareil est enveloppé.

On ne peut passer sous silence deux instruments très précieux : le pèse-lait de M. Bourgeois de Morez, dont le récipient actionne une aiguille marquant sur un cadran émaillé le poids exact du lait livré par chaque sociétaire, et la presse Laurioz d'Arbois, qui substitue aux pierres rustiques encore employées un mécanisme graduant à volonté la pression des fromages. Enfin l'épée de bois destinée à fractionner en molécules égales le caillé, et le bâton noueux employé à agiter la masse liquide, sont transformés en un débattoir très pratique et un tranche-caillé à fil de laiton donnant d'excellents résultats. Il serait trop long de citer les diverses formes de vases à crème ou à lait, qui tendent à remplacer partout les ustensiles de bois dont la propreté est si difficile à obtenir.

En un mot, le but de l'exposition d'agriculture du Doubs était surtout de présenter l'outillage nouveau de la grande industrie du pays, afin d'inspirer confiance au commerce et de stimuler les progrès dans les fruitières. Il importe, en effet, qu'une production qui donne chaque année 9 à 10 millions de bénéfices, dans 539 usines du seul département du Doubs, ne s'attarde pas dans la routine et qu'elle se montre prête à lutter avantageusement contre la concurrence de ses voisins.

Il y a lieu d'espérer que l'industrie du gruyère en France va encore se perfectionner, par la réalisation de l'idée d'une école où les futurs fruitiers recevront une solide instruction technique.

Huit années de conseils incessants prodigués par les membres de la Société d'agriculture du Doubs, par son très dévoué président, M. Gauthier, surtout, avaient ainsi préparé les choses et les esprits, quand M. Viette, alors ministre de l'agriculture, obtint, des conseils généraux du Doubs et de la Haute-Saône, le vote d'une subvention en faveur d'une école de laiterie.

Cette école fut créée par arrêté du Ministre de l'agriculture, en date du 19 juin 1888.

Une commission interdépartementale, chargée d'étudier les divers projets en présence, désigna comme siège du futur établissement Mamirolle, village situé à une demi-heure de Besançon, sur la ligne de Morteau, qui réalisait les conditions les plus avantageuses.

Des bâtiments suffisamment vastes furent acquis par l'État, et la direction en fut confiée à M. Th.-J. Martin, ancien élève de l'Institut national agronomique.

Une autre exhibition, qui peut donner de grands résultats, c'est de mettre en relief une industrie bien appropriée au sol et au climat des montagnes, l'apiculture; elle a pu prospérer jusqu'ici, mais elle s'est laissé, elle aussi, devancer par l'étranger; une science s'est faite sur les mœurs des abeilles, sur le mode d'élevage, sur les ruches, sur l'aide à apporter à leur travail et à leur nourriture; et quoiqu'elle ne compte encore qu'un petit nombre d'adhérents, il était bon de démontrer tout l'avenir qu'elle ouvre à la production dans le département du Doubs.

On peut voir dans le chalet-ruche de M. Robardet les découvertes acquises : l'agrandissement facultatif de la ruche, suivant l'accroissement de la colonie; les cellules factices ou fabriquées pour hâter le travail ou faciliter les éclosions; les superpositions de cases pour le miel de première qualité, etc.; des abeilles ont été placées et nourries dans la ruche elle-même et il a été très curieux d'assister au mouvement de ces ouvrières dépaysées.

La province de la Franche-Comté est admirablement disposée, surtout sa partie montagneuse, pour la production du miel le plus exquis; les essences de ses bois, la flore si riche de ses prairies, la limpidité et la fraîcheur de ses eaux, tout concourt à la fécondité des abeilles. Ce qui manquait, c'étaient les procédés nouveaux si ingénieux; mais déjà, sur divers points du territoire, des maîtres se sont formés, dont nous avons été heureux de signaler l'habileté. C'est à Ronchaux, village caché dans les replis de ces sommets qui séparent le cours du Lison de celui de la Loue, dans les environs de Quingey, que s'est relevé ce progrès marqué, et la collection de miel, d'hydromel, d'eau-de-vie miellée de M. Boilloz en est la preuve convaincante.

Citons aussi M. Diemer, percepteur à Saint-Vit et l'un de ses rivaux, dans la même localité, M. Michelard, qui mettent en pratique toutes les récentes inventions, de cadres mobiles, de magasins superposés, d'extractions par centrifuge, d'essaimage artificiel, et peuvent servir de guides les plus expérimentés.

L'une des industries sans rivale de la Franche-Comté, celle des kirschs et de l'absinthe, méritait la place d'honneur à notre Exposition; si le nombre des exposants n'est pas considérable, on peut dire qu'ils représentent hautement la meilleure fabrication : c'est encore de cette vallée si riche, si séduisante de la Loue que nous viennent de précieux échantillons. Les kirschs de Mouthier, de Lods, d'Ornans, sont présentés par M. le notaire Jouffroy, MM. F. Sériot et Gustave Tripard, et par la Société déjà active et si vaillante des vignerons d'Ornans; ces kirschs, si connus des amateurs, ne le céderaient pas à ceux de la Forêt-Noire.

M. Junod de Pontarlier a exposé ses absinthes, qui rivalisent avec les produits des plus grands fabricants; il confirmera la réputation de cette liqueur, transportée chez tous les peuples et dans tous les climats.

DÉPARTEMENT DE LA HAUTE-LOIRE.

SOCIÉTÉ D'AGRICULTURE DE LA HAUTE-LOIRE.

Cette société avait envoyé à l'Exposition universelle des plans de drainage, des céréales, des fromages et des beurres, des miels et des cires, des vins, des cidres, des eaux-de-vie, etc.

Ce département cultive le froment, généralement mélangé de seigle, l'orge, l'avoine (surtout dans le haut pays), la pomme de terre qui se récolte partout, la fève de marais (aux environs du Puy), les pois et les haricots blancs, les lentilles, les raves et le colza.

MM. Chaudier, à Nolhac, Hérisson, au Puy, avaient exposé des échantillons remarquables de leurs récoltes de céréales.

A côté de ces dernières on voyait les projets d'exploitation agricole et les plans de drainage de MM. Chevalier-Chauvy, Jules Gire et Vérot.

On remarquait aussi les cires épurées, blanches, gaufrées, les ruches et les bourdonnières de MM. Vallon et Bertrand. On comptait dans le département, il y a quelques années, 7,760 ruches qui ont donné plus de 35,000 kilogrammes de miel et plus de 12,000 kilogrammes de cire.

Le bétail est considérable dans la Haute-Loire; aussi un certain nombre d'exposants avaient-ils envoyé des beurres et des fromages.

Mais il y a aussi l'élève des taureaux et génisses et l'engraissement des bœufs. On signale trois espèces de la race bovine : 1° les bêtes à cornes du Mézenc, bêtes de forte race, classées à part dans les concours sous le nom de *race du Mézenc;* 2° la race de Salers; 3° la race forézienne, qui domine dans l'arrondissement d'Yssingeaux.

Nous aurions beaucoup à dire sur l'élevage du mulet, mais nous l'avons déjà fait au département des Deux-Sèvres.

DÉPARTEMENT DE L'INDRE.

SOCIÉTÉ DE L'AGRICULTURE DE L'INDRE.

Dans sa séance du 24 mars 1888, la Société d'agriculture de l'Indre décidait qu'elle participerait à l'Exposition universelle de 1889, en organisant une exposition collective des divers produits de l'agriculture et des industries annexes.

M. Paul BAUCHERON, de Lécherolle, son président, adressait aussitôt un appel chaleureux à tous les membres de la société pour les prier de donner leur adhésion et leur participation à cette œuvre commune.

M. GUINON, directeur de la Station agronomique de Châteauroux et président de la Commission d'organisation de l'exposition collective, et M. Henri RATOUIS, secrétaire, étaient chargés, comme délégués, de représenter la Société d'agriculture.

La Société d'agriculture de l'Indre a été fondée en 1801. Elle compte actuellement 400 membres. Elle publie tous les deux mois un bulletin qui rend compte de ses séances, de ses travaux et de ceux de la Station agronomique de Châteauroux, et de ses concours; elle insère dans ses publications les articles scientifiques agricoles qu'elle juge dignes d'intérêt.

Tous les ans elle organise des concours dans l'un des arrondissements de la Châtre, du Blanc et de Châteauroux; des ventes aux enchères sur mise à prix très réduite, d'instruments, de semences et d'animaux reproducteurs qui ont le plus grand succès.

La société a fondé en novembre 1885, et pris sous son patronage, le Syndicat des agriculteurs de l'Indre. Il comptait :

En 1886	972 membres.
En 1887	1,438
En 1888	1,883
En 1889	2,600

La quantité d'engrais achetés par l'intermédiaire du syndicat a été :

En 1886	1,366,210 kilogr.
En 1887	2,982,210
En 1888	3,658,820

Les analyses d'engrais sont faites gratuitement pour les syndiqués.

Les conditions désastreuses dans lesquelles se firent les récoltes en 1888, s'ajoutant à une série d'intempéries contraires à la bonne venue des produits végétaux, empêchèrent beaucoup d'agriculteurs, parmi les plus distingués du département, de participer à cette exposition. C'est donc avec un profond sentiment de regrets que la Commission d'organisation s'est vue dans l'impossibilité de présenter, dans l'exposition collective qu'elle a organisée, des produits qui puissent donner une idée plus complète et plus saisissante des progrès culturaux, réalisés dans un département péniblement atteint dans les diverses branches de sa production, mais où, malgré leur situation économique très précaire, les cultivateurs, confiants dans la défense du sol par le travail, par l'instruction professionnelle et par l'association, luttent avec les efforts les plus virils pour vaincre la mauvaise fortune.

Malgré ces considérations, nous signalerons les cultures en céréales de MM. BROQUET, MASQUELIER, TRÉFAULT, RATOUIS (Henri) et LEMERLE (Jules).

IMPRIMERIE NATIONALE.

M. Louis Broquet, qui a une exploitation de 125 hectares, avec des terrains de consistance moyenne, pauvres en calcaire, avait exposé des gerbes et semences de blé de Noé, Hallet, rouge de Bordeaux et d'avoine noire.

Le rendement en blé était de 28 hectolitres à l'hectare, en avoine de 33 hectolitres.

M. Masquelier avait envoyé des gerbes et semences de blé sheriff square head, bleu, Nursery, gris de Saint-Laud, Blood read, de seigle indigène, d'orge d'Auvergne, et d'avoine noire de printemps.

Tous ces produits provenaient d'une culture directe de 600 hectares, avec terrains argileux, argilo-siliceux, argilo-calcaires.

M. Henri Ratouis présentait des semences de sarrasin, obtenues sur un sol silico-calcaire; il rendait compte que cette culture nettoie parfaitement le sol et il en recommandait les graines pour la nourriture de la basse-cour.

M. Paul Baucheron, de Lécherolle, président de la Société de l'agriculture de l'Indre, s'est adonné spécialement à la culture du haricot, qui réussit très bien dans la contrée, à la condition de faire choix des meilleures espèces, d'ameublir et de bien fumer le terrain, de faire l'ensemencement entre le 15 et le 30 avril et de donner au moins deux binages. Les espèces exposées étaient très recommandables et donnent abondamment. C'étaient des collections de haricots noirs de Hollande, blancs de pays, blancs de Graçay, blancs riz, rouges de pays, rouges à la serpette, jaunes beurre, Soissons, gris de pays, flageolets verts, blancs et rouges.

Les betteraves, les topinambours, les pommes de terre provenaient des fermes dont nous avons déjà cité les noms plus haut; nous y ajouterons MM. Louis Crombez, Constant Emery, Prothade Grenouillet, qui s'occupent spécialement de la culture des racines.

Les topinambours sont cultivés dans des terrains sablonneux pendant deux années, moitié de topinambours de première année, moitié de deuxième année. L'arrachage se fait au fur et à mesure de la fabrication du trois-six, à la distillerie, en hiver. Le rendement s'élève de 25 à 30,000 kilogrammes à l'hectare. Les pulpes sont consommées par le bétail et sont très favorables pour l'engraissement.

Les betteraves sont cultivées dans des terres argilo-calcaires, et livrées à la distillerie de Lancosme. Le rendement est de 25 à 30,000 kilogrammes à l'hectare. Les pulpes sont consommées par le bétail.

Les pommes de terre présentées par M. Emery sont cultivées à Haumes dans une terre maigre, sablonneuse, à sous-sol siliceux rouge très dur.

Cet exposant rend compte que la Magnum bonum, excellente variété pour la grande culture, donne 20,000 kilogrammes à l'hectare; que la suprême Cincinnati remplace avec avantage la Hollande; plus productive, elle donne 16,000 kilogrammes à l'hectare.

M. Grenouillet, qui fait la culture en grand des pommes de terre, donne les renseignements suivants sur les espèces récoltées à l'hectare :

Early rose	16,000 kilogr.
Saint-Jean	14,000
Shaw	15,000
Magnum bonum	12,000
Institut	12,500
Éléphant	10,000
Hollande	6,000
Saucisse	8,000
Violette	8,000
Andenard	11,000
Merveille d'Amérique	10,000
Van der Ver	11,000
Chardon	9,000
Vitelotte	8,000

Variétés cultivées en jardin; hâtives : Victor, Marjolin et Royal Kidney; demi-hâtives: Joseph Rigault, Euréka, Flocon de neige.

Nous reproduisons aussi, à titre de renseignements, l'analyse de la terre du champ où les pommes de terre ont été cultivées.

Nature du sol siliceux, très maigre. Sable fin.

Poids d'un litre de terre : 1 kilogr. 325.

1 kilogramme de terre contient :

Cailloux	22.3
Gravier	152.1
Terre fine	825.6
	1,000.0

Acide phosphorique, par kilogramme	0.354
Chaux	4.850
Potasse	0.215
Azote	0.755
Magnésie	1.305

ENGRAIS EMPLOYÉS PAR HECTARE.

Superphosphate à 13 p. 100	300 kilogr.
Nitrate de soude	100
Chlorure de potassium	100
Cendres de chaux	100

Les pommes de terre succèdent à de l'orge chevalier et sont semées après deux labours de préparation, d'avril à la fin de mai. Les plants aussitôt levés reçoivent un vigoureux coup de herse, une façon à la houe à cheval et un buttage.

MM. Dumont (Alfred), Masquelier (Valéry) présentaient des graines de semences de trèfle violet, trèfle à fleurs blanches, trèfle jaune, luzerne et sainfoin.

Ces graines provenaient du battage effectué par la batteuse mixte exposée par M. Dumont dans la classe 49 et permettant de battre économiquement les céréales et les graines fourragères.

M. Desaix avait envoyé des foins provenant des bords de la Bouzanne, de prés précoces, formés d'alluvions dans les parties basses; livrés au pâturage jusqu'à la mi-mai et fauchés en juillet, ces prés, excellents pour faire de l'embauche, rendent 3,500 kilogrammes à l'hectare.

Le foin exposé par M. Marchain (Léonce) a été récolté sur une étendue de 22 hectares, sur un terrain siliceux à sous-sol argileux, peu fertile et non irrigué.

Les engrais employés annuellement depuis une douzaine d'années, et répandus en février, sont : le nitrate de soude, 200 kilogrammes; le superphosphate minéral, 300 kilogrammes; le chlorure de potassium, 100 kilogrammes.

La quantité et la qualité des foins s'améliorent constamment.

Le rendement est de 2,500 kilogrammes à l'hectare en première coupe. On fait pâturer le regain.

M. Baucheron, de Lécherolle, présentait des chanvres, fil et filasse. La culture du chanvre, après avoir été abandonnée dans l'arrondissement de Châteauroux, est reprise depuis peu.

Le chanvre donne d'excellent fil, précieux pour les besoins de la ferme. La culture de cette plante assure aux tisserands, aux peigneurs et fileuses à la main de la contrée du travail pour l'hiver.

La ramie a été cultivée à titre d'essai, à Von, chez M. Sainte-Claire-Deville.

L'exposition collective de la Société d'agriculture de l'Indre comprenait encore des laines, des toisons de plusieurs propriétaires. Ainsi M. Baucheron, de Lécherolle, avait présenté des toisons de laine de brebis berrichonnes de 11 à 12 mois, provenant du troupeau de Piou, qui se compose de 125 brebis environ. Une centaine d'agneaux sont élevés tous les ans; 25 à 28 femelles, choisies parmi les meilleures, servent à remplacer les vieilles brebis réformées, vendues en septembre, avant l'agnelage qui se fait d'octobre à fin décembre.

Parmi les agneaux mâles, il est fait une sélection des 18 ou 20 meilleurs destinés à la reproduction. Tous les autres agneaux sont vendus en septembre. Des béliers berrichons d'élite, du type du troupeau, sont soigneusement recherchés et achetés, quand il en est besoin, pour la lutte.

Le troupeau de M. Marchain (Léonce) est composé de 100 mères. Le croisement southdown a produit une influence heureuse sur la quantité et la qualité de la laine. Ce propriétaire avait envoyé des laines et une toison provenant de solognote pure (poids, 2 kilogr. 300), une toison de bélier d'un an de southdown-solognot (poids, 2 kilogr.) et une toison de bélier southdown pur de deux ans (poids, 2 kilogr. 800).

Les laines envoyées par M. Masquelier provenaient d'un troupeau de 1,500 brebis. Les peaux étaient celles des agneaux qu'il envoie à Paris à raison de deux par panier.

M. Palice (Émile), à Montierchaume, nous a fait voir sa ruche à cadres perfectionnée, son miel, ses cires de toutes espèces.

Ces produits ont été récoltés au moyen des procédés les plus nouveaux; ils proviennent en partie de la fleur du sainfoin.

Le département de l'Indre avait joint à son exposition, déjà si complète, des plants de vignes et des vins blancs et rouges d'un grand nombre d'années, des kirschs, des eaux-de-vie et des fines champagnes.

DÉPARTEMENT DE L'ISÈRE.

SOCIÉTÉ D'AGRICULTURE DE L'ARRONDISSEMENT DE GRENOBLE.

La Société d'agriculture de l'arrondissement de Grenoble avait formé une exposition collective des produits de sa région, tels que : céréales, graines et fourrages, vins, liqueurs, fromages, cocons, chanvres, tabacs, miel, bois, laines, peaux.

M. Jacquier (Gaston), secrétaire de la société, avait envoyé le plan d'ensemble de la vacherie qu'il a créée en 1878 à Moirond. Sa propriété, de plus de 30 hectares, a été gagnée sur l'Isère par des colmatages successifs, et elle est placée à la porte de Grenoble. Dans ces conditions, M. Jacquier a cru que le mode de culture le plus avantageux était la production des fourrages à hauts rendements, consommés par des vaches laitières. Les résultats financiers qu'il obtient lui prouvent tous les jours qu'il avait raison.

En effet, la vacherie vend actuellement par an pour 40,000 francs de lait, 10,000 francs de fumier, 4,000 francs de veaux et 1,000 francs de porcs.

L'élevage et la vente des vaches, avec garantie de rendement de lait, prend tous les jours une plus grande extension.

Toutes ces dispositions et des soins particuliers ont assuré le succès de la laiterie de Moirond.

La vacherie se compose de cinquante bêtes de races diverses, dont plusieurs sont remarquables.

Un éleveur que M. Jacquier s'est associé lui donne le moyen de n'avoir dans son étable que des vaches fraîches de lait. Dès que leur rendement en lait a trop baissé, elles sont reprises par l'éleveur, qui les fait vivre dans la montagne à peu de frais, et sont remplacées par d'autres bêtes en pleine production. Ce système est incontestablement plus avantageux que celui des autres laitiers, qui sont obligés de se débarrasser, par la vente, de vaches souvent excellentes, ou de les nourrir coûteusement pendant leur période de non-production.

Le lait de ces vaches est versé de l'extérieur de la laiterie dans un réservoir, où il traverse plusieurs filtres et arrive dans une vaste pièce parfaitement propre et fraîche, où il est mis dans des bouteilles contenant un demi-litre et fermées par un système très simple et défiant cependant toute fraude. Le consommateur est ainsi sûr d'avoir du lait parfaitement pur. De plus, des dispositions particulières permettent à M. Jacquier de garantir, à ceux de ses clients qui le demandent, du lait provenant toujours de la même vache; ce lait est demandé pour les malades et aussi pour les petits enfants.

M. Jacquier avait joint au plan d'ensemble de sa vacherie de Moirond plusieurs brochures très intéressantes :

1° Une brochure traitant de la vente du lait en nature ou de l'installation des vacheries ou laiteries pour l'alimentation des grandes villes.

Dans ce petit opuscule, il est successivement traité de l'installation d'une laiterie, au point de vue du choix des vaches laitières, des soins à donner et des rations à fixer, des différentes boîtes à lait, de leur forme, de leur prix et surtout de leur fermeture défiant toute fraude, et enfin de la comptabilité à établir.

2° *Le vade-mecum de l'ensileur,* qui est le résumé des différentes méthodes de conservation des fourrages verts d'après les dernières expériences faites en France, en Angleterre et en Amérique. Cette brochure traite aussi de l'ensilage des fourrages verts dans le sud-est et le midi de la France.

3° Enfin une troisième brochure intitulée : *De la sciure de bois et de la tourbe considérées comme litière et comme engrais.*

Nous avons été heureux de voir dans cette brochure les renseignements précieux donnés par M. Jacquier sur la sciure de bois et sur la tourbe. En effet, ils viennent confirmer les expériences que nous avons faites depuis plus de quinze ans. Nous sommes d'accord avec ce propriétaire sur les résultats obtenus et qui démontrent les économies importantes que peuvent réaliser des agriculteurs intelligents et soigneux avec les sciures de bois et les tourbes, puisqu'ils pourront vendre leurs pailles sans cesser d'avoir une bonne litière pour le bétail et des fumiers abondants pour les cultures de leurs exploitations.

Nous n'avons à faire que deux petites observations. La première, c'est que M. Jacquier a pensé que M. Müntz et moi nous estimions que le fumier de sciure avait une moins-value par rapport à celui de la paille. Nous avons démontré le contraire par les expériences faites à la ferme expérimentale de l'Institut national agronomique. La difficulté a été de faire connaître et surtout apprécier ce fumier aux cultivateurs des environs de Paris. Aujourd'hui ils le réclament et consentent à le payer le même prix que celui de paille.

La seconde observation est que M. Jacquier pense que la litière de la tourbe laisse sa trace marquée en brun sur la robe des chevaux. C'est une erreur; depuis si longtemps que nous employons la tourbe, nous avons au contraire constaté que cette matière ne laisse jamais aucune marque sur les robes claires des animaux.

On doit encore à M. Jacquier la découverte d'une sorte de duvet végétal, provenant du *Typha latifolia,* pouvant remplacer la plume et la laine.

Dans l'exposition collective de la Société d'agriculture de l'arrondissement de Grenoble, nous remarquons encore la collection mycologique de M. Henri de Mortillet. Ces champignons proviennent tous des montagnes du Dauphiné et du massif de la Chartreuse, spécialement de la vallée de Graisivaudan.

Appartenant au même département, M. Léon Brun, propriétaire à Saint-Marcellin, a fait une exposition spéciale de grosses noix pour dessert, désignées sous le nom de *noix mayettes*. Cette noix est la plus belle qualité qui se récolte en France; elle est recommandable par sa grosseur, la beauté de sa forme et l'exquise finesse de son noyau. Il n'y a que la noix de Naples, réputée la plus belle du monde, qui puisse lui faire concurrence.

La noix mayette que M. Léon Brun a exposée fut importée dans le département de l'Isère par un nommé Mayet, qui lui donna son nom; on prétend qu'il apporta ces greffes d'Italie, et ce qui tendrait à confirmer ce dire, c'est que cette noix a beaucoup d'analogie avec celle de Naples. Le noyer produisant cette noix vient également dans tous les terrains où il n'y avait eu que des noyers produisant de petites noix pour l'huilerie; du reste, ce qui le prouve surabondamment, c'est que plusieurs communes de l'arrondissement de Saint-Marcellin, telles que Saint-Gervais, Rovon, Cognin, Iseron, Saint-Romans, Vinay, l'Albenc et beaucoup d'autres que je ne cite pas, qui ne récoltaient absolument que de petites noix depuis vingt ans, ont coupé leurs noyers par la tête et les ont greffés de noix mayettes; ils ont, grâce à ce moyen, décuplé leurs revenus.

Depuis la maladie des vers à soie, la région de Saint-Marcellin, éminemment séricicole, se vit sur le point d'être ruinée, car les vers à soie étaient son seul produit. Heureusement, à cette même époque, les grosses noix, qui se récoltaient en petite quantité, furent l'objet d'une grande faveur en Amérique, et ce beau pays fut sauvé de la misère, car tous les propriétaires rivalisèrent de zèle pour planter des noyers à la place des mûriers et pour greffer tous ceux qui étaient susceptibles de l'être.

Cette qualité de noix ne se récolte guère que dans une partie de l'arrondissement de Grenoble et dans les trois quarts de l'arrondissement de Saint-Marcellin; dans ce dernier rayon, il sort en moyenne 25,000 balles de grosses noix; la moyenne de ces balles est de 110 kilogrammes l'une, soit 2,750,000 kilogrammes de noix. Le prix moyen de ces noix depuis dix ans a été de 75 francs les 100 kilogrammes, ce qui fait un produit de 1,862,500 francs; alors que les petites noix, depuis dix ans, n'ont pas dépassé, comme prix moyen, 20 francs les 100 kilogrammes. Cette culture mérite donc toute la sollicitude du Gouvernement, tant pour les résultats qu'elle donne que pour ceux bien plus grands qu'elle pourrait encore donner.

DÉPARTEMENT D'ILLE-ET-VILAINE.

La Société d'agriculture, de commerce et d'industrie pour le département d'Ille-et-Vilaine a été fondée en août 1880, concurremment à une autre société qui existait depuis longtemps, mais qui n'admettait que très rarement des membres connus comme appartenant à l'opinion républicaine.

L'ancienne société existe toujours et les dénominations des deux sociétés ne diffèrent que par ces mots : *du* ou *pour* le département d'Ille-et-Vilaine.

C'est la société la plus récente qui a participé à l'Exposition universelle de 1889, sous la présidence de M. Sirodot, doyen de la Faculté des sciences, à Rennes, qui avait été le secrétaire de ladite société depuis sa fondation.

M. Sirodot était déjà président en 1888; c'est donc à lui qu'est revenue la tâche de l'exposition collective du département dont il a pris l'initiative.

La Société d'agriculture d'Ille-et-Vilaine, qui a pris pour but de fonder la pratique agricole sur les principes scientifiques et de l'éclairer par les résultats d'une observation bien conduite, a voulu faire une exhibition complète des ressources du département.

Elle a trouvé dans son président, M. Sirodot, un habile auxiliaire qui a su donner à l'exposition du département d'Ille-et-Vilaine une note toute particulière et très instructive par la manière intelligente dont les choses ont été présentées, et on peut la caractériser de la manière suivante : *l'expérimentation scientifique au service de l'agriculture.*

L'exposition collective d'Ille-et-Vilaine exposait des échantillons du sol et du sous-sol des 43 cantons du département. Ces échantillons ont été prélevés sur des points parfaitement indiqués aux agents voyers sous les ordres de M. Rousseau, ingénieur en chef, et envoyés à la Faculté des sciences, où tout le travail ultérieur a été exécuté. Parmi les échantillons figurent toutes les tangues employées en agriculture comme amendements ou engrais.

Les analyses de ces prélèvements ont été réunies dans des tableaux avec les analyses des eaux de source et de rivière pour montrer les rapports qui existent entre la composition des eaux et celle du sous-sol.

D'autres tableaux permettent de juger des effets des phosphates de diverses provenances dans la culture du sarrasin et de l'ajonc. Il aurait été réellement intéressant de reproduire ces statistiques, mais notre cadre est trop restreint pour que nous puissions le faire. Les services rendus à l'agriculture par la société dans ces circonstances sont d'une importance exceptionnelle.

La culture du sarrasin ou du blé noir reste l'une des plus grandes ressources du département, comme le prouvent surabondamment les statistiques qui indiquent la consommation.

L'emploi des phosphates comme engrais a quintuplé, décuplé même dans certaines années le rendement des cultures de sarrasin. Les premières expériences ont été faites dans des terrains mis à la disposition de la station agronomique. L'exposition collective d'Ille-et-Vilaine présentait de petites gerbes de sarrasin dont le poids était proportionnel au rendement total avec phosphates pour engrais ou sans phosphates. Les gerbes récoltées sur des cultures sans phosphates étaient très petites à côté de celles obtenues avec phosphates.

Il était aussi de la plus haute importance de comparer les effets produits par les phosphates de diverses provenances; les résultats ont été réunis dans deux tableaux qui font ressortir la supériorité des phosphates de scories, des phosphates des Ardennes sur les superphosphates et les phosphates précipités. Ils mettent en lumière l'action des phosphates de la Belgique et de la Somme, dont l'efficacité a été contestée.

Un tableau spécial enregistre les effets des engrais potassiques sur la culture du topinambour. Il démontre que l'emploi du chlorure de potassium conduit à des rendements considérables.

M. Lechartier a fait aussi ressortir l'accroissement de production des cultures d'ajonc par l'emploi des phosphates et il a envoyé des ajoncs obtenus dans ces conditions.

Aussitôt que les instructions ministérielles eurent recommandé la création de champs de démonstration, la Société d'Ille-et-Vilaine se mit à l'œuvre, et nous voyons exposés au quai d'Orsay les rendements obtenus sur 19 champs de démonstration, appartenant à 19 agriculteurs du département.

La société s'imposa des sacrifices pécuniaires assez sérieux et chercha à grouper les efforts des autres associations agricoles du département afin d'obtenir de meilleurs résultats. M. E. Hérissant, professeur départemental d'agriculture et secrétaire de la société, fut chargé de la surveillance de ces champs de démonstration.

Pendant les trois premières années, elle a restreint son expérimentation aux variétés de blés les plus recommandées; en 1889, elle l'a étendue aux prairies naturelles, aux prairies artificielles et aux cultures de plantes sarclées.

A l'exposition figuraient les rendements des diverses variétés de blés récoltées en 1888 : Bordeaux, Roseau, hybride Dattel, Schireff, Australie, Square head, rouge d'Écosse, Victoria, Hallet's blanc, Goldentrop, Chiddam, Dantzick.

Les graines de semences et les engrais étaient envoyés gratuitement par la société aux agriculteurs qui consentaient à établir un champ de démonstration.

Les engrais étaient des phosphates de diverses provenances envoyés en même temps que les graines, des nitrates envoyés en mars ou avril. Une notice accompagnait ces envois et donnait des instructions précises.

Voici comment se sont classées les différentes variétés suivant leur rendement : 1° blé d'Australie; 2° Square head; 3° rouge d'Écosse; 4° Goldentrop; 5° Dantzick; 6° Roseau; 7° Victoria; 8° Chiddam blanc; 9° Hallet's blanc; 10° Bordeaux.

Les petites gerbes qui figuraient à l'exposition étaient composées de la manière suivante : les agriculteurs devaient pour chaque variété arracher toutes les touffes dans un carré de 50 centimètres de côté. De plus, ils devaient ajouter à leur envoi un échantillon de la terre arable, découpé à la bêche verticalement jusqu'à une profondeur de 30 centimètres.

Les gerbes de blé n'ont pas l'élégance de celles dont les épis ont été triés, mais elles ont, au point de vue de la démonstration, une valeur qui manque totalement aux autres.

Deux tableaux placés près de cette série de gerbes donnent les diagrammes des rendements : 1° avec engrais de ferme seulement; 2° avec engrais de ferme et phosphates; 3° avec engrais de ferme, phosphates et nitrates. Enfin, pour chaque champ de démonstration, un diagramme représente également le rendement des variétés cultivées.

Les agriculteurs intelligents ont plus que doublé le rendement de leurs cultures en choisissant les variétés qui réussissent le mieux dans le sol qu'ils exploitent. C'est donc à la Société d'agriculture qu'ils doivent d'avoir ainsi amélioré scientifiquement et pratiquement leurs cultures.

M. Hérissant, professeur d'agriculture départemental, directeur de la ferme-école des Trois-Croix, a fait un travail considérable sur les productions agricoles du département. Ce travail comprend 14 cartes, qui toutes étaient exposées au quai d'Orsay. Elles étaient accompagnées de sept tableaux statistiques mettant en évidence, pour chaque commune du département, l'importance relative des diverses productions agricoles. Ces cartes avaient pour objet :

1° Le pourcentage des diverses natures de terrains composant le territoire total de la commune;

2° Surfaces ensemencées en prairies naturelles;

3° Surfaces ensemencées en prairies artificielles et en cultures fourragères;

4° Surfaces ensemencées en céréales (froment, avoine, orge, sarrasin);

5° Production du froment par hectare;

6° Nombre de vaches par hectare;

7° Production du lait par hectare, du beurre par hectare;

8° Nombre de pommiers par hectare; production de pommes par hectare.

Toutes ces cartes se complètent les unes par les autres; nous regrettons de ne pouvoir les publier, mais cela nous entraînerait beaucoup trop loin.

Elles ont été dressées avec les renseignements fournis par le questionnaire adressé à tous les instituteurs et par les documents de l'enquête de 1882. Elles constituent la plus complète des statistiques qui aient été faites jusqu'à ce jour des productions agricoles du département.

Une étude, même rapide, de ces cartes démontre que ce sont les mêmes régions qui produisent à la fois le plus de céréales, le plus de froment, le plus de plantes fourragères et le plus de beurre. C'est encore à peu près dans les mêmes régions que l'on rencontre le plus grand nombre de pommiers à l'hectare.

Les parties les plus foncées de la carte représentant la production du sarrasin correspondent précisément aux parties les plus claires des cartes du froment et des autres céréales. On fait du sarrasin dans les terres trop pauvres pour la culture des céréales. La richesse d'une commune est, en général, en raison inverse de l'étendue du sol cultivé en sarrasin. La Société d'agriculture a rendu les plus grands services à ces communes pauvres en mettant en évidence l'efficacité des phosphates comme engrais, qui triplent, décuplent même le rendement des cultures de sarrasin.

Si maintenant on établit des comparaisons entre ces cartes et la carte géologique, on trouve que le sous-sol des parties les plus riches est formé d'alluvions sablonneuses ou caillouteuses, ou de schistes fossiles, facilement décomposables, ou de sables résultant de la décomposition des granits; on trouve que le sous-sol des parties les plus pauvres est généralement le grès pur ou le grès mélangé d'argile imperméable (sous-sol des tourbières), ou les schistes rouges compacts, difficilement décomposables à l'état d'affleurement à la surface du sol.

On verra encore que les prairies naturelles ne réussissent bien que sur un sous-sol perméable et par conséquent formé d'alluvions ou de granits décomposés.

L'agriculture doit donc tenir le plus grand compte de la nature du sous-sol, et c'est la raison pour laquelle il occupe une place importante dans l'exposition scientifique du département d'Ille-et-Vilaine.

M. Champion, à Feins, qui avait obtenu au concours régional de Rennes, en 1887, le prix cultural, et M. Élie Jacquart, à Rennes, avaient envoyé des céréales, des plantes sarclées et fourragères très remarquables.

M. Duval, propriétaire à Paramé, présentait une collection de pommes de terre, renfermant les espèces les plus cultivées pour l'exportation en Angleterre. Il faudrait encore citer, pour la culture générale, MM. Briend, à Pleurtuit, Decré, à la Brousse-en-Merville, Hunault, à Peleneuc, Gallerand, à Montfort.

M. Houédry avait exposé 144 bocaux renfermant des graines fourragères et potagères provenant de cultures s'étendant en 1888 sur plus de 2,500 hectares. C'est dans ces derniers temps que M. Houédry a introduit dans l'arrondissement de Saint-Malo cette nouvelle source de bénéfices pour les agriculteurs. L'importation des huiles de schiste avait amené la suppression des cultures de colza, qui étaient d'un grand rapport. Les porte-graines ont en partie remplacé le colza.

Il ne reste plus à signaler que les rendements de diverses productions agricoles au point de vue statistique :

1° *Beurre.* — La production du beurre dans le département d'Ille-et-Vilaine est considérable; elle s'élève à plus de 14 millions de kilogrammes. On compte en moyenne un peu plus de 241,000 vaches laitières. Indépendamment du lait employé à la préparation du beurre, une notable fraction est consommée en nature, soit dans les villes, soit dans les fermes.

En 1887, la société a pris l'initiative d'un concours de laiterie, à la suite duquel les nouvelles écrémeuses, système Danois, système Pilter, ont été introduites dans plusieurs exploitations agricoles.

2° *Cidre.* — Le département produit, année moyenne, 200,000 hectolitres de cidre. La fabrication a été considérablement améliorée sous la direction de la Station agronomique et de la Société d'agriculture. Ces cidres, qui ont été dégustés par le jury de la classe 73, figureront dans le rapport général de cette classe.

3° *Miel et cire.* — La production en miel et en cire est assez importante. Le produit brut en gâteaux de miel et en cire est d'environ 215,000 kilogrammes, dont la valeur est de 180,000 francs. L'arrondissement de Redon se place en tête pour cette production.

La plus grande partie du miel est emportée et trouve son débouché en Hollande. Dans les cantons où les pommes font défaut, on fabrique avec le miel une liqueur fermentée appelée *chamillard*. C'est une variété d'hydromel.

4° *Tabac.* — Les cultures de tabac sont concentrées dans l'arrondissement de Saint-Malo. Faites sous le contrôle de l'État, elles produisent en moyenne par an 860,000 kilogrammes.

Enfin il nous reste à signaler : les taillis de châtaigniers, qui sont entretenus avec soin, parce que les perches sont transformées en cercles; ces taillis occupent une superficie de 1,200 hectares;

Les pépinières de MM. Hérissant, directeur de la ferme de Trois-Croix, Dupart, à Roz-Landrieux, Aubrée, à Hédé, qui avaient envoyé à l'Esplanade des Invalides des plants de pommiers.

DÉPARTEMENT DE L'EURE.

EXPOSITION COLLECTIVE DES AGRICULTEURS DE BERNAY. EXPOSITION COLLECTIVE DE LA SOCIÉTÉ D'AGRICULTURE, SCIENCES, ARTS ET BELLES-LETTRES DE L'EURE. — EXPOSITIONS INDIVIDUELLES.

Le département de l'Eure était représenté à l'Exposition universelle de 1889 par les expositions collectives des agriculteurs de Bernay et de la Société d'agriculture, sciences, arts et belles-lettres de l'Eure, et par plusieurs exposants individuels qui avaient tous envoyé des produits agricoles, tels que : céréales, racines, plantes textiles et oléagineuses, des eaux-de-vie de cidre, des poirés, etc.

M. Albert Bouchon, qui faisait partie de la Collectivité des agriculteurs de Bernay, avait présenté les produits agricoles qu'il récolte dans sa propriété de 455 hectares, herbages compris, à Nassandres. Ce propriétaire a donné un grand développement aux prairies artificielles et temporaires. C'est avec juste raison, car le sol du département, par sa nature et sa configuration, ne se prête guère à l'extension des prairies naturelles.

Les produits exposés, se composant surtout de céréales, blé, orge, avoine, indiquaient une culture intensive. Aussi trouvons-nous dans les étables de M. Bouchon un bétail très nombreux : 110 bœufs, 1,000 à 1,200 moutons, 87 vaches laitières ou prêtes à vêler et 40 à 50 porcs.

Parmi les exposants individuels, nous trouvons M. Heubert Rémy, à Noyers, qui présentait les résultats de la culture comparative des blés à grand rendement, et de l'emploi rationnel et méthodique des engrais chimiques.

Ce cultivateur avait établi des champs d'expériences dans le but de faire comprendre ces données, et il a exposé les produits obtenus.

L'École d'agriculture du Neubourg avait envoyé une collection de céréales en gerbes et en grains, et M. Cauchepin, de Bernay, des appareils pour l'emballage automatique des fromages.

DÉPARTEMENT DE MEURTHE-ET-MOSELLE.

SOCIÉTÉ D'AGRICULTURE DU DÉPARTEMENT DE MEURTHE-ET-MOSELLE.

La Société centrale d'agriculture de Meurthe-et-Moselle a tenu à honneur de figurer à l'Exposition universelle de 1889. Elle fit appel à la bonne volonté des membres des différents comices de Nancy, Lunéville et Toul, et installa dans la classe 74 son exposition collective aménagée avec soin par son trésorier, M. Fernand Simonin.

Les comices agricoles que nous venons d'énumérer sont très dévoués aux choses de l'agriculture; celui de Lunéville avait présenté une exposition assez complète comprenant des houblons, des osiers, des pommes de terre et des tableaux statistiques bien dressés.

La Société centrale d'agriculture de Meurthe-et-Moselle publie, depuis plusieurs années, hebdomadairement, *le Bon cultivateur,* journal des comices de Nancy, Lunéville, Toul et Rambervillers. Cet organe commun unit dans une même action les efforts et les forces de l'agriculture lorraine et permet une entente intelligente entre les différentes sociétés.

Les produits agricoles réunis par cette société étaient nombreux, et nous voyons les blés, les avoines présentés par MM. Chatton, Paul Genay, l'organisateur du comice de Lunéville. Nous n'oublierons pas non plus l'exposition des céréales de M. Harmand, à Tantonville, qui possède un troupeau remarquable de vaches laitières et qui fait un grand commerce de beurres avec l'Angleterre.

De très beaux houblons ont été envoyés par MM. René Renaux, le docteur Naquard et Bergé.

En plus des essais nombreux qu'il a faits sur le blé, M. Paul Genay a présenté les résultats très remarquables obtenus sur la culture des pommes de terre.

Nous citerons encore les laines brutes de M. Gaetzmann, les osiers de M. Moitrier, la peleuse mécanique pour les osiers de M. Charles Moisson, les sels bruts des salines de Varangéville.

Un grand nombre d'exposants de la Société centrale avaient envoyé des vins blancs et rouges, des eaux-de-vie, tous de qualité remarquable, qui ont été examinés par le jury de la classe 73. Il en est de même pour les instruments de la maison Meixmoron de Dombasle, de Nancy, qui ont été jugés par le jury de la classe 49.

Les tableaux statistiques et les méthodes d'enseignement agricole tenaient une très grande place dans cette exposition. Nous y voyons figurer M. Tisserant, vétérinaire, qui a aussi participé à l'installation; M. Fisson, qui présentait les améliorations foncières accomplies de 1874 à 1888 dans la subdivision de Lunéville; M. Thiry, directeur de l'école Mathieu de Dombasle; de M. Doyen, professeur départemental; de M. Drapier, qui exposait des plans de drainage, et enfin de M. Guyot, professeur à l'École forestière, pour son remarquable travail intitulé : *État de l'agriculture en Lorraine, 1789-1889*.

DÉPARTEMENT DE LA HAUTE-SAÔNE.

SOCIETÉ D'ENCOURAGEMENT À L'AGRICULTURE DU DÉPARTEMENT DE LA HAUTE-SAÔNE.

Le département de la Haute-Saône, d'après le Manuel de Thivria, mort en 1868, peut se diviser en trois groupes, sous la rubrique desquels se classent toutes les cultures spéciales : le groupe des terres labourables, celui des vignes et celui des forêts.

Sur les terres labourables, nous voyons cultiver presque toutes les céréales, les différents tubercules et racines, les plantes fourragères et enfin les plantes industrielles, telles que : le houblon, le colza, le chanvre, le lin et le tabac.

La culture de la vigne, qui est très inégalement répartie entre les trois arrondissements à cause de la différence de la température, occupait, en 1878, 12,696 hectares; ce chiffre s'est peu modifié, puisque les documents officiels du Ministère de l'agriculture donnent 11,958 hectares.

Les forêts, qui s'étendaient en 1878 sur 164,748 hectares, ont une superficie de 166,078 hectares, d'après la statistique officielle de 1882.

Nous avons donné ces chiffres pour démontrer toute l'importance agricole de ce département et pour expliquer les regrets que nous éprouvons de n'avoir pas vu un plus grand nombre d'agriculteurs prendre part à l'Exposition universelle.

Il est vrai que la ferme-école de Saint-Remy, fondée en 1851 par M. Guillegoz et dirigée après lui par M. Cordier, avait exposé dans la classe 73 *ter* avec les autres écoles d'agriculture.

Nous devons dire que c'est à cette école que l'agriculture du département de la Haute-Saône doit une grande partie de ses progrès. Elle a prêché d'exemple et fourni à l'agriculture un grand nombre d'apprentis. Mais nous ne devons pas empiéter sur le rapport de notre collègue de la classe 73 *ter*, car c'est à lui qu'incombe le devoir de présenter le développement de cette école si remarquable.

C'est la Société d'encouragement à l'agriculture qui représentait la Haute-Saône à la classe 74 de l'Exposition universelle. M. Allard, professeur départemental, en a été l'organisateur; il avait réuni un certain nombre de céréales et de produits agricoles divers, qui permettaient de se rendre compte des progrès réalisés par les agriculteurs de ce département. Il y avait joint des plants d'exploitation agricole, des collections de plantes et d'insectes, et enfin un certain nombre de publications agricoles.

Les céréales envoyées par M. Ménéglier ont été particulièrement remarquées.

M. Fernand de Malliard, propriétaire du château de Saint-Loup-sur-Sémouze, dans la Haute-Saône, avait envoyé des kirschs (de 1823 à 1888) récoltés au château Puton, commune du Clerjus, près Bains, dans les Vosges.

Le château Puton fut construit en 1735 par M. Puton, sur une terre formée par lui et comprenant 200 hectares. M. de Malliard en prit possession en 1862, lors de son mariage avec Mlle de Mandre, arrière-petite-fille de M. Puton. Mais actuellement cette propriété ne comprend plus qu'un sixième de la superficie primitive par suite de partages successoraux.

Les cerisiers sont répartis dans les champs et dans les prés secs. Ceux de ces derniers endroits donnent un kirsch plus parfumé. Cela tient à ce que les champs sont fumés, et les engrais favorisent la quantité au détriment de la qualité.

Depuis 1878, les influences climatériques (gelée, coulure, grêle) ont nui considérablement aux récoltes de cerises dans la contrée. Cependant, M. de Malliard avait signalé à l'attention du jury les échantillons des années 1881, 1882 et 1888.

Le rendement varie de 8 à 12 p. 100 suivant que l'année a été plus ou moins humide, et surtout suivant que la récolte a été faite par temps humide ou sec.

La qualité des kirschs du château Puton tient à quatre causes :

1° Vieux cerisiers plantés dans des terrains orientés du côté du Levant;

2° Récolte faite à la complète maturité des fruits;

3° Distillation commencée avant la fin complète de la fermentation (c'est-à-dire quand la fermentation sourde succède à la fermentation tumultueuse), d'ordinaire quinze jours après la cueillée;

4° Distillation lente et très surveillée.

DÉPARTEMENT DE LOT-ET-GARONNE.

SOCIÉTÉ D'ENCOURAGEMENT À L'AGRICULTURE DU DÉPARTEMENT DE LOT-ET-GARONNE.

Cette société a été fondée en 1882. Elle compte en ce moment 529 membres. Son but est d'encourager à l'agriculture par ses enseignements, conférences, etc.; à cet effet, elle publie un bulletin mensuel comportant ses travaux; il est de 32 pages par mois.

Au moyen d'une subvention de 3,000 francs allouée par le gouvernement de la République et 400 francs par le conseil général du Lot-et-Garonne, la société a organisé des concours de visites de propriétés dans chacun des arrondissements de ce département.

Elle a pensé que c'est chez le cultivateur qu'il faut voir et se rendre compte de l'état des cultures, du bétail, et récompenser en l'encourageant celui qui fait bien.

Ces primes données consistent en machines, outils, livres et publications agricoles; peu de médailles.

Cette manière de procéder a porté de bons fruits dans les arrondissements d'Agen, Villeneuve et Nérac.

En 1889, le concours a lieu dans l'arrondissement de Marmande. Nous ne doutons pas que là aussi, la société cherchera à propager les bonnes méthodes.

La société a fait dans le courant de l'année quelques concours spéciaux; ils ont porté, en 1886 et 1887 : sur les pruneaux d'Agen; sur les instruments propres au transport des terres;

En 1888, sur les herses, houes, etc.;

En 1889, pulvérisateurs pour répandre les liquides contre les maladies cryptogamiques.

En un mot, la société saisit toutes les occasions pour propager les bonnes méthodes.

Des conférences ont eu lieu pour la propagation des vignes américaines, sur les semences, etc., en 1887, 1888 et 1889.

Parmi les membres de la Collectivité du département de Lot-et-Garonne, nous trouvons M. Charpentier, secrétaire général de la Société d'encouragement à l'agriculture, qui avait adressé au quai d'Orsay une note sur la reconstitution rapide et économique du vignoble par les vignes américaines. Cette note était faite dans le but de pousser les viticulteurs dans cette voie, dans l'intérêt de la fortune publique. Il paraîtrait qu'elle a été bien accueillie dans tous les départements du Sud-Ouest et que le conseil général du département y a souscrit dans un but de propagation.

M. Charpentier est propriétaire d'un domaine de 33 hectares et il y cultive des céréales, des fruits, pruneaux, etc., depuis huit ans. Il cherche par des améliorations successives à augmenter le revenu net de cette propriété.

Ses efforts se sont portés sur la reconstitution d'un vignoble français de 10 hectares détruit par le phylloxera en trois ans.

M. Charpentier fait connaître aussi qu'il a pu récolter des pommes qui lui ont donné un excellent cidre, et des abricots avec lesquels il a pu faire une eau-de-vie dont il envoie un échantillon.

Quant à la prune d'ente, sa récolte varie sèche entre 1,600 et 2,000 kilogrammes, pour 500 pruniers. En 1886, sa récolte a été vendue directement au consommateur et a donné un bénéfice sérieux.

M. Capgrand-Mothes présentait une collection de bois à ouvrer de la région du Sud-Ouest, récoltés sur le domaine de Saint-Pan, qui comprend 340 hectares environ, répartis ainsi : jardins et vergers, 3 hect. 55; prairies naturelles, 18 hectares; vignes et terres arables, 55 hectares; bois d'essences diverses, 263 hect. 45.

Le domaine de Saint-Pan a aussi envoyé des types d'écorces de liège naturelles et de plants de jeunes noyers d'Amérique.

Les produits forestiers de ce domaine ont été l'objet depuis 1878 de soins spéciaux et de la découverte d'un procédé de culture du chêne-liège, qui supprime dans ce produit toutes les imperfections, croûte, crevasses et piqûres.

Deux madriers de cèdre de Virginie indigène montraient les brillantes couleurs de ce bois et en faisaient ressortir l'emploi qu'on peut en tirer pour la marqueterie.

Cet exposant avait ajouté des vins blancs, des vinaigres et des eaux-de-vie.

Les blés, les seigles, les maïs, les avoines, les orges et les pommes de terre qui figuraient dans la Collectivité du département de Lot-et-Garonne provenaient surtout de la ferme de Basque, appartenant à M. Joseph Durand.

Un horticulteur-apiculteur, M. J.-J. Philippau, à Duras, présentait une ruche nouveau modèle avec des miels superfins.

Cette ruche, dite *ruche française*, est une modification à la ruche Quinby-Dadant; elle peut être employée pour miel à extraire et pour miel en sections. Les cadres sont faciles à retirer, et leur disposition carrée permet de mettre les hausses en travers.

Une brochure intéressante de M. Justin Mazats, arboriculteur, figurait aussi dans l'exposition collective du département de Lot-et-Garonne. Cette brochure était une étude pratique sur le prunier d'ente, sa culture, sa taille, sa restauration, et la préparation de la prune. Il nous aurait été agréable de la reproduire, mais, vu l'espace restreint dont nous disposons, nous ne pouvons que la signaler aux personnes qui s'occupent de cette culture. Quinze figures hors texte permettent de comprendre ce que doivent être la taille et l'entretien des branches à fruits.

IMPRIMERIE NATIONALE

DÉPARTEMENT DE SEINE-ET-OISE.

SYNDICAT AGRICOLE DE SEINE-ET-OISE. — SYNDICAT AGRICOLE DE BRIIS-SOUS-FORGES.
EXPOSANTS INDIVIDUELS. — BERGERIE DE RAMBOUILLET.

Le département de Seine-et-Oise était représenté par le Syndicat agricole de Seine-et-Oise, par le Syndicat agricole de Briis-sous-Forges et par plusieurs exposants : MM. Ferdinand Dreyfus, Ernest Gilbert, Radot et Stanislas Tétard, et par la Bergerie de Rambouillet.

Syndicat agricole de Seine-et-Oise. — Le Syndicat agricole de Seine-et-Oise fut fondé le 17 février 1886, sous la présidence de M. H. Petit. Il étend ses opérations à tout le département de Seine-et-Oise et compte 260 membres.

Il avait exposé un tableau comprenant : les statuts du syndicat, le contrat passé avec son agent commercial, le cahier des charges pour l'adjudication des engrais, les quantités d'engrais fournis par le syndicat, le prix de revient en Seine-et-Oise du blé, de l'avoine, des betteraves et des pommes de terre.

Il avait joint à ce tableau six échantillons de terre des six arrondissements avec leurs analyses complètes, dix échantillons des principaux engrais fournis par le syndicat avec leurs dosages.

Plusieurs membres du syndicat, MM. H. Petit, Charles Rabourdin, Hyacinthe Rigault, avaient envoyé des produits agricoles de toutes natures.

M. Henri-Charles Petit cultive depuis 1870 la ferme de Champagne, comprenant 220 hectares et exploitée par la famille Petit de père en fils depuis 1744. Cette ferme, bien connue de tous les agriculteurs du département de Seine-et-Oise, avait tenu à paraître dignement à l'Exposition universelle de 1889; aussi avait-elle envoyé à la collectivité de ce département :

1° Un spécimen des blés récoltés en 1888 sur 82 hectares (blé gris de Saint-Laud, Goldendrop, Dattel et Bordeaux); le rendement moyen en 1888 avait été de 38 hectol. 50 à l'hectare, et pour les cinq dernières années de 40 hectol. 25 à l'hectare;

2° Un spécimen d'avoine grise de Houdan; rendement, 75 hectolitres à l'hectare;

3° Un spécimen de betteraves et de graines de betteraves; analyse des porte-graines au 28 mars : densité, 7,8;

4° Un tableau complet de la récolte de la ferme de Champagne en 1888, sur 220 hectares;

5° Un tableau complet des ensemencements en 1889, avec les engrais employés et la comptabilité du sol.

En 1878, cette ferme, dirigée par le père de M. Petit, avait présenté aussi ses produits à l'Exposition universelle, et il y a peu de changements à signaler depuis cette époque. Plusieurs bâtiments ont été ajoutés pour mieux aménager les locaux de la ferme.

L'emploi des engrais chimiques est devenu plus général et plus raisonné. Aussi les rendements ont augmenté dans une proportion de 10 p. 100.

Le transport des betteraves et des fumiers se fait à l'aide d'un porteur Decauville.

L'assolement comprend : blé, 80 hectares; betteraves, 80 hectares; avoines, 25 hectares; fourrages artificiels, 25 hectares; pommes de terre et divers, 10 hectares.

Les engrais employés comprennent 3 millions de kilogrammes de fumier ordinaire, 32,000 kilogrammes de nitrate de soude ou équivalent, 50,000 kilogrammes de superphosphate ou équivalent.

Le bétail se compose de 14 chevaux, 50 bœufs et 600 moutons. Tous les travaux se font à l'aide des machines les plus perfectionnées, qui sont mises en mouvement par une machine à vapeur servant aussi de moteur pour la distillerie agricole.

Les deux autres fermes de M. Charles Rabourdin et de M. Hyacinthe Rigault, moins importantes que celle de M. Petit, sont aussi très bien dirigées.

Il faut reconnaître que ces cultivateurs ont su habilement profiter des débouchés importants que leur offre le voisinage de Paris.

M. Hyacinthe Rigault s'est adonné particulièrement à la culture des différentes variétés de pommes de terre. Il en avait présenté à l'Exposition 40 variétés, choisies parmi les bonnes sortes potagères et parmi celles qui sont les plus avantageuses pour la grande culture et la production industrielle.

Mme veuve Dreyfus et M. Ferdinand Dreyfus. — Mme veuve Dreyfus et M. Ferdinand Dreyfus avaient présenté les plans et modèles d'exploitation agricole et forestière, la statistique et la transformation par reboisement du domaine de Montlieu, commune d'Émancé.

Le domaine de Montlieu est situé sur les communes d'Émancé et de Saint-Hilarion, à proximité de Rambouillet et d'Épernon.

Il a une contenance de 299 hect. 5359.

Au moment de l'acquisition, il était constitué de la manière suivante :

Bâtiments, cours, jardins	$18^h\ 14^a\ 30^c$
Friches	15 33 05
Étangs	2 95 03
Bois	36 89 08
Terres	226 22 13

Les 226 hectares de terre furent donnés à ferme, mais, malgré un prix de location très faible et successivement diminué, les fermiers ne purent tirer un parti convenable de la propriété.

C'est qu'en effet Montlieu occupe cette partie du miocène, heureusement assez restreinte, que les géologues ont nettement distinguée et qu'ils désignent par les lettres M^3 et par le qualificatif de *glaises jaunes ou rouges avec silex et meulières.*

Ce sol argilo-siliceux n'a qu'une profondeur très faible (12 1/2 dans les meilleures parties, 6 à 8 ailleurs); il repose sur une couche non interrompue de glaise jaunâtre empâtant des silex plus ou moins volumineux et formant un sous-sol d'une imperméabilité caractéristique et d'une imperméabilité presque absolue pour les racines des plantes.

On comprend qu'un pareil milieu est peu favorable aux récoltes et que sans des soins excessifs elles ne sauraient réussir.

Dès l'automne, quand les grandes pluies surviennent, cette terre compacte se sature d'eau, se gonfle et se transforme en une boue adhérente, impossible à travailler et dans laquelle on ne peut semer.

Pendant l'hiver, l'eau, arrêtée par le sous-sol et privée d'écoulement par suite d'une pente presque insignifiante, s'accumule sur les champs, qui sont fréquemment submergés malgré les nombreuses voies qu'on y trace.

La terre est alors à l'état de bouillie et les plantes, déchaussées par les alternatives de gels et de dégels, sont plus ou moins compromises.

Au printemps, l'assainissement est très lent, la végétation y est tardive; les semailles n'y sont possibles qu'à une époque avancée et le temps pendant lequel les instruments peuvent fonctionner est très court.

Dès que les chaleurs arrivent, la surface se durcit et résiste au soc.

Boue en hiver, brique en été, telle est la caractéristique des terres de Montlieu.

Le propriétaire s'aperçut vite que la culture de 226 hectares, dans les conditions que nous venons d'indiquer, était une œuvre irréalisable.

Toujours une partie du terrain restait inoccupée. Les semailles étaient arrêtées par les intempéries; fréquemment les récoltes étaient si faibles, qu'elles ne compensaient pas, à beaucoup près, les dépenses faites.

M. Dreyfus retira alors peu à peu de la culture les parties les plus infertiles, celles dans lesquelles le sol est le moins profond et mélangé de la plus grande quantité de silex.

Ces parties furent soumises au boisement.

Après avoir judicieusement choisi les terrains à planter, M. Dreyfus détermina les essences à multiplier.

Il ne pouvait être question de mettre partout du chêne, et, suivant les points, on employa tantôt le bouleau et les pins sylvestres, tantôt les aunes et les saules, ailleurs les charmes et les chênes.

Le châtaignier, le pin noir d'Autriche, le hêtre se rencontrent disséminés çà et là avec le peuplier tremble.

Le semis et la plantation furent alternativement pratiqués.

A l'origine, on s'adressa au semis et, pendant que les premiers bois se créaient ainsi, on établissait des pépinières qui servirent plus tard.

Certes, la préparation du sol fut pénible et coûteuse, l'entretien de jeunes plants difficile; mais les beaux taillis, arrivés aujourd'hui à l'âge d'exploitabilité qu'on peut voir sur le domaine, attestent que l'œuvre a été bien comprise et bien menée.

Les bois sont disposés en lignes de 1 m. 20 d'écartement.

La plantation exigeait une dépense de 90 francs par hectare; les binages nécessaires pour défendre les jeunes plants contre la végétation adventive (binage à la houe mécanique et à la main pendant les trois premières années) portent le prix de boisement à 300 francs environ.

Ces taillis sont exploitables à vingt ans et le prix de la vente de la coupe sur pied atteint 400 francs par hectare.

121 hectares ont été ainsi transformés, ce qui porte la surface totale boisée à 158 hect. 01 a. 21 c.

A l'origine, M. Dreyfus se trouva en présence de 175 hect. 15 a. 55 c. de terres arables.

La mise en valeur d'une pareille surface, dont la culture avait été négligée par les fermiers, exigea des dépenses considérables et l'apport d'un capital d'exploitation important.

Nous n'insisterons pas sur les premières années, pendant lesquelles les frais faits pour la culture arable se confondent avec ceux relatifs aux boisements.

Mais, dès 1880, les plantations étaient achevées, la culture était réduite à 105 hect. 10 a. 30 c., surface qu'elle a conservée d'ailleurs.

A ce moment, les résultats peuvent être appréciés par les chiffres suivants :

Inventaire	65,249f 20
Produits obtenus.	
Végétaux et animaux	28,184 00
Dépenses	35,906 00
Déficit	7,722 00

Cette situation était intolérable.

Un capital foncier représentant une valeur considérable, un capital d'exploitation s'élevant à 65,249 francs n'étaient nullement rémunérés.

On chercha alors à diminuer les dépenses de main-d'œuvre et d'engrais, et, dès 1885, les résultats étaient ainsi modifiés :

Puisque les produits donnaient	27,394f 10
Les dépenses étant de	26,646 90
Il y avait bénéfice de	747 20

On était donc arrivé, par une surveillance active des dépenses, à les diminuer de près de 10,000 francs, alors que les recettes restaient à peu près stationnaires.

Cependant le résultat était encore bien faible, l'excédent des recettes sur les dépenses ne s'élevant qu'à 700 francs environ.

On comprit alors qu'une modification dans le système de culture pouvait seule donner la solution cherchée.

La terre de Montlieu fut analysée; on y trouva :

Gros sable.	Siliceux	54 p. 100.
	Calcaire (99.67)	1.06
Sable fin et argile		44.61
Chaux totale en CaO,CO²		1.24
Acide phosphorique		0.34
Potasse en KO,HO		0.16
Azote		0.10

Nous sommes donc en présence d'une terre exceptionnellement pauvre, surtout en acide phosphorique et en potasse.

L'azote paraît, au premier abord, s'y trouver en quantité suffisante; mais si l'on tient compte de ce fait que les propriétés physiques d'un pareil sol sont très mauvaises et que les plantes y utilisent fort mal le stock des aliments utiles, on s'expliquera qu'ici le dosage de 1.10 p. 100 est insuffisant.

La méthode culturale adoptée dans les environs de Paris sur de bonnes terres qui donnent des rendements élevés de fourrage ne convient pas ici. Une semblable culture serait toujours onéreuse.

C'est qu'en effet la luzerne, le trèfle, qui réussissent si bien et assurent par la vente du foin un produit considérable, refusent complètement de pousser sur les terres peu profondes et imperméables de Montlieu.

La germination se fait bien; mais toujours les hivers détruisent les jeunes plantes par suite du déchaussement. Il en résulte que l'exploitation du bétail ne saurait prendre une grande extension; elle est limitée par la production fourragère.

Tous les ans on était obligé d'importer de grandes quantités de fourrages et de matières alimentaires diverses, et, quand l'été était sec, les importations prenaient des proportions désastreuses.

Enfin la betterave ne donne que de faibles rendements et exige une préparation du sol très onéreuse.

Le sous-sol doit être remué par une sous-soleuse, et, malgré cette précaution et l'apport d'une abondante fumure, on dépasse peu 35,000 kilogrammes à l'hectare.

La pénurie de fourrages secs et verts est donc le point dominant à Montlieu.

Les céréales, au contraire, quand elles sont faites dans de bonnes conditions, réussissent toujours.

Les blés rendent de 25 à 30 hectolitres à l'hectare; les avoines, 30 à 35 hectolitres.

Il semblerait donc que la conclusion rationnelle fût l'abandon du bétail et la culture des céréales aux engrais chimiques.

Mais l'observation avait déjà montré que, dans ces terres, les engrais chimiques sans fumure au fumier de ferme ou sans l'intervention des fourrages, ne pouvaient donner des résultats économiques.

On a donc cherché les moyens d'obtenir des fourrages.

La prairie temporaire s'est présentée comme le moyen de résoudre la question.

Elle est devenue avec les céréales la base de l'assolement dont la formule générale est aujourd'hui la suivante :

Première sole. — Plantes sarclées, fourrages, jachère.

Deuxième sole. — Blé.

Troisième sole. — Prairie temporaire.

Quatrième sole. — Prairie temporaire.

Cinquième sole. — Avoine ou blé.

Sixième sole. — Avoine.

L'introduction de la prairie dans l'assolement a eu des conséquences heureuses qu'on peut résumer ainsi :

1° Production abondante d'un bon fourrage qui a suffi à l'alimentation des animaux de la ferme ;

2° Améliorations des propriétés physiques et enrichissement en azote du sol, ce qui a permis de diminuer les achats de nitrate de soude.

Le mélange employé pour la création des prairies temporaires est ainsi composé par hectare :

Trèfle	blanc	1k 000
	hybride	1 500
Minette		2 000
Trèfle violet		4 000
Anthyllide		2 000
Dactyle pelotonne		3 000
Avoine élevée		5 000
Fléole		3 000
Paturin des prés		2 000
Ray-grass	anglais	8 000
	d'Italie	8 000
Sainfoin		1 hectol.

Ces graines, distribuées en trois opérations et enfouies séparément, ont donné un fourrage bien composé, compact et dont le rendement atteint 6,000 kilogrammes à l'hectare dans les deux coupes.

La diversité des espèces assure la résistance aux intempéries et l'abondance du produit par la complète utilisation de toutes les parties du sol.

L'avoine qui succède à la prairie reçoit seulement par hectare :

Superphosphate à 14 p. 100	300 kilogr.
Chlorure de potassium	50

Pour la deuxième avoine, on répand :

Superphosphate	300 kilogr.
Chlorure de potassium	50
Nitrate de soude	50

Les variétés employées sont :

Les avoines des salines et grises de Houdan.

Les froments suivent les plantes sarclées et ce sont eux qui abritent la jeune prairie.

Ils viennent sur fumure au fumier de ferme, à laquelle on ajoute communément 300 kilogrammes de superphosphate.

Au printemps, au moment du semis de la prairie, on enfouit par hectare :

Nitrate de soude	100 kilogr.
Chlorure de potassium	50

Le mélange des semences qui a donné les meilleurs résultats est celui du blé rouge d'Écosse, de Bordeaux, Prince Albert, blanc de Flandre.

Nous avons vu que la cinquième sole était partagée entre le blé et l'avoine.

Le partage est inégal et dépend des circonstances atmosphériques, qui ont, sur la culture des terres de Montlieu, une influence prédominante.

Pendant que ces améliorations étaient introduites dans la production végétale, on modifiait la production animale.

Le nombre des bêtes chevalines était réduit et ramené à douze, dont trois poulains.

Le lait, jusque-là transformé sur la ferme, était vendu directement sur place au prix de 0 fr. 14 pendant six mois, et 0 fr. 12 pendant le reste de l'année.

Le tourteau remplaçait en partie le son dans l'alimentation des vaches, ce qui a amené un accroissement dans la production du lait, en même temps qu'une diminution de dépenses.

L'exploitation des bêtes à laine était également modifiée.

Leur produit se composait auparavant :

1° De la laine;

2° Des brebis mères réformées;

3° Des mâles vendus à deux ans.

On reconnut l'avantage, en présence d'un débouché assuré, de vendre les agneaux à l'âge de six à sept mois, c'est-à-dire à l'état d'agneaux blancs.

Une faible addition de tourteau au fourrage sec et vert qui constitue leur ration suffit pour obtenir l'engraissement de ces jeunes animaux, qui se vendent comme viande de luxe et, par suite, à un prix que ne sauraient atteindre les bêtes de deux ans.

Ces diverses modifications ont amené les recettes et les dépenses aux chiffres suivants :

Produits végétaux et animaux	30,077f 90
Dépenses	26,815 20
Bénéfices	3,262 70

servant à rémunérer les capitaux engagés.

Les résultats sont donc considérablement modifiés. Ils s'amélioreront tous les ans par l'application du système actuel.

En somme, la mise en valeur de Montlieu présentait d'énormes difficultés qui ont été résolues :

1° Par l'introduction de la prairie temporaire dans l'assolement ;

2° Par l'emploi judicieux des engrais chimiques;

3° Par la diminution progressive de la main-d'œuvre;

4° Par l'exploitation raisonnée du bétail.

M. Ernest Gilbert. — M. Ernest Gilbert exploite depuis 1860 la ferme du Manet, commune de Montigny-le-Bretonneux. Elle comprend 288 hectares, pour lesquels M. Gilbert paye 44,875 francs de location, à raison de 152 francs par hectare, y compris les impôts qui sont à sa charge. Cette exploitation, admirablement dirigée, a valu à son propriétaire la prime d'honneur au concours régional de Versailles en 1881. Des progrès sérieux ont été réalisés depuis 1878; ils ont pour cause : 1° les labours profonds de 0 m. 30 à 0 m. 32; 2° le marnage; 3° l'emploi rationnel des fumiers et des engrais chimiques; 4° l'extension donnée à la culture de la betterave; 5° le drainage appliqué sur 100 hectares de superficie.

L'assolement est à peu près triennal; il comprend annuellement : blé, 95 à 97 hectares; avoines, 65 à 70 hectares; betteraves, 80 à 85 hectares; luzerne et fourrages, 25 hectares.

Les rendements comparés entre 1878 et 1889 sont assez curieux, aussi les donnons-nous complètement par hectare.

Froment	1861 à 1879	(hectolitres)	29 09
	1880 à 1888		33 05
Avoine	1861 à 1879		48 00
	1880 à 1888		56 50
Betteraves	1861 à 1879	(kilogrammes)	43,700 00
	1880 à 1888		46,640 00
Alcool	1861 à 1879	(hectolitres)	20 00
	1880 à 1888		24 50

Les animaux de travail comprennent 8 chevaux et 56 bœufs en été, et 36 bœufs en hiver.

Les animaux de vente engraissés chaque année sur l'exploitation comprennent 20 bœufs et 800 moutons.

Une machine à vapeur de la force de 12 chevaux met en mouvement les appareils de la distillerie, les machines à battre, les appareils servant au nettoyage des grains, la pompe à purin, le hache-maïs, le moulin américain, le crible à menue paille, etc.

L'exploitation importe chaque année les engrais suivants : 1,200,000 kilogrammes de fumier de cavalerie, 2 millions de kilogrammes de gadoue et pour 15,000 francs environ d'engrais chimiques.

Les vinasses provenant de la distillerie servent annuellement à l'irrigation de 6 hectares; chaque hectare reçoit tous les deux ans 450 à 500 mètres cubes.

En résumé, M. Gilbert obtient dans sa ferme du Manet des résultats remarquables dans la culture des céréales et de la betterave par un bon choix des variétés, par des labours profonds et par un emploi judicieux d'engrais de toutes sortes.

M. Émile-Charles Radot. — M. Émile-Charles Radot, qui exploite une ferme de 230 hectares à Essonnes, avait exposé des blés gris de Saumur à paille blanche. Depuis 1867, date de la prise de possession de sa ferme, il s'est appliqué à faire cette spécialité de blé de semence sans jamais la mélanger à d'autres, de façon à conserver une semence parfaitement pure. Toutes ses récoltes sont vendues commes semences aux cultivateurs des départements de Seine-et-Oise, Seine-et-Marne et autres. Les déchets et les blés défectueux, rendus tels par les intempéries, sont seuls livrés à la meunerie.

M. Radot avait exposé aussi à la classe 74, en même temps qu'aux classes, 78, 57 et 20, des produits de son usine céramique des Tarterets; ils consistaient en tuyaux de drainage et en couvertures de tuiles légères.

Syndicat agricole de Briis-sous-Forges. — Le Syndicat agricole de Briis-sous-Forges avait envoyé au quai d'Orsay quelques produits agricoles présentés par les membres du syndicat.

MM. Stanislas Tétard père et fils. — Enfin, parmi les exposants individuels de Seine-et-Oise, nous devons une mention toute spéciale pour MM. Stanislas Tétard et fils.

Leur ferme, exploitée de père en fils depuis 1815, comprend 325 hectares et a fourni à l'Exposition des blés en gerbes et en grains, des avoines et de la ramie. La sucrerie agricole de Saint-Christophe, à Gonesse, qui est jointe depuis 1855 à leur exploitation agricole, avait envoyé du sucre blanc cristallisé.

Cette exploitation industrielle et agricole a été déjà l'objet de deux très importants rapports, l'un à la Société d'encouragement pour l'industrie nationale, par M. Hervé-Mangon, sur l'application du labourage à la vapeur, et l'autre à la Société nationale d'agriculture, par M. H. Besnard, sur l'exploitation industrielle et agricole de M. Stanislas Tétard à Gonesse. Ces deux mémoires ont fait accorder à ces remarquables cultivateurs les plus hautes récompenses des sociétés que nous venons de citer.

Les rendements, qui étaient en 1878 de 26 quint. 20 de blé à l'hectare et de 6 kilogr. 25 p. 100 de sucre par 100 kilogrammes de betteraves, ont été en 1889 de 30 quint. 30 de blé à l'hectare et de 10 kilogr. 50 pour 100 de sucre par 100 kilogrammes de betteraves.

La nouvelle disposition des bâtiments de la sucrerie a permis de supprimer presque totalement la main-d'œuvre pour l'alimentation de l'usine en racines; à cet effet, on a adopté le transporteur hydraulique, on a installé le procédé Manoury pour la rentrée des mélasses à la diffusion, et l'on a augmenté ainsi le rendement en sucre blanc obtenu directement.

BERGERIE DE RAMBOUILLET.

Dans le département de Seine-et-Oise figure aussi la bergerie de Rambouillet; nous avons rédigé la note qui suit sur cet établissement, en consultant l'ouvrage si intéressant de M. Léon Bernardin, ancien directeur, et intitulé : *la Bergerie de Rambouillet et les mérinos.*

C'est en 1785 que Louis XVI fit construire, au milieu du grand domaine de Rambouillet qu'il venait d'acheter au duc de Penthièvre, la ferme expérimentale dans laquelle on voulut mettre à l'essai les arbres, les cultures et les animaux des divers pays.

Louis XVI fit demander à son parent, le roi d'Espagne, la liberté d'importer, des caravagnes ou bergeries si renommées de son pays, un troupeau de bêtes à laine superfine.

Cette demande fut très favorablement accueillie, et le 15 juin 1786 un troupeau était réuni aux environs de Ségovie et partait pour la France sous la conduite de bergers espagnols.

Ce troupeau comprenait 383 têtes, dont : 334 brebis, 42 béliers et 7 moutons conducteurs.

Ces bêtes provenaient des caravagnes suivantes, toutes de races léonèses :

	Têtes.		Têtes.
Pérales	58	Alcola	37
Perella	50	San Juan	37
Paular	48	Portago	33
Negressi	42	Iranda	20
Escurial	41	Salanzar	17

17 bêtes moururent durant le voyage, et il ne restait plus alors que 366 têtes, dont : 318 brebis, 41 béliers et les 7 moutons conducteurs. Telle fut l'origine du troupeau de Rambouillet, qui se composait réellement d'animaux d'élite.

Il y eut une seconde importation qui fut faite par Gilbert en 1799. La mission de ce professeur de l'École d'Alfort fut pénible et elle lui devint fatale. Il mourut en septembre 1800, après avoir expédié à Perpignan 1,030 bêtes à laine.

Sur ce nombre, 46, dont 6 béliers, ont été dirigés sur la bergerie de Rambouillet. Ce fut là le second et dernier contingent que l'établissement reçut d'Espagne. Mais il resta parfaitement établi que le troupeau introduit en 1786 a toujours été supérieur aux animaux importés dans ce dernier cas.

Il fut souvent question de supprimer la bergerie de Rambouillet, de 1791 à 1795, en 1830, en 1848; mais il semble enfin que les pouvoirs publics finirent par comprendre l'intérêt qui s'attachait au troupeau de Rambouillet à des points de vue divers; qu'ils ont reconnu que le supprimer serait enlever à la France agricole un de ses plus beaux fleurons, et que le déplacer ce serait lui faire perdre le prestige du nom sous lequel il est si universellement connu.

Un certain nombre de photographies et de dessins, envoyés à l'Exposition universelle, permettaient de se rendre compte de ce qu'ont été successivement les produits du troupeau; mais nous croyons utile de reproduire ici les caractères spéciaux, le poids, la taille et les produits de l'ancien mérinos, en faisant connaître comment Gilbert les dépeignait dans un mémoire qu'il a rédigé au nom d'une commission gouvernementale, et sous le titre : *Choix des béliers et brebis de race pure.*

Ce ne sont point les caractères d'un beau bélier ou d'une belle brebis que je me propose d'indiquer ici, ces caractères étant aussi variés que les races disséminées sur tous les points du globe, et tenant infiniment plus aux caprices, aux fantaisies, aux habitudes des hommes qu'à des règles certaines sur le vrai beau : les beautés de la race espagnole, les signes auxquels on peut reconnaître sa pureté : voilà ce qu'il entre dans mon plan de faire connaître ici.

La taille des bêtes à laine de pure race d'Espagne varie depuis 24 jusqu'à 30 pouces (65 à 81 centimètres). On doit préférer les premières dans les lieux où les pâturages sont maigres, le sol aride et les substances supplétives rares. Il est de fait que sur des terrains de cette nature, deux cents bêtes à laine de petite taille trouvent leur nourriture, où vingt de grande taille ne pourraient pas vivre, ce qui est bien facile à comprendre, puisque des animaux de grande taille, ayant besoin d'une plus grande quantité d'aliments, ne peuvent se la procurer qu'en saisissant, chaque fois, de plus fortes bouchées, ce qui n'est pas possible sur un terrain maigre; ou qu'en parcourant le terrain avec une célérité double, ce qui ne l'est pas davantage.

Le beau bélier espagnol, de race pure, a l'œil extrêmement vif et tous ses mouvements prompts; sa marche est libre et cadencée; observation qui, je crois, n'a pas été faite, et qui est commune au cheval de cette contrée et peut-être même à toutes les autres espèces, sans excepter celle qui tient le premier rang; la tête est large, aplatie, carrée; le front, au lieu d'être busqué et tranchant, comme dans toutes nos races françaises, est sur une ligne droite, arrondi sur les côtés et très évasé; les oreilles sont très courtes; les cornes très épaisses, très longues, très rugueuses, et contournées en spirale redoublée; le chignon est large et épais, les épaules rondes, le dos cylindrique, le poitrail large; le fanon descendant très bas, la croupe large et arrondie, tous les membres gras et courts.

Son corps, trapu, est couvert d'une laine très fine, courte, serrée, tassée, imprégnée d'un suint beaucoup plus abondant que dans les autres races; elle s'étend sur toutes les parties du corps, depuis les yeux jusqu'aux ongles; elle réfléchit extérieurement une couleur grisâtre et quelquefois même noirâtre, due à la poussière et aux corps étrangers qui, s'attachant au suint dont la toison est imprégnée, forment une sorte de croûte rembrunie; divisée avec la main, elle laisse apercevoir une laine blanche, frisée, dont les brins sont d'autant plus serrés qu'elle est plus fine; on n'y découvre point, ou bien peu, de ces poils gras et durs qu'on connaît sous le nom de *jarre*.

Il arrive quelquefois qu'on n'aperçoit aucun brin de jarre dans la laine; mais si l'on examine avec soin les joues des béliers ou des brebis, on y remarque un très grand nombre de petits poils plus gros que ceux du reste du corps et réfléchissant une couleur gris-perlé très brillante. Ces poils ne peuvent faire aucun tort à la toison, mais il n'est pas rare de voir les béliers et les brebis dans lesquels ils se trouvent, donner des productions dont la laine est jarreuse.

Dans les béliers de race bien pure, les testicules sont très gros, très pendants et séparés par une ligne d'intersection parfaitement bien marquée.

On doit éviter que le bélier n'ait sur la peau la plus légère tache noire, l'expérience ayant démontré que ces taches s'étendaient dans les productions et que quelquefois même il en provenait des agneaux tout noirs. On porte le scrupule jusqu'à rejeter les béliers qui ont quelques taches noires sur la langue, ce qui n'est pas très rare. Je crois que ce scrupule résulte d'une erreur. J'ai l'expérience que des béliers qui avaient quelques taches noires dans la bouche n'ont donné que des agneaux très blancs.

La brebis la plus jeune est toujours celle dont les formes se rapprochent le plus des caractères qui constituent la beauté dans le mâle.

Les aquarelles faites au sixième en 1801 et 1802 par Maréchal et de Wailly, dessinateurs au Muséum, présentent déjà certaines divergences.

Mais ce qu'il importait surtout de connaître, ce sont les rendements en laine par tête; nous voyons pour les années 1794 à 1817 le rendement moyen suivant :

Mai 1794	3k 220
Mai 1800	3 560
Mai 1804	3 500
Mai 1813	3 840
Mai 1817	4 280

Ensuite MM. Bourgeois et Bernardin firent dresser annuellement un tableau contenant le résultat de chacune des tontes. Voici celle de 1887 :

CATÉGORIES D'ANIMAUX.	NOMBRE de SUJETS.	ÂGES.	POIDS MOYEN après LA TONTE.	POIDS MOYEN DES TOISONS.	LAINE P. 100 de poids vif.
			kilogr. gr.	kilogr. gr.	
Béliers adultes	56	2 ans 1/2 et plus.	74 500	9 160	12.29
Béliers antenais	82	1 an 1/2.	68 390	6 954	10.16
Ensemble des béliers	138	1 an 1/2 et plus.	70 876	7 850	11.07
Brebis mères	338	3 ans 1/2 et plus.	48 810	5 331	10.92
Jeunes brebis	86	2 ans 1/2.	45 000	5 812	12.97
Antenaises	142	1 an 1/2.	42 901	5 317	12.39
Ensemble des femelles	566	1 an 1/2 et plus.	46 719	5 401	11.56

En réalité, le troupeau de Rambouillet est resté pur, rien de particulier ne s'y est produit, et M. Bernardin déclare qu'aujourd'hui, après plus d'un siècle, le troupeau conserve à peu près les diverses qualités de sa laine, et que la qualité des toisons reste la même, bien que leur poids ait considérablement augmenté.

Nous aurions encore beaucoup à dire sur ce remarquable troupeau, mais nous pensons qu'il est préférable de renvoyer le lecteur à l'ouvrage si remarquable de M. Léon Bernardin, ancien directeur.

Les personnes qui s'intéressent à l'élevage du mérinos y trouveront des détails qui ne peuvent entrer dans le cadre de notre rapport.

Nous nous bornerons à reproduire les conclusions de l'ancien directeur de la bergerie de Rambouillet :

Après avoir suivi le troupeau de Rambouillet depuis son origine, j'ai constaté qu'il avait conservé ou repris ses qualités et ses aptitudes primitives.

Que la toison s'était accrue en poids sans perdre sensiblement en finesse, et tout en gagnant en longueur de mèche.

Que l'accroissement du poids des toisons n'avait eu lieu d'une manière appréciable que lorsque l'extrême finesse n'a plus été la première de toutes les conditions, et surtout que lorsqu'on avait renoncé à mettre les mérinos en lutte, sous le rapport de la viande, avec les races de boucherie.

En m'occupant des particularités, j'ai montré en quoi elles se résument et à quoi on peut les attribuer, et j'ai prouvé une fois de plus la fixité et la pureté du troupeau de Rambouillet par l'absence des écarts observés dans d'autres; j'ai aussi relevé et réfuté en passant quelques assertions qui ont été publiées.

J'ai fait voir aussi que les mérinos dits *améliorés* ne sont pas des mérinos au même titre ni de la même valeur que le Rambouillet, quant à la production de la laine.

Qu'en thèse générale, dans un même troupeau, les bêtes les plus petites ont, toute proportion gardée, la toison la plus riche.

Enfin, on trouvera que j'ai semblé me complaire à confirmer quelques vieux préceptes de pratique touchant les qualités de la laine, la corrélation qui existe entre certains de ces caractères, et les variations qu'elle peut subir par le fait de diverses circonstances.

Et j'ai terminé en cherchant à prouver qu'il n'y a pas avantage à pousser le mérinos à la précocité, sous prétexte de lui faire produire de la viande à meilleur compte, car on s'éloignerait du but.

DÉPARTEMENT DE LA CÔTE-D'OR.

SYNDICAT DES HOUBLONS DE BOURGOGNE.

Ce syndicat s'est formé le 22 avril 1887 pour faciliter la culture du houblon dans le département de la Côte-d'Or.

La culture du houblon n'est pas très ancienne en Bourgogne ; les premiers essais furent tentés en 1832, par Victor Noël, de Beire-le-Châtel. Les produits se trouvant d'excellente qualité et recherchés par le commerce, la nouvelle plante se répandit rapidement dans les environs; elle occupe maintenant une étendue de 1,400 hectares dans le département de la Côte-d'Or, comprenant principalement les cantons de Mirebeau, Is-sur-Tille, Selongey, Grancey, Recey-sur-Ource, Fontaine-Française, Dijon, Seurre et quelques communes des départements limitrophes.

L'annexion de l'Alsace donna une extension considérable aux plantations, qui fournissent aujourd'hui de 30,000 à 35,000 quintaux de houblon.

Les plantations sont établies sur des terrains argilo-calcaires, avec des proportions très variables dans les éléments constitutifs de ces terrains.

Jusqu'à la création du syndicat, les houblons de Bourgogne étaient achetés à vil prix par le commerce allemand, qui les vendait comme houblons allemands, à des prix très élevés, et cela principalement à la brasserie française. Le syndicat, en créant une marque et un plomb, a cherché à affirmer l'origine de ses produits et à sauvegarder leur provenance.

Il compte ainsi se constituer une clientèle de brasseurs s'approvisionnant directement à la source de la production, et soustraire ses adhérents comme ses clients aux agissements de la spéculation généralement aussi désastreux pour le producteur que pour le consommateur.

C'est ce principe qui a surtout guidé les producteurs syndiqués, et les résultats obtenus justifient pleinement leurs espérances et récompensent leurs efforts.

Le syndicat a pour objet :

1° De servir aux syndiqués de centre permanent des relations et de leur procurer les renseignements et moyens nécessaires pour l'acquisition des matières premières, outillages, engrais à prix réduits ;

2° De recueillir et communiquer aux syndiqués toutes les indications propres à les éclairer sur la situation des récoltes, les offres et les demandes, et à leur faciliter les opérations et marchés ;

3° D'établir un office chargé de centraliser les renseignements ci-dessus et de faciliter la vente des houblons récoltés par les syndiqués ;

4° De donner des avis et conseils sur toutes les questions techniques ou contentieuses relatives à la culture du houblon ;

5° Et d'encourager l'amélioration des espèces de houblon, la proportion des bons procédés de culture, récolte et cueillette ; d'organiser au besoin des concours, expositions, conférences ; surtout de tendre, par la création de marques d'origine, à faire apprécier la qualité des houblons de Bourgogne, à sauvegarder leur réputation et à affirmer leur provenance.

La chambre syndicale, conformément à l'article 20 des statuts du syndicat, a agréé comme commissionnaire spécial M. Émile Bing, chevalier de la Légion d'honneur, négociant à Dijon, qui est seul concessionnaire de la marque et du plomb du syndicat, et chargé de la vente des houblons appartenant aux planteurs syndiqués.

Cependant ces derniers ne sont pas obligés de faire vendre par l'entremise de

M. Bing et ont toute latitude d'opérer le placement de leurs produits suivant leurs convenances.

Créé le 2 avril 1887 avec 82 adhérents, le syndicat compte aujourd'hui 731 membres, dont les plantations couvrent 700 hectares, produisant en moyenne 15,000 quintaux de houblon par an, ce qui représente plus de la moitié de la production en Bourgogne, et plus d'un quart de la production totale de la France.

Le prix moyen, qui pendant les années 1883 à 1887 était tombé au-dessous de 50 francs les 50 kilogrammes, a été pour la dernière récolte de 95 francs, le prix moyen de production étant de 70 à 75 francs.

La première exposition à laquelle le syndicat a pris part était celle des bières françaises, qui a eu lieu en 1887, au palais de l'Industrie, à Paris. Le syndicat a obtenu d'emblée le diplôme d'honneur pour son exposition collective.

C'est grâce à ce résultat que l'attention de la brasserie qui ignorait presque l'existence des houblons de Bourgogne a été attirée sur ceux-ci. Aussi les ventes du syndicat ont-elles immédiatement pris une grande importance; elles se chiffrent pour 1888 à 12,252 quintaux, dont :

Pour la France	3,231 quint.
Pour l'Angleterre	5,857
Pour la Belgique	3,164

Sur les marchés de ces deux derniers pays, les houblons du syndicat occupent dès maintenant un rang très estimé et y font une concurrence sensible aux houblons allemands et américains.

En Amérique, ces produits sont frappés de droits prohibitifs, qui rendent leur vente impossible pour cette destination.

Il nous reste à faire connaître les noms des agriculteurs qui avaient envoyé des houblons à la collectivité de la Côte-d'Or; ce sont : MM. Geliot, Bardet (Alfred), de Boyveau, Delamarche, Girodet, Magnien, Perriquet, Quantin, Robelin, Lenoir, Petitjean et Mme veuve Bordet.

L'étendue de la culture de chacun de ces propriétaires varie entre 1 et 2 hectares; quelques-uns cependant ont jusqu'à 4 et 8 hectares, mais c'est l'exception.

Il nous reste un mot à dire de l'agriculture de ce département; mais notre tâche nous est bien facilitée par l'exposition de M. Magnien, professeur d'agriculture de la Côte-d'Or.

Les tableaux graphiques de M. Magnien représentent à l'aide de teintes et de tracés faciles à comprendre : 1° les surfaces cultivées du département en céréales, vignes, prairies, forêts, vergers, etc.; 2° pour le blé, la superficie ensemencée, les rendements annuels par hectare et le prix moyen de l'hectolitre; 3° les résultats des cultures entreprises à l'aide des meilleures variétés de blé; 4° les effets comparés du nitrate de soude et du sulfate d'ammoniaque dans cinq espèces de sols différents; 5° les effets du phosphate fossile associé au fumier de ferme ; 6° la faculté de tallement des principaux blés, etc.

D'autres expériences se rapportent à la culture des prairies, à la viticulture.

A ces tableaux instructifs étaient joints des albums de statistique agricole, des échantillons de phosphates de la région, une collection d'insectes nuisibles, un plan en relief des vignobles de la Côte-d'Or et plusieurs herbiers.

Enfin un exposant isolé, M. Vivien (Félix), avait envoyé des foins provenant des prairies de la Vallée de la Saône, aux environs de Seurre.

M. Bouzerand (Léon) présentait une brochure sur les types d'exploitation rurale, les plans de bâtiments ruraux, sur les assolements, les prairies naturelles et artificielles, les bestiaux, les céréales et la comptabilité agricole.

DÉPARTEMENT DE LA VENDÉE.

EXPOSITION COLLECTIVE DU COMITÉ DÉPARTEMENTAL DE LA VENDÉE.

Le département de la Vendée était représenté par l'exposition collective du Comité départemental de la Vendée.

C'est à M. Madelaine, son président, que nous devons la notice qui suit; c'est une étude complète de l'agriculture de cette région.

La Vendée est surtout agricole; tel aussi devait donc être le caractère essentiel de l'exposition préparée par les soins du Comité départemental dans la classe 74.

Cette exposition n'avait en vue qu'un intérêt général et donnait un résumé, peut-être trop sommaire, des ressources, du développement et de la situation actuelle de ce département; elle présentait des échantillons ou des types de toutes les productions de ses diverses parties et des documents sur ce qu'il peut offrir d'intéressant à tous les points de vue.

C'est en ce sens que cette exposition a pu être appelée collective.

Passer en revue ces types, ces échantillons, ces documents de toute nature, c'est donc, proprement, se rendre compte de la valeur réelle de la Vendée aujourd'hui; pour qui la connaissait il y a vingt ans, c'est aussi mesurer le chemin parcouru et apprécier les immenses progrès accomplis.

La collection la plus complète se rapportait, comme cela devait être, aux céréales; on ignore trop généralement que le département de la Vendée est, à ce point de vue, un des plus grands producteurs de France.

Il doit cette situation privilégiée à sa position géographique sur le bord de l'Océan et à la variété des terrains dans ses diverses régions. On sait, en effet, que la Vendée comprend trois grandes divisions : le Bocage, la Plaine et le Marais.

Au nord, une partie accidentée, pittoresque, couverte d'arbres nombreux et coupée

IMPRIMERIE NATIONALE.

de haies, c'est le Bocage; il occupe à lui seul plus de la moitié des 670,000 hectares qui forment l'étendue totale du département.

Au-dessous du Bocage, on trouve une bande étroite prenant naissance dans les Deux-Sèvres, pour se terminer en pointe à l'ouest, sur le bord de la mer, à la côte de Jard : c'est la Plaine.

Le pays, à peine ondulé, ne présente guère de collines qu'au passage des rivières qui le traversent, en courant du Bocage, où elles sont nées, jusqu'au rivage de la mer, où elles s'étalent en estuaires plus ou moins étendus.

Les eaux boueuses de ces petits fleuves ont peu à peu laissé s'accumuler sur les bords de l'Océan des dépôts qui ont fini par combler presque complètement la baie de Bourgneuf au nord-ouest, et l'anse de l'Aiguillon au sud-ouest.

Ces immenses alluvions occupent plus de 150,000 hectares et forment le Marais; le pays sillonné de ces petits fleuves et découpé de nombreux canaux pour l'écoulement des eaux, toujours surabondantes en hiver, est absolument plat, sauf les parties qu'on appelle encore les Îles hautes, et rien ne vient rompre la monotonie du sol, à peu près complètement dépourvu d'arbres, excepté sur la lisière du côté de la Plaine.

A ces différences caractéristiques correspondent évidemment des différences dans la composition même des terrains.

Le sol du Bocage dans sa partie nord est granitique; il est schisteux dans le centre et le sud, avec de nombreux dépôts de silex entre les lames du schiste ou dans les blocs de granit; le fond est naturellement peu perméable; il sort du sol des sources abondantes, dont les eaux s'accumulent dans les parties basses et forment quelquefois des marécages.

Comme toutes les terres de nature schisteuse ou granitique, celles du Bocage contiennent beaucoup de potasse, mais elles sont presque entièrement dépourvues de chaux et l'acide phosphorique ne s'y trouve qu'en insuffisante quantité.

Dans la Plaine, le calcaire oolithique, pour la plus grande partie, qui a formé le sol n'est souvent recouvert que d'une légère couche de terre, et comme le sous-sol est très perméable les récoltes y sont exposées à la sécheresse. Les sources sont rares dans cette région de la Vendée.

La bordure de la Plaine touchant le Bocage contient du lias, mais il y est moins abondant que dans le bassin calcaire existant au milieu du Bocage, où il semble avoir formé une sorte de lac intérieur au temps de la mer jurassique.

Le Marais, formé des alluvions provenant des eaux bourbeuses des rivières accrues par les pluies surabondantes tombées sur les terres cultivées du Bocage et de la Plaine, constitue un sol de qualité supérieure et parfois d'une incroyable fertilité, comme celui des polders de la baie de Bourgneuf et de l'anse de l'Aiguillon.

Malheureusement, le système de culture sans engrais, pratiqué dans cette partie, ne peut manquer d'épuiser le sol et il sera beaucoup plus difficile de lui rendre la fertilité que dans les terrains légers.

Les productions de la Vendée, dont le Comité avait exposé un grand nombre d'échantillons, sont considérables et il peut être intéressant de rappeler les chiffres qui les résument.

La surface cultivée en froment est de 170,000 hectares et le rendement moyen atteint près de 16 hectolitres à l'hectare, ce qui porte le produit total à plus de 2,500,000 hectolitres; plus de la moitié de cette récolte est exportée.

L'orge occupe de 10,000 à 12,000 hectares, qui donnent annuellement près de 250,000 hectolitres.

Les 30,000 hectares cultivés en avoine donnent un rendement moyen de 25 hectolitres à l'hectare, soit en tout 700,000 à 800,000 hectolitres.

Diverses cultures, sarrasin, millet, fèves, haricots, pois..... s'étendent sur une vingtaine de mille hectares. Le rendement en pommes de terre est de 65 à 70 quintaux métriques à l'hectare; il en est cultivé 12,000 hectares.

La valeur des céréales et autres plantes alimentaires produite chaque année, en plus de la consommation locale, s'élève à la moitié environ de la récolte totale, ce qui représente une somme considérable de plusieurs dizaines de millions.

Quant à la production fourragère, elle occupe 220,000 à 230,000 hectares, dont la moitié en prairies naturelles ou herbages pacagés. Les prairies artificielles de la famille des légumineuses comptent au moins 70,000 hectares; le reste comprend les choux et les racines fourragères.

La production maraîchère s'est assez accrue pour dépasser la consommation locale; mais c'est surtout la récolte des fruits qui a pris, depuis quelque temps, une extension considérable : les cerises, les châtaignes, les pommes, les poires, s'expédient chaque année, en grande quantité, non seulement aux halles de Paris, mais même en Angleterre.

Non moins important est l'accroissement des produits accessoires. Depuis une vingtaine d'années, le marais Sud-Ouest du département a vu s'augmenter la proportion de ses vaches laitières. Non seulement cette région a emprunté aux Hollandais leur système de desséchement du sol, mais la première fromagerie installée dans le pays a été établie d'après les méthodes usitées en Hollande.

Le Marais possède actuellement une vingtaine de fromageries qui fabriquent le fromage dit *croûte rouge* et autres sortes.

Les produits obtenus déterminent un commerce annuel qui va bientôt atteindre 2 millions de francs. Ces fromages sont vendus surtout à la marine ou sont destinés à l'exportation. Depuis un certain temps, la consommation intérieure semble devoir augmenter.

Dans ces deux dernières années, les beurreries ont pris une certaine extension. Les beurres de l'Ouest n'avaient pas une bonne réputation. La mauvaise qualité de ces produits tenait simplement au système de fabrication.

Grâce à la création de l'École départementale d'agriculture et de laiterie, il est aujourd'hui hors de doute que la Vendée peut produire un beurre d'excellente qualité.

Il suffit de remplacer l'ancienne fabrication avec du lait caillé ou chauffé, par les procédés scientifiques nouveaux.

C'est ainsi que les Charentes ont pu produire un beurre renommé avec des matières premières inférieures comme qualité à celle des marais vendéens.

Il faut bien aussi parler des vignes malgré leur souffrance en ce pays comme ailleurs.

La Vendée possédait environ 20,000 hectares de vignes avant l'invasion du phylloxéra. Certains crus jouissaient d'une grande réputation dans le pays, notamment ceux de Mareuil et de Sigournais.

Depuis quelques années, les vignes situées en plaine ont disparu.

Dans ces terrains calcaires, la résistance au phylloxéra a été très faible. Les vignes en Bocage dépérissent moins rapidement.

Le vin de la Vendée est produit par divers cépages. Le ragoutant donne le vin rouge; les variétés de folles, ainsi que le muscadet, sont choisies pour la production du vin blanc.

Ces vins sont presque tous consommés dans le département.

Depuis quelques années, les plantations dans les sables ont pris une réelle importance et les produits obtenus sont transformés en eaux-de-vie d'excellente qualité.

Des échantillons de vins, d'années et de crus divers, figuraient à l'Exposition.

D'autres échantillons de matières diverses montraient encore la variété de la production vendéenne; il suffit de citer les natures et le rapport des principaux de ces produits pour une année :

Sardines, près de	700,000 francs.
Autres poissons	2,000,000
Huîtres, moules, crustacés, crevettes, coquillages	700,000
Goémons, plus de	300,000

Le nombre des marins employés à la pêche dépasse 9,000, montant plus de 1,200 bateaux jaugeant ensemble 8,000 tonneaux.

Le mouvement annuel des ports est résumé ci-après :

À L'ENTRÉE.

Près de 3,000 bâtiments avec 170,000 tonnes de cargaison, savoir :

Céréales, graines, légumes	3,500 tonnes.
Sel	600
Pierres, ciment, plâtre, métaux, bois	14,500
Liquides	1,600
Pétrole	4,600
Charbons	130,400
Engrais	2,800
Divers	12,000

À LA SORTIE.

Près de 3,000 bâtiments avec 53,000 tonnes de cargaison, savoir :

Céréales, graines, légumes	25,000 tonnes.
Sel	6,500
Pierres, ciment, métaux, bois, charbon	7,800
Engrais	4,000
Divers	9,700

Parmi les échantillons de ces produits divers qui méritaient le plus d'être remarqués, il faut citer les sels, qui sont de qualité supérieure, et les engrais de poisson.

Le Comité n'a pas manqué d'exposer des échantillons du charbon tiré de la contrée.

Le bassin houiller, seul et unique dans l'Ouest (les charbons de la basse Loire n'étant que des anthracites), affleure depuis Saint-Laurs (Deux-Sèvres) jusqu'aux Essarts, près de la Roche-sur-Yon, sur une largeur moyenne de 1 à 2 kilomètres et une longueur de 60 kilomètres environ.

Il comprend dix concessions, dont une éventuelle, et on peut compter un cinquième de la surface non encore concédé.

Les premières datent de 1830. Après un développement assez lent dû au manque de chemins et d'industries locales, on arriva à la période maxima d'exploitation, de 1850 à 1870.

1,000 ouvriers y étaient employés sur cinq concessions; les cinq autres n'ont jamais présenté que des travaux de recherche, et quatre d'entre elles sont d'ailleurs toutes récentes. Actuellement, on n'exploite plus que les deux concessions de Faymoreau et de Saint-Laurs, situées à l'extrémité orientale du bassin. 400 ouvriers à peine y sont employés et ne travaillent même que quatre ou cinq jours par semaine, par manque de débouchés.

Cette décadence temporaire tient au tracé peu favorable des lignes ferrées (on réclame depuis longtemps l'exécution du chemin de fer de Vouvant à Chantonnay) et à la concurrence des charbons anglais; il faut espérer aussi la réunion de toutes les concessions du bassin entre les mains d'une seule société puissante.

Dans ce développement si désirable, il ne s'agit pas seulement d'un intérêt local : la question de l'approvisionnement du charbon sur un point quelconque du territoire est nationale, on peut le dire; en cas de guerre, le bassin vendéen serait capable de fournir à la défense de précieuses ressources.

Les échantillons démontrent une teneur en cendre variant de 8 à 20 p. 100 dans les concessions orientales, et s'élevant jusqu'à 25 p. 100 dans les autres. Par des mélanges avec certains charbons anglais, on est arrivé à fournir aux chemins de fer de l'État et à l'industrie privée des briquettes d'une teneur moyenne de 8 à 10 p. 100 d'un charbon demi-gras et à longues flammes.

Le Comité avait exposé aussi un échantillon de schiste bitumineux très remarquable; il provenait de Faymoreau (troisième formation houillère) où ces schistes présentent des couches puissantes (de 3 à 4 mètres d'épaisseur), entremêlées de nombreux rognons de fer carbonaté lithoïde. Ces deux substances sont exploitables.

Les schistes ont été l'objet d'une concession spéciale en 1872. D'après de nombreux essais, ces schistes sont aussi riches en huile brute que ceux d'Autun, mais fourniraient de l'huile de qualité très supérieure.

Cette exploitation paraît appelée à un bel avenir.

A la production houillère se rattache géologiquement la production de la chaux; le bassin houiller est en effet recouvert, sur une épaisseur variant de 0 à 50 mètres dans sa partie du centre et de l'ouest, par un bassin calcaire de formation jurassique, ce qui a permis d'échelonner sur toute la longueur de ce double bassin et sur un parcours de près de 80 kilomètres une centaine de grands fours à chaux pour l'agriculture.

On peut rappeler que les premiers emplois de la chaux en Vendée pour l'amélioration du sol eurent lieu un peu après 1830 : on allait chercher jusqu'à Chalonnes les quelques barriques de chaux qu'on voulait essayer. C'est en 1839 que fut construit à Pareds le premier four à chaux vendéen.

La quantité fabriquée aujourd'hui peut être évaluée à une moyenne annuelle de 2 à 3 millions d'hectolitres, dont un dixième environ sert à la construction, et le prix de vente varie de 0 fr. 80 à 1 fr. 20 l'hectolitre, suivant le prix des combustibles; on emploie les charbons des mines de Faymoreau et de Saint-Laurs et les anthracites anglais.

Les échantillons de calcaire exposés représentaient les trois types principaux donnant : 1° de la chaux blanche et très grasse; 2° de la chaux demi-hydraulique; le troisième est un calcaire siliceux donnant de la chaux maigre, mais employé plus utilement comme pierre de taille, très réfractaire à la gelée.

On avait joint à la collection un échantillon de gneiss provenant d'une carrière spéciale de Saint-Pierre-du-Chemin, moellon absolument infusible et très recherché pour les chemises des fours et les parois des fourneaux exposés aux chaleurs les plus intenses.

Des expositions spéciales ont fait connaître la valeur de la production animale; le comité n'avait qu'à en présenter le chiffre.

Les animaux de l'espèce bovine sont au nombre de 350,000, et la plus grande partie appartient à la race vendéenne; les femelles reproductrices de deux ans et au-dessus comprennent le tiers au moins du nombre total; il naît donc, chaque année, 100,000 veaux; dans ce nombre, 80.000 à 90,000 sont élevés; une quantité égale (sauf les mortalités et les sujets relativement peu considérables sacrifiés dans les abattoirs du pays) est vendue chaque année pour aller peupler l'élevage dans les départements voisins, ou alimenter les marchés de la Villette.

Si l'on considère la vente des animaux sur ces marchés, on voit que la Vendée arrive en troisième ligne, c'est-à-dire après la Normandie et le Maine-et-Loire.

Les 80,000 têtes de bêtes bovines de deux à trois ans et au-dessus qui sortent chaque année du département sont vendues près de 400 francs chacune, en moyenne, ce qui donne un revenu d'une trentaine de millions.

Si l'élevage de ces sujets va toujours en augmentant, il n'en est pas de même pour l'espèce ovine : le nombre de têtes ne dépasse pas 200,000; il était de plus du double il y a trente ou quarante ans.

Il faut attribuer cet état de choses à la suppression de la jachère et à l'abaissement du prix des laines. Les bêtes ovines, élevées en Vendée aujourd'hui, appartiennent presque exclusivement à la race du Bocage ou mortagnaise dans le nord du département, et dans le sud à la race de southdown plus ou moins pure.

Le contingent de l'espèce porcine est au moins de 80,000 animaux; la plus grande partie des sujets qui naissent est soumise à l'engraissement intensif; on les sacrifie à l'âge de moins d'un an; on peut compter que le nombre des animaux tués gras chaque année est égal à celui des naissances moyennes.

La moitié de cette quantité est consommée dans le pays, l'autre moitié alimente les charcuteries des départements voisins et particulièrement celles de Paris; la Vendée occupe d'ailleurs le premier rang, après la Mayenne, pour les arrivages de cette marchandise sur le marché de la Villette.

C'est donc un revenu de 4 à 5 millions de francs que l'espèce porcine donne à la Vendée par l'exportation de ces animaux.

Il serait sans doute difficile d'évaluer la quantité de volailles qui peuplent les basses-cours; le nombre en doit dépasser 1 million et les sujets se renouvellent au moins une fois dans l'année.

Avec les œufs, c'est un produit de 1 million de francs par an.

Mais, quelque grande que soit la valeur des résultats obtenus par le développement et l'amélioration des races bovines, c'est surtout dans la production du cheval de demi-sang que l'élevage en Vendée a su conquérir une place à part.

On produit des chevaux sur tous les points du département, mais principalement dans les marais de Luçon et de Saint-Gervais.

Ces marais ne sont pas ce que semble indiquer leur nom : ce sont des terrains d'alluvions, complètement acquis au continent; le sol convenablement desséché, l'épaisseur et la résistance de la couche végétale, la qualité tonique d'herbes formées sous les effluves salins de la mer, tout concourt à donner à ces pâturages une nature merveilleuse pour la prospérité des races bovine et chevaline. Ils remplissent parfaitement les conditions réclamées par un grand agronome de l'antiquité, qui voulait, pour la production du cheval, des pâturages étendus, non montagneux, arrosés et jamais secs, ouverts plutôt qu'ombragés, fertiles en herbes tendres plus que hautes. Les herbes sont, en effet, plutôt savoureuses que hautes; la brise de mer leur donne de la qualité sans leur laisser prendre d'accroissement, et, en outre, permet de laisser les animaux sur la prairie presque en toute saison.

Il n'est pas étonnant qu'aussi favorisés par la nature et par leur situation, les marais vendéens aient de tout temps fait des chevaux. La foire de Saint-Gervais est très ancienne; son importance a fait donner le nom de cette localité à la race des environs, et la renommée de ces chevaux remonte à une date inconnue; cette race, cependant, n'avait pas alors la régularité de formes et la qualité actuelles.

Dans le siècle dernier, elle était grossière, commune, d'espèce mulassière proprement dite; l'emploi de quelques étalons royaux l'avait déjà modifiée avant la Révolution; mais ce commencement d'amélioration avait été arrêté par la guerre civile. Depuis 1806, depuis la réorganisation des haras, les progrès ont été constants; et ce pays, admirablement doté, a transformé l'espèce de ces chevaux suivant les exigences des temps. L'amélioration a été continuelle, mais surtout très marquée depuis une quinzaine d'années.

Un élément d'appréciation, entre autres, des progrès réalisés se trouve dans le rapprochement et la comparaison des succès obtenus par les éleveurs de la Vendée dans les deux grandes expositions internationales hippiques de 1878 et de 1889.

Dans la première de ces remarquables exhibitions, auxquelles était convié le monde entier, les animaux originaires de la Vendée avaient remporté 7 prix, savoir : 1 premier prix et médaille d'or; 3 deuxièmes prix et médailles d'argent; 3 troisièmes prix et médailles de bronze.

Tandis qu'en 1889, le nombre des concurrents étant beaucoup plus considérable (1,400 au lieu de 1,000), ils ont obtenu 26 prix et une mention honorable, savoir : 5 premiers prix et médailles d'or; 9 deuxièmes prix et médailles d'argent; une mention honorable et médaille d'argent; 9 troisièmes prix et médailles de bronze; 3 quatrièmes prix et médailles de bronze. (Donc 26 prix sur 186 portés au programme pour la catégorie du demi-sang.)

Pour arriver à ce succès considérable, le département n'avait exposé qu'une cinquantaine d'animaux, car plusieurs éleveurs, parmi ceux qui possèdent les plus beaux spécimens, manquant de confiance, n'avaient osé affronter ni cette lutte internationale, ni ce long déplacement.

Ajoutons qu'en outre 10 prix ont été remportés par des fils d'étalons, nés en Vendée; la gloire en revient dans une certaine mesure au pays.

Ces chiffres sont éloquents, rendent les commentaires inutiles et marquent bien le chemin parcouru dans ces années dernières.

On peut citer encore les noms de *Dandy* et de *Destinée*, primés en 1885, à l'Exposition d'Anvers, où la région avait envoyé quelques animaux seulement.

A l'appui des constatations précédentes, on peut noter cet autre fait qui est convaincant : tandis qu'aux achats d'étalons effectués à la Roche-sur-Yon en 1871, 1872, 1873, 1874, l'administration ne trouvait que un, deux ou trois chevaux à prendre comme reproducteurs, dans cette période de 1878 à 1889, les commissions d'inspecteurs généraux, chargés des achats pour la remonte des haras de l'État, tout en devenant de plus en plus sévères, ont choisi le chiffre imposant de 198 étalons, soit, en moyenne, 16 1/2 par an.

Ces étalons, pris comme types améliorateurs, restent dans le pays (les écuries du dépôt de la Roche-sur-Yon en renferment plus de 40) et concourent à la formation de la famille vendéenne, chaque jour plus confirmée, ou bien ils sont envoyés dans d'autres établissements et généralement très estimés.

Ces magnifiques résultats sont dus au sol et au climat certainement, mais aussi aux éleveurs qui ont eu la prudence de ne pas suivre aveuglément l'exemple d'autres régions, la sagesse de ne pas tout sacrifier à la vitesse, et ont tenu à conserver chez leurs animaux une conformation puissante et régulière, tout en leur infusant la dose de sang utile pour retremper la race, pour obtenir l'énergie et la distinction.

On ne pouvait que féliciter ces intelligents propriétaires; est-ce nécessaire actuellement, car la suite leur a donné complètement raison; la Vendée est actuellement le seul pays de France où l'on puisse trouver un carrossier d'un grand modèle et néanmoins très harmonieux et distingué.

On reproche quelquefois à ce bel animal de ne pas avoir l'action haute, les allures suffisamment relevées; mais il a la forme, ce qui est essentiel; le reste viendra et arrive même dès maintenant, car une famille de trotteurs se forme actuellement; cette famille, encore peu nombreuse, existe réellement et prend chaque jour du développement.

Les principaux débouchés sont les achats d'étalons, le commerce pour les chevaux de luxe et surtout la remonte militaire.

Les femelles sont souvent conservées pour remplacer les mères, ou vendues à quatre ans, si elles ne se sont pas trouvées pleines, et un peu plus tard dans une année où elles sont vides.

Les mâles partent à dix-huit et à trente mois, quelquefois même à six mois lorsqu'ils sont l'objet d'une certaine recherche, lorsque le commerce a de l'activité. Les poulains d'un bon ordre sont vendus fréquemment à domicile, ou, en tous cas, dans les foires de Saint-Gervais et de la Garnache; ils sont emmenés dans les départements voisins : Loire-Inférieure, Deux-Sèvres, Charente-Inférieure et en Normandie (qui fait des acquisitions dans la région depuis le commencement du siècle).

Des marchands étrangers sillonnent également le pays à certaines époques.

Parmi les poulains, certains sont soignés en vue d'être présentés comme étalons à l'administration des haras; plusieurs font des chevaux de luxe vendus de grands prix, à Nantes, à Bordeaux, à Paris, etc., et le plus grand nombre est offert aux comités de la remonte militaire.

Le pays produit un excellent cheval d'armes pour la cavalerie de réserve et de ligne, souvent digne de faire un cheval de carrière et bon pour l'artillerie lorsqu'il n'est pas bien réussi comme cheval de selle.

En dehors des causes énumérées plus haut, l'amélioration de l'espèce chevaline, en Vendée, est due en grande partie aux encouragements que l'État offre sous différentes formes; elle est très marquée depuis de longues années et continuera certainement sa marche ascendante.

On compte en totalité environ 18,000 chevaux au-dessus de trois ans et près de 8,000 au-dessous de trois ans.

Il existe aussi en Vendée une école de dressage créée par l'État, en 1857, à la Roche-sur-Yon. Quelques années plus tard, elle fut cédée à une société dont chaque membre fit un versement de 50 francs formant un capital qui n'est pas entamé.

Le Gouvernement accordait une subvention, mais en 1882, par mesure générale, cette subvention fut supprimée. A cette époque, le département, qui, lui aussi, accordait une subvention annuelle, l'augmenta et il fut accordé 4,000 francs. Le local, qui contient cinquante places, boxes et stalles, dans plusieurs écuries bien aménagées, appartient à la ville qui le concède gratuitement. L'école ne fait aucune affaire pour son compte; 400 chevaux, donnant une moyenne de plus de 20 présents chaque jour, passent annuellement à l'école, qui les prend à raison de 2 fr. 75 par jour avec la ration de 6 litres d'avoine, 5 kilogrammes de foin, 5 kilogrammes de paille; les suppléments de nourriture sont donnés au prix coûtant. Le vétérinaire est payé par l'école et on comprend qu'il soit appelé à rendre de grands services à l'élevage. Elle est administrée par un directeur nommé par l'État, et une commission de surveillance composée de trois conseillers généraux, deux conseillers municipaux et deux membres de la société.

Ce n'est pas quitter ce sujet que de parler d'une nouvelle création de l'administration militaire : les stations hippiques; il vient d'en être établie une au Lys (canton de la Châtaigneraie).

Il est sans doute inutile d'insister sur les cruelles épreuves de 1870; mais on peut reconnaître qu'elles ont conduit à étudier tous les moyens propres à augmenter la force de l'armée. Nous reproduisons ici les faits relatés par M. Madelaine, concernant la station hippique du Lys. Mais nous pensons qu'il y a danger à conclure trop vite, comme il le fait, et nous faisons toutes réserves à cet égard.

Sans copier servilement les Allemands, il est bien permis de prendre dans leur organisation militaire ce qui paraît incontestablement bon.

Leur mode de recrutement des chevaux de cavalerie emprunté par eux à l'Autriche, et pratiqué depuis plus d'un demi-siècle, est dans ce cas. Les Allemands et les Autrichiens achètent, à trois ans, partout où ils les rencontrent, les chevaux aptes à monter leur cavalerie.

Ces jeunes animaux sont élevés dans des établissements appartenant à l'État et on les nourrit à l'avoine, de manière à leur donner l'énergie nécessaire pour supporter plus tard les rudes exercices des manœuvres et les fatigues excessives de la guerre.

Depuis cinq ou six ans, le Ministère de la guerre est entré dans cette voie, par des essais d'abord dans les fermes dépendant du camp de Châlons et quelques établissements appartenant à des particuliers.

Mais ce n'est que depuis deux ans que l'on a songé à appliquer le système en grand.

L'État traite aujourd'hui avec des propriétaires qui fournissent le logement des hommes et des chevaux, chauffent et éclairent les militaires et sont chargés de fournir la ration réglementaire des fourrages au même prix que l'entrepreneur de l'arrondissement des fournitures. Les établissements comprennent, indépendamment de vastes écuries très aérées, des parcs à parcours étendus où les animaux sont laissés en pleine liberté.

La station hippique du Lys couvre un peu plus de 8 hectares en parcours, bâtiments et dépendances. Elle peut contenir de 340 à 350 chevaux. L'effectif y atteint 322 chevaux. Les chevaux âgés de trois ans et demi à quatre ans sont en liberté dans les écuries, sauf les moments de pansage et pendant qu'ils mangent l'avoine. On les lâche dans les parcours toutes les fois que le temps le permet. La nourriture se rapproche de la ration réglementaire des chevaux soumis aux manœuvres.

Il en résulte qu'ils s'habituent sans efforts aux conditions d'existence qu'ils sont destinés à subir.

Aussi la mortalité des chevaux de remonte, qui était de 14 à 15 p. 100 avec l'ancienne manière de faire, est descendue à une moyenne de 7 p. 100 dans les nouveaux établissements. Depuis six mois que celui du Lys fonctionne, on n'y a perdu que trois chevaux nouvellement arrivés.

On ne constate plus aujourd'hui aucune maladie sérieuse et tout donne à espérer que les pertes ne s'élèveront pas au-dessus de 1 ou 2 p. 100 dans l'année entière.

Au point de vue du pays, les stations hippiques ont l'avantage de faire nourrir dans la contrée des animaux qui seraient déjà vendus au loin, de faire consommer, par conséquent, les fourrages de la localité et de créer une quantité considérable d'engrais dont profite l'agriculture locale. Au point de vue militaire, les avantages sont peut-être moins réels; nous réservons notre opinion qui ne peut être discutée ici.

La Plaine a aussi son élevage et ce serait négliger l'un des intérêts les plus importants du département que de laisser de côté l'industrie mulassière. Cette industrie est concentrée dans l'arrondissement de Fontenay-le-Comte; elle élève chaque année 6,000 sujets environ, dont quatre cinquièmes mules et mulets, et un cinquième poulains ou pouliches.

Son importance s'est accrue de 25 p. 100 dans cette dernière période de dix ans, mais un développement bien plus considérable récompensera les efforts des éleveurs, aujourd'hui abandonnés à leurs seules ressources, aussitôt que cette industrie recevra les encouragements de l'État.

Les mères de mules et mulets sont presque toutes élevées dans le département et issues d'étalons mulassiers appartenant à l'industrie privée; s'il s'achète des baudets et des ânesses dans les Deux-Sèvres, ce département, à son tour, est obligé d'acheter en Vendée une partie de ses juments mulassières issues des étalons de la contrée.

C'est aussi dans les Deux-Sèvres, dans l'arrondissement de Melle, qu'on tire la plupart des étalons mulassiers; l'arrondissement de Fontenay n'élève qu'une petite quantité de baudets et plusieurs chevaux étalons mulassiers; le prix des baudets atteint quelquefois un chiffre énorme, 6,000 à 8,000 francs.

L'exploitation des seize ou dix-sept ateliers de la Vendée est aux mains des propriétaires, sauf trois ateliers qui appartiennent à des sociétés particulières.

L'arrondissement de Fontenay possède environ 9,000 juments poulinières, dont trois quarts pour l'élevage des mulets et un quart pour l'élevage du cheval; les deux haras du Langon seuls en font saillir 900; les époques sont généralement de février à août.

Presque toutes les juments mulassières sont originaires du Poitou et en particulier de la Vendée.

La plupart des produits mulassiers sont vendus aux marchands du midi de la France, aux Espagnols, à l'État pour nos colonies, surtout l'Afrique, et à l'Amérique.

Les brillants résultats de la production vendéenne, sous ses aspects multiples, n'auraient pu s'obtenir sans la coordination des efforts de tous; c'est dire que l'association en général a pris dans le département de grands développements, surtout dans ces dix dernières années.

Un mouvement considérable s'est dessiné particulièrement en 1883 sur l'initiative du préfet, M. Calvet, et des syndicats se sont formés sur divers points pour des objets très variés : propagation et achat des instruments agricoles et perfectionnés et des semences, contre les maladies de la vigne, etc.

Quelques-uns n'ont eu qu'une durée éphémère, mais le principe n'a cessé de s'étendre et il existe aujourd'hui des syndicats agricoles puissants; leur action a provoqué une véritable transformation dans l'achat et l'emploi des engrais, pour ne citer que ce point; les livraisons se chiffrent annuellement par millions de kilogrammes.

Il existe en outre un grand nombre de syndicats de formation très ancienne pour l'écoulement des eaux dans les marais.

Parmi les associations les plus intéressantes, le comité citait celles constituées contre la mortalité des bestiaux. Celle de la Mothe-Achard remonte à 1879; elle est remarquable par l'absence de rouages et la fécondité des résultats.

Les pertes sont évaluées dès qu'elles se produisent par trois membres de l'association, voisins du perdant; dans chaque assemblée semestrielle, en présence de tous les intéressés, on fait le total des pertes, on en fixe immédiatement la répartition. Chacun paye la part qui lui incombe et, séance tenante, l'argent est distribué aux perdants; la balance ne peut manquer d'être exacte, le remboursement n'atteint que les quatre cinquièmes de la valeur de la perte subie.

D'autres associations se forment sur le même modèle; au bout de peu de temps, le bétail assuré représente une valeur de 4 à 500,000 francs. Le taux de l'assurance varie naturellement suivant les pertes; il varie généralement de 0 fr. 10 à 0 fr. 15 p. 100.

Cette solidarité agricole, sous tous ses formes, s'est développée jusqu'à ce jour un peu empiriquement, on peut le dire; il n'en pouvait être autrement dans un pays qui a trop longtemps passé pour insuffisamment éclairé; c'est un reproche qu'on ne saurait plus faire à la Vendée; l'instruction depuis dix ans s'y est répandue à flots; il est facile d'en juger :

Jusqu'à la création de l'école normale d'instituteurs à la Roche-sur-Yon, vers 1835, il existait quelques écoles primaires établies çà et là; beaucoup de cantons n'en avaient qu'une, quelques-uns n'en avaient pas.

Depuis 1880, il a été construit près de 400 écoles primaires; une école normale de filles a été créée à la Roche-sur-Yon; deux écoles primaires supérieures de garçons ont été créées, l'une à Mortagne, l'autre à Chantonnay; elles réunissent plus de 100 élèves, et leurs écoles annexes plus de 350.

On ne compte plus les bibliothèques populaires.

La plus récente création, et sans doute la plus importante, est celle d'une école pratique d'agriculture et de laiterie et station agronomique à Pétré (près de Luçon).

La fondation en est due aux libéralités de M. et Mme Laval (M. Laval, né à Fontenay, est mort à Paris, substitut de la République).

Dirigée par un professeur départemental d'agriculture, cette école est appelée à rendre de très grands services au pays pour l'agriculture en général et pour l'industrie laitière, beurrière et fromagère spécialement.

La station agronomique que le Gouvernement vient d'adjoindre à l'école procurera aux agriculteurs de la Vendée les moyens de connaître la composition de leurs terres et, par suite, les engrais nécessaires.

Il serait injuste de ne pas ajouter à toutes ces causes de développement l'excellence du réseau des chemins de communication; l'atlas exposé permettait de se rendre compte de la situation; on peut rappeler d'un mot ce qui a été fait dans ces dernières années.

Il n'existe que deux catégories de chemins vicinaux : la grande vicinalité, qui compte plus de 3,000 kilomètres, et la petite, qui en compte 2,800; le réseau d'intérêt commun a été déclassé en 1875.

Les ressources de toute nature créées pour l'ensemble du réseau se sont élevées en 1888 à plus de 2 millions de francs.

Les communes et les particuliers se sont imposé des sacrifices considérables pour la construction de la vicinalité; aussi est-il peu de départements où la loi du 12 mars 1880 ait reçu un accueil aussi empressé qu'en Vendée.

Il en est de même en ce qui concerne les chemins ruraux, pour l'application de la loi du 20 août 1881.

Les dossiers pour la reconnaissance étaient arrêtés pour près de 1,500 kilomètres; dès l'année dernière, une part des frais a été prise en charge par le département.

L'atlas, exposé lui-même, mérite une mention : il comprend une carte d'assemblage, une feuille légende et une carte par canton, soit 30 cartes; il a été dressé par le service vicinal et contient, en dehors des indications topographiques qui en sont la raison, des renseignements d'un grand intérêt historique, géologique et archéologique, qu'il est rare de rencontrer dans les documents de ce genre; ils sont dus à la savante et bienveillante collaboration du regretté M. Benjamin Fillon, dont le nom est universellement connu.

L'étude de cette carte permettait de se rendre un compte exact de la position relative des trois régions dans lesquelles se divise la Vendée et qui ont été désignées plus haut.

On pouvait y constater aussi une sorte de quatrième partie formée entre le Marais et l'Océan, par les dunes; il n'est guère de département du littoral qui n'ait à se préoccuper de ces sables mouvants.

Le littoral de la Vendée, y compris l'île de Noirmoutier, est en grande partie constitué par des dunes de sable fin, qui, au siècle dernier, étaient encore à l'état de dunes blanches, c'est-à-dire n'étaient recouvertes par aucune végétation, ce qui leur donnait une mobilité extrême.

Les premiers essais de fixation ont été entrepris, sous le premier empire par les soins de l'Administration des ponts et chaussées, mais ce n'est qu'en 1836 que furent commencées les plantations de bois de pins maritimes, qui, seules, devaient donner un résultat sérieux.

La direction des travaux fut remise en 1862 au service des eaux et forêts, qui, depuis, a terminé la fixation des dunes domaniales pour une contenance de 5,581 hect. 94 ares et une longueur totale de 130 kilomètres environ.

Ainsi se trouve prévenu le danger de cheminement des dunes vers l'intérieur des terres, mais le régime de la côte elle-même est loin d'être satisfaisant sur un certain nombre de points.

La formation des dunes littorales est, en effet, due aux apports de la mer, dont le mouvement de déplacement général, provoqué par la grande houle du large, orientée ouest-nord-ouest, se fait en général sur la côte de la Vendée, du nord-ouest au sud-est.

Or, soit par suite de l'incessante variabilité des circonstances, soit par suite d'un phénomène de subsidence de l'ensemble du littoral (phénomène que tendraient à démontrer certaines observations, notamment celles de monuments mégalithiques trouvés sous les eaux de la baie de Bourgneuf), il arrive qu'en un certain nombre de points, les sables emportés vers le sud ne sont plus compensés par ceux venant du nord, et les dunes, en ces points, se trouvent rapidement corrodées.

Pour lutter contre ces effets, des ouvrages considérables avaient été établis depuis longtemps sur la côte de Noirmoutier, à la pointe de Devin, du Fier, du Bot; mais ces ouvrages, qui protègent effectivement les points où ils sont établis, ont, en fixant ces points, provoqué l'attaque de ceux situés au sud, et la situation devient actuellement fort critique dans l'anse de la Guérinière, près du village du même nom, où les corrosions ont été de 60 mètres dans les six dernières années, les dunes n'ayant plus en ce point qu'une centaine de mètres de large.

L'attention des intéressés a été appelée sur cette question; l'Administration supérieure a admis le concours de l'État pour une proportion de moitié dans les dépenses des travaux, mais à la condition que les propriétaires se constitueraient en un syndicat prenant la charge et la responsabilité des travaux et de leur entretien.

Dans la partie sud de l'île de Noirmoutier et depuis le goulet de Fromentine jusqu'aux Sables-d'Olonne, l'effet de corrosion ne se manifeste en aucun point; au contraire, et c'est la cause de l'obstruction du havre de la Gâchère, les coupures pratiquées dans la dune tendent à s'y combler rapidement, et l'action de quelques marées suffit à rendre à la dune un niveau supérieur à celui des pleines mers calmes; l'effet du cinglage continue ensuite le travail d'exhaussement.

Au sud du port des Sables, les dunes littorales ne se retrouvent qu'à la Tranche, où et jusqu'à la pointe d'Arçais elles n'offrent aucune tendance à la corrosion; sous l'effet du phénomène général décrit plus haut, cette pointe d'Arçais tend constamment à se prolonger et à se déplacer vers le sud-est.

De cette double action, il est résulté un refoulement des eaux de la rivière le Lay sur la rive gauche de son embouchure. Aussi les dunes puissantes qui, de cette embouchure, s'étendaient jusqu'à la pointe de l'Aiguillon, et à l'abri desquelles s'était opéré le dessèchement des vastes marais, ont été rapidement détruites; elles avaient encore une largeur moyenne de 400 mètres dans le milieu du siècle, et, dans ces dernières années, elles n'ont pu fournir le remblai de 10 mètres de large établi derrière les digues de protection.

Ces importants travaux de défense construits dans les six dernières années s'étendent sur une longueur de 6 kilomètres et comportent dans leur ensemble une digue continue, constituée par un fort perré maçonné et terminée par deux ouvrages avancés ou éperons.

Le profil de la digue a un talus réglé à 2/1 terminé à sa pointe supérieure par un col de cygne; sa hauteur est de 70 mètres.

Le montant des dépenses de ces travaux s'est élevé à la somme de 1,400,000 francs.

L'exposition collective a dû se borner à donner des documents sur l'industrie vendéenne qui s'était répartie dans les diverses classes; le comité rappelait seulement les principales d'entre elles; quelques-unes sont des plus intéressantes. C'est pourquoi nous avons consenti à les reproduire dans ce rapport.

La manufacture de papiers d'Autière, à Cugand, a fabriqué à la main jusqu'en 1830; à cette époque, on y installa l'une des premières machines continues, construites en France : jusqu'en 1869, la production était de 180 à 200 tonnes par an.

Par une complète transformation, l'usine diminua l'emploi du chiffon, remplacé par la pâte de paille chimique, et à partir de 1880, le chiffon fut complètement supprimé. On n'eut plus recours qu'au bois de sapin blanc, qui, au moyen d'un traitement au bisulfite de chaux, donne une pâte égale à celle des plus beaux chiffons.

L'usine d'Autière fut insuffisante; on lui créa une annexe sur les bords de la Loire, à Chantenay (aux portes de Nantes); les navires y apportent directement les charbons et les bois du Nord; la pâte préparée est envoyée à Autière, qui dispose d'une force de 300 chevaux-vapeur, 100 chevaux hydrauliques et occupe 200 ouvriers; elle emploie 14,000 tonnes de matières premières, produits chimiques et charbons; la production annuelle est actuellement de 3,000 tonnes de papier à écrire ou d'impression, et bientôt elle sera augmentée d'un tiers par les agrandissements projetés.

Les ouvriers sont intéressés à la production; ils sont recrutés dans le pays; les salaires étaient, il y a une quinzaine d'années, de 1 fr. 75 pour les hommes, et de 0 fr. 80 pour les femmes environ; ils sont aujourd'hui de 3 à 4 francs pour les hommes, et de 1 fr. 50 à 1 fr. 75 pour les femmes. Tous sont assurés contre les accidents sans retenue sur leur salaire, par les soins et aux frais des propriétaires de la manufacture.

Il existe une autre importante papeterie à Tiffauges.

Dans la commune de Cugand, à Hucheloup, est installée depuis de longues années une grande filature de laine cardée.

La maison a été fondée en 1827 et elle est restée dans la même famille; l'accroissement de la production a été rapide et continu; de 120,000 kilogrammes il y a vingt ans, elle est parvenue à 330,000 kilogrammes par an.

La manufacture emploie 1 turbine de 60 chevaux, 2 machines à vapeur faisant 60 chevaux, 1 échardonneuse, 2 batteuses, 4 loups, 18 assortiments de 3 et 4 cardes chacun, et plus de 4,000 broches.

Les ouvriers, dans la manufacture même, sont au nombre de plus de 100; mais l'industrie de Hucheloup doit son importance aux milliers d'ouvriers qu'elle fait vivre dans la région, en venant en aide aux fabricants de tissus qui peuvent ainsi se procurer de la filature à un prix aussi réduit que possible.

La chapellerie est depuis plus d'un siècle une industrie locale, et la grande manufacture de Fontenay-le-Comte remonte à 1765, avec la même raison sociale, et n'a cessé de rester dans les mêmes mains, passant de père en fils.

L'emploi des premiers outils mécaniques remonte à plus de trente ans, mais c'est seulement depuis 1878 que la fabrication par les machines a remplacé la fabrication à la main dans toutes les façons du chapeau.

A partir de 1880, la manufacture s'est consacrée à la confection du chapeau de laine, c'est-à-dire le chapeau de grande vente courante, à bon marché, de 12 à 36 francs la douzaine. Pour cela, il a fallu renouveler le matériel; l'usine est aujourd'hui l'une des plus grandes de l'Europe.

Les laines employées sont exclusivement de provenance étrangère, de l'Australie; une faible part vient du Cap et de la Plata; la production a crû dans d'énormes proportions; il y a vingt ans, l'usine fabriquait 600 à 800 chapeaux par jour, elle en livre aujourd'hui 3,600 à 4,000; cette surproduction ne pouvait manquer d'abaisser le produit : le prix du chapeau de laine est maintenant inférieur de 40 p. 100 environ au prix qu'on payait il y a seulement dix ou douze ans.

Les minoteries et huileries importantes sont nombreuses en Vendée, à la Roche, à Fontenay, à Luçon; quelques minoteries emploient par vingt-quatre heures de 200 à 300 hectolitres de blé, et certaines huileries consomment 150 hectolitres de graines également par jour.

Les tanneries sont très répandues et quelques-unes ont adopté depuis dix ans les machines les plus perfectionnées et augmenté par suite leur production de cuir corroyé; il en est qui dépassent facilement 3,000 gros cuirs par mois.

Une fabrication bien vendéenne est celle de la galoche, qui remonte à une quarantaine d'années; elle s'est greffée sur l'industrie des sabots et elle emploie, depuis 1867, des machines de jour en jour plus perfectionnées; la production pour certaines maisons, à Fontenay par exemple, atteint plusieurs centaines de paires par jour.

C'eût été faire imparfaitement connaître le département que de ne pas donner les moyens d'apprécier la Vendée pittoresque; le Comité avait exposé une douzaine de photographies de vues diverses et de reproductions de types d'habitants et même d'animaux.

Des poupées habillées donnaient l'idée de quelques-uns des costumes les plus saillants, mais on ne pouvait songer à reproduire l'incroyable variété des costumes vendéens et surtout des coiffures.

Jusqu'en 1830, peu de modifications avaient été apportées à ce qui se faisait dans le siècle dernier; l'étoffe était exclusivement fabriquée dans le pays; la laine, le lin récoltés sur place, préparés et filés dans la famille, tissés par les ouvriers locaux et foulonnés dans les moulins sur les nombreux petits cours d'eau du pays.

L'habitant du Bocage portait culottes courtes, souliers à boucles, ou guêtres sur sabots, camisole et gilet sans col et à basques, ceinture de couleurs et chapeau à larges bords; le maraichin porte encore le pantalon large à godelis (replis), le chapeau au large ruban de velours flottants et les sabots découverts à bouts pointus.

Les coiffures des femmes sont innombrables et d'une variété de type incroyable, depuis les grands cornets de Mortagne et de Tiffauges, jusqu'aux quatre cornes de Chantonnay et de Sainte-Hermine, à la petite coiffe de Saint-Gilles, aux gracieux canons de Maillezais, à la coiffure monumentale de la Marandaise et à l'élégant papillon de la Sablaise.

Certaines de ces coiffures étaient luxeuses par la richesse des tulles et des dentelles; il n'était pas rare qu'elles valussent 100 francs, et beaucoup dépassaient ce prix facilement.

Mais il faut se hâter si l'on veut fixer le souvenir de ces costumes : il existe trente cantons dans le département; on peut bien évaluer à trente au moins les types d'habillement, sans qu'ils soient pour cela limités au canton, en comptant les coiffures des femmes. Les costumes d'hommes sont moins abondants; on en trouverait bien cependant une demi-douzaine.

Ici, comme partout et en toutes choses, l'uniformité tend à s'établir; l'isolement, la vie propre et individuelle d'autrefois sont remplacés par la vie sociale et la solidarité; ce que la province perd en personnalité et en activité locale, la nation le gagne en unité et en puissance.

IMPRIMERIE NATIONALE.

C'est de quoi consoler grandement les amateurs du pittoresque, de l'original et du curieux, qui ne trouveront plus, dans la future Exposition, que le souvenir des mœurs, des usages, des costumes de cette Vendée autrefois si particulariste, aujourd'hui si française et si attachée à la commune patrie.

DÉPARTEMENT DE LA SARTHE.

Ce département était représenté à l'Exposition universelle de 1889 par la Société des agriculteurs de la Sarthe, qui avait réuni tous les produits agricoles du département dans une même collectivité.

C'est à M. Launay, le symphatique et intelligent professeur départemental, que nous devons les notices sur la Société des agriculteurs de la Sarthe et sur la situation agricole du département.

SOCIÉTÉ DES AGRICULTEURS DE LA SARTHE.

C'est en 1877 que fut fondée la Société des agriculteurs de la Sarthe, sur l'initiative d'un petit groupe d'hommes très dévoués aux intérêts agricoles du département, parmi lesquels se trouvaient MM. Courtillier, de Villepin, Girard, Pellier et Percheron.

L'honorable M. Courtillier, qui avait pris une très large part à l'organisation de cette œuvre, fut élu président.

Le principal but de cette société était l'organisation d'un concours départemental annuel où seraient seuls admis les animaux reproducteurs des espèces bovine, ovine, porcine et les volailles. Des récompenses étaient en outre attribuées aux meilleures exploitations d'un certain nombre de cantons. Pour ce dernier concours, le département avait été divisé en huit circonscriptions pour lesquels une rotation fut établie.

Les débuts de la société furent modestes, et le concours de reproducteurs n'eut tout d'abord que peu d'importance; mais les agriculteurs apprécièrent vite l'utilité de cette exposition, et tous les bons éleveurs du département ne tardèrent pas à envoyer les plus beaux spécimens de leurs étables, tandis que le nombre des concurrents pour les prix de ferme allait aussi grandissant.

Dès 1881, le concours départemental de la Sarthe avait acquis une certaine importance; c'est ainsi qu'il comptait 320 numéros, se décomposant comme suit :

Espèce	chevaline	37
	bovine	170
	ovine	16
	porcine	27
Volailles		70

L'espèce chevaline était en effet admise pour la première fois en 1881, cela grâce à M. Courtillier, qui, par sa haute autorité, tant au point de vue politique qu'au point de vue agricole, avait pu obtenir du conseil général, dont il était une des personnalités les plus marquantes, une forte subvention affectée spécialement à la partie hippique. Il convient d'ajouter que si le concours s'était rapidement développé dans son ensemble, les subventions successivement obtenues du conseil général, du ministère et de la ville du Mans par l'honorable président, y avaient largement contribué, en permettant de donner des prix nombreux et relativement élevés.

Pour compléter son œuvre, la société organisait en 1882 un concours d'enseignement agricole.

Ce concours a également obtenu un succès complet, et il est appelé à rendre les plus sérieux services dans l'avenir.

Notre concours réunit maintenant jusqu'à 400 numéros se décomposant comme suit :

Espèce	chevaline	63
	bovine	220
	ovine	17
	porcine	17
Volailles		83

Le budget actuel de la société s'élève à 24,000 francs en chiffres ronds.

Il va de soi que la Société des agriculteurs de la Sarthe a exercé une grande influence sur les progrès agricoles réalisés dans le département, notamment en ce qui concerne l'amélioration des animaux; et les résultats ne peuvent que s'accentuer davantage dans l'avenir.

Enfin, pour donner satisfaction à beaucoup d'agriculteurs qui se plaignaient avec juste raison des falsifications subies par les engrais que leur livrait le commerce, la société organisa à la fin de 1884 un dépôt d'engrais où pouvaient s'approvisionner ses adhérents; et comme ce dépôt obtint d'emblée la confiance des cultivateurs, il fut transformé en syndicat professionnel agricole, sous les auspices de la Société des agriculteurs de la Sarthe, en 1886.

Ce syndicat compte actuellement plus de 4,000 adhérents, et il a livré en 1889 3,756,000 kilogrammes d'engrais, semences et tourteaux.

Ces livraisons représentent une somme de 573,540 francs.

L'organisation du syndicat est un peu l'œuvre du secrétaire de la société, M. Launay, professeur départemental d'agriculture de la Sarthe, lequel a contribué pour sa part à faire prospérer la société dans son ensemble, en s'occupant activement de toute la partie matérielle; il en est en somme la cheville ouvrière.

Les fonctions officielles que remplit depuis quelques années M. Courtillier le tenant trop éloigné du Mans, l'amenèrent à abandonner en 1888 la présidence, malgré toute l'insistance des agriculteurs du département. Il fut alors remplacé par l'honorable

M. Legludic, député de l'arrondissement de la Flèche, qui met tout son dévouement à continuer l'œuvre si utile et si fortement organisée par M Courtillier.

Le bureau comprend en outre :

MM. Hédin et Souchard, comme vice-présidents;

M. Courboulay, adjoint au maire du Mans, comme trésorier;

Et M. Launay, professeur départemental d'agriculture, comme secrétaire.

La Sarthe agricole. — La production agricole du département de la Sarthe est très variée. Ce département fournit en effet le vin, le cidre, les céréales, le chanvre, la pomme de terre et les divers fourrages. Voilà pour les végétaux.

La région sud, qui se livre plus spécialement à la culture de la vigne, comprend les cantons de la Chartre, Château-du-Loir, Mayet, le Grand-Lucé, Pontvallain, le Lude, la Flèche.

Le vin représente la principale source de revenus de ces quelques cantons.

Cette même contrée produit également les céréales; mais, son sol laissant à désirer comme qualité, le seigle, le méteil et l'avoine sont à peu près seuls cultivés, et leur rendement est souvent assez restreint.

Toute la région de l'ouest, comprenant les cantons de Sablé, Brûlon, Lœné, Conlie, Sillé-le-Guillaume et Fresnay, s'occupe tout spécialement de la culture des céréales, que le sol est apte à produire en abondance. Cette contrée fournit en effet de beaux blés, de très belles orges très estimées de la brasserie, et de bonnes avoines.

Les prairies artificielles occupent également une place importante dans cette contrée.

Les cantons de Saint-Paterne, la Fresnaye, Mamers, Beaumont-sur-Sarthe, Ballon, Marolles-les-Brault, Bonnétable et la Ferté-Bernard, qui constituent la région nord, se livrent à des cultures variées suivant la nature du sol.

Sur les plateaux plus ou moins élevés et sains, la culture des céréales trouve encore sa place; les vallées et généralement les terrains bas et frais sont occupés par les prairies naturelles et les herbages.

Cette contrée possède encore de vastes étendues de terrain aptes à la culture du chanvre.

Le sol des cantons de l'est est généralement assez médiocre; on y cultive les céréales, qui ne donnent que des rendements restreints; les bois y sont assez abondants.

La région centrale du département comprend une grande superficie de terrains plus ou moins sablonneux, dont les plus maigres sont utilisés pour la culture du pin maritime. Ceux qui présentent un certain degré de fertilité portent des cultures de pommes de terre, de seigle, de méteil et divers fourrages s'accommodant de ces terrains.

Il existe cependant dans cette contrée quelques petits centres possédant des terrains assez fertiles pour produire le chanvre, notamment dans les cantons du Mans et celui d'Écommoy.

Le pommier est cultivé dans toute l'étendue du département; mais il ne constitue une spéculation bien importante que pour les arrondissements du nord et du nord-ouest, qui produisent en abondance de très bon cidre, très estimé des Parisiens. Il a été expédié de très grandes quantités de cidre ces dernières années à Paris.

Le département de la Sarthe a occupé longtemps le premier rang parmi les départements français au point de vue de la production des chanvres, et peut-être a-t-il conservé ce même rang malgré la crise que traverse cette culture industrielle depuis environ dix ans et qui a amené l'abandon de cette spéculation par un certain nombre d'agriculteurs.

La superficie consacrée à la culture du chanvre en 1877 approchait de 13,000 hectares; elle doit atteindre à peine 7,000 hectares actuellement.

Cette crise s'est encore accentuée depuis près d'un an par suite de la baisse du prix de vente de ce produit : les cours actuels ne dépassent guère, en effet, 50 francs les 100 kilogrammes pour les chanvres de belle qualité, alors qu'ils se maintenaient entre 65 et 70 francs il y a quelques années. Dans la pleine période de prospérité, les chanvres de la Sarthe se sont vendus jusqu'à 100 francs et au delà par 100 kilogrammes.

Les cantons se livrant avec le plus de succès à la culture du chanvre sont ceux de Marolles-les-Brault, Ballon, Beaumont-sur-Sarthe, et une partie de ceux de Conlie, du Mans, d'Écommoy et de Loué.

Les spéculations animales portent sur le cheval, l'espèce bovine et l'espèce porcine.

En ce qui concerne le cheval, la Sarthe ne s'occupe guère que de la production du poulain, qui est vendu après le sevrage, c'est-à-dire vers quatre ou six mois.

La population chevaline appartient en partie à la race percheronne plus ou moins pure; les belles poulinières se rencontrent surtout dans le nord et l'est du département, c'est-à-dire dans les cantons de la Fresnaye, Saint-Paterne, Mamers, Beaumont, Ballon, Bonnétable, Teuffé, la Ferté-Bernard, Montmirail, Kibraye, Saint-Calais, Baulaire, Montfort, la Chartre et le Grand-Lucé.

Il s'en trouve encore de bonnes dans les cantons de Fresnaye, Sillé et Conlie.

Cette contrée fournit un contingent important parmi les reproducteurs livrés chaque année aux Américains. Il résulte de là une source de profits très importants pour les producteurs de poulains, qui obtiennent de leurs élèves des prix quelquefois très élevés; les beaux mâles se vendent communément 700, 800, 1,000 et 1,200 francs; les sujets de choix atteignent jusqu'à 1,800, 2,000 francs et au delà.

Les jeunes poulains s'en vont vivre jusqu'à dix-huit mois dans les herbages du Perche et de l'Orne, pour passer ensuite entre les mains des Beaucerons.

Les animaux de l'espèce bovine occupent une place importante dans toutes les exploitations de la Sarthe. Ils ne donnent guère lieu qu'à deux spéculations : l'élevage et la production du lait.

Les cantons de l'ouest font l'élevage sur une grande échelle et engraissent une petite partie de leurs élèves; les autres sujets sont vendus aux herbagers normands vers l'âge de trois ans.

Pour le reste du département, la question d'élevage n'occupe qu'un rang secondaire. Dans chaque exploitation, on se préoccupe surtout de la production du lait, qui est utilisé pour la fabrication du beurre; les élèves sont surtout destinés à remplacer les vieilles vaches.

Les contrées d'élevage sont surtout peuplées de croisements durham.

Dans les fermes visant la production du lait, c'est la vache normande que l'on rencontre le plus souvent.

Enfin l'élevage et l'engraissement des porcs représentent une industrie très importante pour le département de la Sarthe, qui envoie chaque année un très grand nombre de porcs sur le marché de la Villette.

Cette spéculation est pratiquée un peu partout; elle constitue la principale source de revenus dans les contrées dont le sol est essentiellement propre à la production de la pomme de terre, c'est-à-dire dans le centre et le sud.

L'agriculture de la Sarthe a fait de réels progrès depuis un certain nombre d'années.

Son outillage agricole, très imparfait il y a dix ans, s'améliore sensiblement chaque année; c'est ainsi que les charrues brabant double, des herses perfectionnées, le scarificateur commencent à être employés dans bon nombre d'exploitations.

Le semoir est encore peu répandu cependant. La faucheuse et le râteau à cheval se rencontrent communément dans les fermes d'une certaine importance.

Nous ne dirons rien des machines à battre, qui sont employées depuis longtemps dans la plupart des exploitations.

Beaucoup d'agriculteurs cherchent les moyens d'élever le niveau de leurs rendements; les champs de démonstration organisés depuis deux ans et les essais faits par un certain nombre d'entre eux leur ont enfin ouvert les yeux, et ils se sont rendu compte de ce fait qu'il était possible d'augmenter dans de grandes proportions la production des blés, des orges, des avoines, des trèfles, etc.

Le rendement moyen des blés pourrait, en effet, s'élever jusqu'à 22 à 25 hectolitres, alors qu'il ne dépasse guère 15 hectolitres, et de même pour la plupart des autres récoltes.

Aussi les engrais pulvérulents, qui n'étaient employés que dans une partie de la Sarthe, et encore sur une petite échelle, il y a quelques années, commencent-ils à devenir d'un usage général dans le département.

Bon nombre de timorés hésitent encore et font des essais sur de petites étendues, mais ils ne tarderont pas à entrer franchement dans le mouvement.

Autant que nous en pouvons juger, la consommation des engrais chimiques, car ce sont à peu près les seuls employés, a largement triplé depuis cinq à six ans. Il résulte déjà de là une augmentation sensible dans l'ensemble de la production du département, et la situation ne peut que s'améliorer chaque année.

Il faut espérer que nous arriverons ainsi à résoudre plus ou moins complètement le problème de la crise agricole.

Les syndicats et l'enseignement agricole ont joué un très grand rôle dans ce mouvement de progrès.

Ce mouvement s'accentuerait plus vite encore si les capitaux ne faisaient pas défaut à beaucoup de fermiers.

La situation générale de l'agriculture dans la Sarthe est assez bonne actuellement. Il ne s'élève de plaintes très sérieuses et très amères que dans les contrées cultivant le chanvre; cette culture, qui a été très prospère autrefois, n'est certainement plus rémunératrice avec les cours actuels, et ces fermiers cultivant ces superbes terres ne savent par quelle culture remplacer le chanvre : il est de fait que la question est assez embarrassante.

L'organisation du crédit agricole ferait le plus sensible plaisir à nos cultivateurs.

EXPOSITION COLLECTIVE VÉTÉRINAIRE.

En dehors des écoles vétérinaires, des vétérinaires militaires et des vétérinaires inspecteurs de la boucherie, c'est la première fois que les praticiens vétérinaires viennent exposer les divers perfectionnements qu'ils ont apportés dans l'exercice journalier de leur profession. Personne n'ignore les difficultés inhérentes à la pratique de la clientèle vétérinaire, et nous devons savoir beaucoup de gré aux praticiens qui ont bien voulu chercher à nous initier à leurs travaux.

C'est un comité présidé par M. Chapard, vétérinaire à Chantilly, qui a mis cette excellente idée en avant. Il a trouvé en M. Graillot, fabricant d'instruments à Paris, et M. Charpentier, vétérinaire à Paris, un concours actif et dévoué pour développer ce projet. Malgré quelques résistances qui proviennent toujours des timides, la trouée est faite et il y a lieu d'espérer que les praticiens vétérinaires ne laisseront plus, à l'avenir, passer une seule occasion de produire au grand jour, dans les expositions, les résultats de leurs études.

En 1878, rien de pareil ne s'était manifesté.

L'exposition vétérinaire comprenait 83 inscriptions au catalogue; sur ce nombre, 59 ont répondu à l'appel, et nous pouvons les décomposer ainsi :

Pour les instruments de chirurgie (dont 9 pour les instruments de castration chez le cheval et les autres espèces)	31
Pour les inoculations	5
Pour les cautères et les pointes de feu	4
Pour les appareils à employer pour les chiens enragés	4
Pour les appareils servant à coucher les animaux	3
Pour des instruments divers	6
Pour les produits pharmaceutiques	12
Pour les pièces anatomiques et pathologiques	6
Pour la maréchalerie	6
Pour des brochures, des atlas et ouvrages divers de médecine vétérinaire	6

Cette classification n'est pas d'une exactitude absolue, parce qu'un certain nombre de vétérinaires pourraient facilement être compris dans plusieurs catégories, leur exposition comprenant des produits divers.

Parmi les nombreux appareils et instruments, nous devons citer le travail et la voiture de M. Chapard; l'appareil à coucher les chevaux de M. Daviau; le travail ainsi que la vitrine de M. Vasselin; la collection de fers de M. Delperrier; les fers pathologiques de M. Beugler; la collection d'instruments de chirurgie vétérinaire de M. Graillot; la vitrine de M. Laquerrière; l'appareil de M. Thomas pour préparer les fils virulents destinés à la vaccination du charbon symptomatique; les brochures de M. Alasonnière sur sa méthode de ferrure et sur l'amélioration de la race chevaline. Il faudrait encore citer : les albums si remarquables de M. Pertus; le timbre de M. Viala pour l'estampillage des viandes; l'ouvrage de M. Cirotteau; les divers instruments de M. Bourrel père, de M. Charpentier et de M. Watrin; le protecteur de M. Lacombe; et enfin les produits pharmaceutiques de MM. Pelliot et Delon et de M. Renault.

Dans l'exposition collective de plusieurs départements, nous trouvons isolés les travaux de M. Charlier : nous avons dit ce que nous en pensions en parlant de l'exposition collective du Comice agricole de Reims. Il est certain qu'il y aurait eu un avantage réel à pouvoir réunir toute la vétérinaire dans une seule exposition, afin de juger des progrès accomplis par cette science depuis la fondation des écoles. Il faut espérer qu'à la prochaine Exposition on pourra créer une manifestation unique vétérinaire internationale.

EXPOSITIONS AGRICOLES INDIVIDUELLES.

Nous suivrons pour l'étude de ces différentes expositions agricoles le même classement par département, comme nous l'avons fait pour les expositions collectives, afin de mettre un peu d'ordre et de méthode dans notre travail. Nous n'aurons plus à parler des exposants individuels qui se trouvaient appartenir aux départements où il y a eu des collectivités; leur exposition a été examinée. Nous ne mentionnerons que les départements qui n'avaient pas réuni leurs différents exposants dans une collectivité.

CÔTES-DU-NORD.

Trois exposants appartenaient à ce département; ils avaient envoyé des cidres en fûts et en bouteilles qui ont été examinés par la classe 73.

M. Le Breton (Édouard) avait joint à cet envoi des beurres frais sans sel, des beurres demi-sel, des laines de dishley en suint et des toisons.

M. Ollivier (Pierre), dont l'exploitation a une étendue de 33 hectares, a apporté de grandes améliorations à sa propriété par le drainage. Il présentait de très beaux spécimens de pommes de terre, de betteraves, de carottes et un certain nombre de céréales. Il y avait aussi des miels et des cires de belle qualité.

M. Quéréel (Jean), qui est mécanicien au Faouët, avait envoyé des chanvres et des lins gris avec leur filasse.

VIENNE.

Ce département ne comptait qu'un seul exposant, M. Royer-Gallot (Gustave), qui avait envoyé un échantillon des terres de la Vienne, et des orges et escourgeons pour brasseries.

Sa première maison fut fondée en 1857, à Moncontour, au moment de la suppression de l'échelle mobile et de l'établissement du libre échange.

En 1870, le siège de la maison fut transporté à Châtellerault, où depuis cette époque M. Royer-Gallot exerce le commerce en gros des orges d'exportation. Il insiste sur la nécessité de propager les belles semences d'orges, et de ramener ainsi dans nos ports de l'ouest les acheteurs anglais qui autrefois enlevaient toutes les orges françaises, et qui depuis quelques années les délaissent pour faire leurs achats en Allemagne.

A la suite de l'exposition des bières à Paris, M. Scribaux, directeur de la station des semences à l'Institut national agronomique et notre collègue au Jury des récompenses, avait envoyé, sur la demande de l'exposant, plusieurs variétés d'orges dans le département de la Vienne.

Ces belles semences, remises entre les mains d'un grand nombre de cultivateurs, ont donné les meilleurs résultats, et nous avons vu à l'Exposition des orges Hallett, Scholey, etc., de première et deuxième production et semées pour la première fois dans la Vienne.

M. Royer-Gallot ne fait pas d'autre agriculture que des essais de semences dans diverses natures de terrain; il a acquis ainsi la certitude que dans le département de la Vienne l'orge Chevalier se développe avec une écorce mince et une richesse d'azote bien supérieure aux orges communes du pays.

SOMME.

Dans le département de la Somme, nous trouvons MM. Lanne-Soyer, de Launay, Paillart et Tribóulet.

M. Lanne-Soyer possède deux fermes, celle d'Eppeville depuis 1858, et celle de Canisy-Hombleux depuis 1873. Elles sont distantes l'une de l'autre de 4 kilomètres et les terres sont en grande partie situées entre les deux fermes. La première a une étendue de 20 hectares, la seconde de 130 hectares. Dans cette dernière, les terres étaient en grande partie en friche en 1873; M. Lanne-Soyer les a rapidement améliorées en ayant un grand nombre d'animaux et en ajoutant au fumier produit des engrais chimiques.

Le bétail se compose de 5 chevaux de labour, 2 de voiture et 1 de selle; de 20 bœufs de travail, 14 bouvillons, 6 vaches laitières, 15 génisses et taurillons; et de 4 porcs pour les besoins de la ferme.

Au début de son exploitation, en 1873, M. Lanne-Soyer cultivait des blés de diverses espèces et récoltait en moyenne à l'hectare 600 bottes de paille et 24 hectolitres de grain pesant 75 kilogrammes.

En 1878, il a fait sur une petite échelle des essais d'engrais chimiques sur ses terres, et, ayant constaté les bons résultats obtenus, il a toujours continué en augmentant la quantité employée. Comme au début, les superphosphates étaient très chers dans le commerce; il en a fabriqué lui-même en décomposant par l'acide sulfurique les noirs fins achetés en sucrerie.

En 1884, M. Lanne-Soyer a employé les engrais chimiques à haute dose et est arrivé aux résultats actuels, c'est-à-dire à récolter en moyenne par hectare 1,000 bottes de paille et 40 hectolitres de grain pesant 78 kilogrammes.

M. Lanne-Soyer procède pour ses blés de semence à la sélection répétée des épis. Il choisit dans chaque récolte les épis les plus gros, les mieux fournis et provenant des tiges les plus hautes; après le battage, les grains les plus gros sont encore choisis pour la semence.

Voici le produit en argent des blés à l'hectare de 1884 à 1889 :

1,000 bottes de paille à 20 francs le 100	200f	920f
40 hectolitres de grain à 18 francs l'un	720	

Produit en argent à l'hectare de 1873 à 1878 :

600 bottes de paille à 20 francs le 100	120f	552
24 hectolitres de grain à 18 francs l'un	432	
Plus-value de 1884 à 1889		368

La plus-value à l'hectare de la période de 1884 à 1889 est de 368 francs, d'où il faut déduire 48 francs d'engrais chimiques; reste donc bénéfice net : 320 francs.

Il est bon de noter que de 1878 à 1884 la plus-value a augmenté d'année en année dans les proportions et au fur et à mesure qu'on augmentait la dose d'engrais chimiques.

Pour les avoines, les rendements, qui étaient en 1878 de 18 quintaux à l'hectare, ont passé en 1889 à 34 quintaux.

Pour les graines de betteraves, le rendement, de 1,500 kilogrammes à l'hectare en 1878, a été en 1889 de 2,000 kilogrammes.

M. Émile de Launay avait envoyé aussi des seigles, des blés, des avoines, des orges, des betteraves à sucre et des carottes de sa propriété de Moyencourt par Nesle. Cette ferme, qui a une étendue de 100 hectares, est exploitée de père en fils depuis 1765. Elle doit aussi l'augmentation considérable de ses rendements à une meilleure méthode de culture et à l'adjonction des engrais chimiques au fumier de ferme.

Ainsi, en 1878, le rendement en blé est de 22 quintaux à l'hectare; en 1889, il est de 28 quintaux; celui de l'avoine passe de 18 à 30 quintaux, et la densité des betteraves, qui était de 4 à 5 degrés en 1878, accuse les chiffres de 7 à 8 degrés en 1889.

M. Camille Triboulet est aussi un des agriculteurs les plus remarquables du département de la Somme. Son domaine d'Assainvillers comprend 545 hectares; il en a pris la direction en 1883 après son père, qui avait obtenu de très nombreuses récompenses. Les produits agricoles envoyés à l'Exposition universelle étaient très beaux et consistaient en huit variétés de blés : roseau, dattel, browick, schubl, scheriff, chiddam de mars, bordeaux et goldendrop; cinq variétés d'avoines : grise d'hiver, grise de Houdan, noire de Brie, jaune des Salines ou des Flandres, race horse (espèce d'origine anglaise); des orges de printemps; des betteraves de distillerie et de l'alcool de betterave extrafin.

Tous ces produits proviennent de l'ensemble d'une grande culture faite en terrain de qualité ordinaire et comprenant 200 hectares de blé, 180 hectares de betteraves et 90 hectares d'avoines. Aussi, comme le demandait l'exposant, cette propriété aurait mérité une visite spéciale afin de se rendre un compte exact de son exploitation.

Les animaux sont nombreux et on compte 26 chevaux de race boulonnaise, 6 de demi-sang, 80 bœufs nivernais, 15 vaches à lait, 1,400 moutons dishley-mérinos pour l'élevage et 800 moutons pour l'engraissement pendant l'hiver. La porcherie se compose de 25 mères de la grande race yorkshire et de produits provenant de croisement avec les races de porc du pays.

La distillerie agricole d'Assainvillers travaille chaque année le produit de 170 hectares de betteraves. Elle produit 3,500 à 4,000 hectolitres d'alcool provenant de la récolte de la ferme.

Le quatrième agriculteur de la Somme que nous devons citer est M. L.-S. Paillart, qui exploite le domaine d'Hymmeville, commune de Quesnoy-le-Montaut, qui avait présenté pour la classe 74 des céréales en grains et en gerbes, des farines et des sons, des pommes de terre et des racines fourragères, des cidres, des fourrages et des betteraves à sucre. Tous ces produits indiquaient une culture bien faite et s'inspirant des dernières données de la science.

YONNE.

M. Archdéacon (Edmond) présentait, comme produits agricoles provenant de sa propriété du Cheney, dans le département de l'Yonne, des blés de semence, des toisons de métis mérinos, des vins rouges et des vins blancs.

Ce qui a surtout attiré notre attention, ce sont les toisons de métis mérinos qui étaient de qualité remarquable. Nous aurions désiré avoir des renseignements plus complets sur le troupeau de M. Archdéacon.

ALLIER.

Dans ce département se trouve Theneuille, l'exploitation que nous présente M. Bignon fils. Mais à ce propos, ne serait-t-il pas utile de dire en quelques mots ce qu'a fait M. Bignon père, notre collègue du Jury des récompenses, avant de laisser cette propriété à son fils?

En 1849, M. Bignon aîné acquit, au prix de 81,220 francs, y compris les frais, la terre de Theneuille, dans le pays même où ses ancêtres exercèrent la profession modeste de cultivateurs, et où il avait passé sa première jeunesse. Le prix moyen de l'hectare ne dépassa pas 384 francs. D'autres plus autorisés que nous ont dit ce qu'avait su obtenir M. Bignon père par l'association du capital et du travail dans le métayage. C'est lui qui a fait voir que le propriétaire devait être l'initiateur, et le métayer l'initié. La démonstration a été complète, et M. Bignon père a prouvé que cette association est non seulement praticable, mais qu'elle est fructueuse pour le propriétaire et le métayer. M. Bignon fils a été le continuateur de l'œuvre de son père.

Les objets que M. Bignon fils, agriculteur et maire à Theneuille, a exposés dans la classe 74 comprennent :

1° Le modèle au vingtième de la métairie de Junçais, de construction moderne, située dans la commune de Theneuille;

2° Des produits en céréales (gerbes et grains), racines, tubercules et fourrages de prairies naturelles et artificielles, récoltés en 1888 sur cette métairie;

3° Un tableau indiquant la succession des cultures améliorantes pratiquées sur ces terres et que M. Bignon croit être les mieux appropriées aux conditions économiques du milieu où il cultive, ainsi que de beaucoup d'autres contrées soumises au métayage;

4° Un spécimen de «métairie modèle» destinée à l'élevage et à l'engraissement des espèces bovine et ovine, comprenant les bâtiments strictement nécessaires à sa destination sans engager aucun capital mort inutile.

Le métayage a une grande importance dans le centre de la France, surtout où les terres en général sont encore peu productives et où les capitaux consacrés à l'exploitation du sol sont loin encore de s'élever au chiffre qu'ils atteignent par hectare dans la région du nord-ouest.

Ce mode de faire valoir était autrefois très défectueux et pour le propriétaire et pour l'exploitant. Les conventions qui règlent aujourd'hui, sur le domaine que M. Bignon cultive, les intérêts du propriétaire et du métayer sont tels, que les deux intéressés comprennent bien la nécessité de suivre une culture vraiment progressive.

Les faits constatés à Junçais depuis dix années démontrent nettement que la situation morale et matérielle du colon et de sa famille est devenue très satisfaisante. A la gêne et à une situation inquiétante, qui étaient le partage des métayers autrefois, ont succédé l'aisance et la sécurité.

La famille qui exploite la métairie de Junçais existe sur le domaine depuis environ un demi-siècle; mais c'est à partir de 1882, époque où les constructions nouvelles ont été édifiées, que la culture a suivi une marche largement progressive plus accentuée encore.

Les variétés de blé, d'orge et d'avoine les mieux appropriées à la nature du sol; les racines diverses, betteraves, navets, plusieurs races de pommes de terre, ainsi que les plantes fourragères fauchables, ont été essayées et ont permis de se fixer sur celles auxquelles on devrait s'arrêter le plus utilement; elles sont représentées au quai d'Orsay par des échantillons de la dernière récolte.

Les laines exposées font connaître, par leur nature, quelles sont les races de bêtes à laine qu'on élève ou qu'on engraisse.

Le Bourbonnais, comme diverses contrées dans la région du centre de la France, a un grand intérêt à spéculer sur l'élevage et l'engraissement des bêtes bovines. C'est dans le but de faire connaître comment doivent être disposés et groupés les bâtiments d'une métairie comprenant de 80 à 100 hectares, sur lesquels il existe 20 ou 25 hectares de prairies naturelles, que M. Bignon a exposé la métairie à laquelle il a donné le nom de *métairie modèle*. Ces bâtiments sont assez vastes pour loger tous les animaux qu'une exploitation peut nourrir dans le Bourbonnais, où, avec des prairies en bon rapport et des terres bien cultivées et convenablement fertilisées, il est facile d'entretenir annuellement de 400 à 500 kilogrammes de poids vivant, soit environ une tête moyenne de gros bétail par hectare.

M. Bignon avait pensé supporter les dépenses que doivent occasionner les constructions de cette métairie; mais les variantes qui existent d'une localité à une autre dans les prix de façon concernant la maçonnerie, la charpente, la couverture, etc., la possibilité souvent de trouver sur le domaine, ici des pierres, ailleurs du sable ou du bois, l'ont conduit à ne donner aucun prix de revient. Il sera toujours facile de déterminer avant toute construction la dépense qu'on aura à supporter.

Cependant M. Bignon faisait remarquer que ces constructions, bien appropriées à l'étendue et aux conditions économiques générales du pays, n'ont pas engagé un capital de plus de 150 francs par hectare. Il n'y a donc là aucune dépense qui ne soit parfaitement justifiée, et il ne s'y trouve aucun luxe et aucune chose inutile.

Il ajoutait que les bâtiments qui composent cette métairie modèle se distinguent principalement par leur solidité et leur simplicité, et qu'ils réunissent les conditions hygiéniques nécessaires aux animaux, ainsi que la facilité et l'économie de main-d'œuvre pour le pansage. Chaque corps de bâtiment est isolé de telle façon que les secours restreints dont on dispose à la campagne en cas d'incendie peuvent ici suffire pour préserver les autres bâtiments.

Un chemin de fer dessert les étables pour en sortir les fermiers et conduire les aliments et les litières des silos et des meules aux étables.

PUY-DE-DÔME.

Dans le département du Puy-de-Dôme, nous avons à signaler l'exposition remarquable de la Société de la sucrerie de Bourdon, qui exploite les domaines de Bourdon, Bretange, Marmilhat et Palbost, et les usines de Bourdon, Saint-Beauzire, Chappes et Cagnat.

Un agriculteur de ce même département, M. Jean Cohode, à Cerrier, commune de Saint-Beauzire, avait envoyé au quai d'Orsay des blés, des pommes de terre, des betteraves, des raves rutabagas, des carottes, des radis et graines diverses, et enfin des vins de paille.

SOCIÉTÉ DE LA SUCRERIE DE BOURDON.

La Société de Bourdon, fondée au capital de 3,500,000 francs, exploite depuis 1866 des établissements industriels et agricoles créés vers 1854 par la Société Meinadier et Cie, qui les lui a cédés.

Le siège de la société est à Paris. Elle est administrée par un conseil d'administration qui délègue ses pouvoirs à l'un de ses membres chargé de la direction de la société. M. Émile Boire, administrateur-directeur.

Ces établissements, qui se composent actuellement de trois fabriques de sucre, d'une distillerie d'alcool et de quatre fermes, sont situés dans la Limagne d'Auvergne, et s'étendent sur les arrondissements de Clermont-Ferrand et de Riom.

La principale sucrerie et la distillerie sont situées à Bourdon, près de Clermont-Ferrand. Les deux autres sucreries, celles de Saint-Beauzire et de Chappes, sont, l'une à 8 kilomètres, l'autre à 12 kilomètres de Bourdon. Les fermes sont à proximité de ces usines.

Ces établissements sont desservis, d'une part, par une voie ferrée allant de Clermont à Thiers, et, d'autre part, par une autre voie ferrée allant de Clermont à Maringues.

En outre, les usines sont reliées entre elles par une ligne téléphonique établie en 1882. Une ligne télégraphique, avec bureau central à Bourdon, les met en communication avec le réseau télégraphique de l'État.

Considérations générales sur l'exploitation des établissements de la société. — Les usines de la société ont pour but principal la fabrication du sucre de betterave et aussi la distillation de l'alcool de betterave ou des résidus sucrés provenant des sucreries.

Pour atteindre ce but et assurer la prospérité de ces établissements, la Société de Bourdon a donc pour principale préoccupation d'entretenir et de développer la culture de la betterave dans la région où ses usines sont situées.

Ce but est compatible avec les ressources agricoles du pays. La population est intelligente et laborieuse. Le sol de la Limagne est profond et fertile; la culture du blé y est d'autant plus rémunératrice que les terres sont plus énergiquement nettoyées et ameublies par la culture des plantes sarclées. La betterave a donc sa place marquée dans l'assolement des terres de cette contrée.

L'alimentation normale des sucreries exige un approvisionnement annuel d'environ 65,000 à 75,000 tonnes de betteraves. Pour les obtenir, il est nécessaire de mettre chaque année environ 2,500 à 3,000 hectares en culture.

Les fermes de la société, dont l'étendue totale est de 172 hect. 84, ne concourent que dans une très faible mesure à l'approvisionnement des usines.

C'est donc à la culture locale que la société s'adresse pour obtenir la fourniture des betteraves dont elle a besoin, et elle est intéressée au plus haut degré à ce que la culture des betteraves soit faite pour le bien des intérêts communs des agriculteurs et de ses établissements.

Autrefois, la Société Meinadier, et plus tard la société actuelle, cultivait une étendue de terre considérable qui, à elle seule, contribuait dans une très large mesure à l'alimentation des usines. Mais ces terres, dont la superficie totale a dépassé 2,000 hectares, étaient divisées en un grand nombre de petites fermes, disséminées sur le vaste territoire betteravier actuel, et présentaient, sous le rapport de la surveillance, des difficultés nombreuses qui nuisaient à leur bonne gestion.

L'exploitation défectueuse de ces nombreuses fermes avait pour effet d'entraver non seulement le développement de la culture de la betterave, mais aussi et surtout l'application des méthodes de culture rationnelle si nécessaires pour assurer de bonnes récoltes aussi bien en betteraves qu'en céréales.

Pour sortir de cette voie où la Société de Bourdon, comme aussi la société qui l'a précédée, a rencontré de graves déceptions, le nombre des fermes cultivées directement par la société a été diminué de plus en plus à partir de 1878. Aujourd'hui la Société de Bourdon n'exploite plus que quatre fermes représentant ensemble 172 hect. 84 et situées à proximité des usines.

Dans cette voie nouvelle où la société est entrée en 1878, toute l'activité qu'elle peut déployer dans le cercle des choses de l'agriculture a pour but de montrer, par l'exemple qu'elle en donne elle-même dans ses établissements agricoles, que l'application des méthodes rationnelles de la culture de la betterave assure à la fois le succès de cette culture et celui de la culture des céréales, liés étroitement l'un à l'autre. Dans cette voie, la Société de Bourdon a déjà trouvé la récompense de ses efforts incessants dans l'accroissement notable de la culture de la betterave et dans l'approvisionnement de ses usines en betteraves de qualité supérieure.

L'activité agricole de la société se manifeste donc non seulement dans ses fermes, mais aussi et surtout dans la surveillance de la culture des betteraves chez ses fournisseurs.

Or, le sol de la Limagne étant morcelé à l'excès, la culture de la betterave est disséminée en une multitude de petits champs, et la surveillance dont il faut l'entourer pour en assurer le succès exige des mesures spéciales.

Culture de la betterave à sucre en vue de l'alimentation des usines de la société. Importance de cette culture. — En 1878, la superficie des terres ensemencées en betteraves s'élevait à 1,400 hectares. Pour la récolte prochaine, cette superficie s'élève à 2,511 hectares, divisés en 6,762 parcelles et cultivées par 3,852 cultivateurs.

Marchés de betteraves. — Ces marchés sont renouvelés chaque année.

Le prix des betteraves est déterminé par leur poids et par leur richesse saccharine. Ce prix, qui était de 18 francs à peine en 1878, s'est élevé à 25 francs en moyenne pour la récolte dernière.

Les graines de betteraves sont fournies par la société et proviennent en grande partie de ses cultures.

Ainsi donc, chaque année, il faut renouveler environ 3,500 à 4,000 marchés de betteraves.

A cet effet, il est dressé des états nominatifs de tous les cultivateurs habitant notre territoire betteravier.

Dans ces états, et en regard du nom de chaque cultivateur, se trouve mentionnée l'étendue de ses terres arables, et notamment celle des terres qui, dans l'assolement local, doivent être cultivées en plantes sarclées.

Le personnel de la société spécialement chargé de la culture des betteraves est muni d'un inventaire détaillé de la région placée sous sa surveillance et extrait des états nominatifs.

IMPRIMERIE NATIONALE.

De cette façon, le personnel chargé de recruter les marchés de betteraves est en mesure de visiter avec méthode l'universalité des cultivateurs de la région, et d'établir avec eux les rapports indispensables pour faciliter la surveillance de la culture des betteraves.

Surveillance de la culture des betteraves. But de cette surveillance. — Le but de cette surveillance est d'amener les cultivateurs à faire l'application des règles de culture qui doivent assurer une récolte de betteraves bonne en quantité et en qualité, c'est-à-dire assurer le succès de leurs travaux et la bonne alimentation de l'usine.

Pour que cette surveillance soit effective, il faut qu'elle s'exerce sur la totalité des parcelles de terre ensemencées en betteraves, c'est-à-dire sur environ 6,000 à 7,000 parcelles, et qu'après la récolte faite, l'on puisse faire connaître à chaque cultivateur les causes qui ont influencé en bien ou en mal le résultat final.

Recommandations culturales. — Le nombre des cultivateurs étant considérable, puisqu'il s'élève à environ 4,000, il est nécessaire de confirmer les recommandations verbales par des recommandations écrites qui sont adressées à chacun d'eux, au fur et à mesure de l'avancement des travaux.

A cet effet, on fait placarder dans tous les villages, et suivant l'état d'avancement des travaux, de grandes affiches qui rappellent les règles de culture à suivre, et en outre un exemplaire de ces affiches de dimensions réduites est adressé à chaque cultivateur sous forme de lettre-circulaire. C'est ainsi que chaque année on fait placarder environ 1,000 affiches, et que l'on envoie 12,000 à 15,000 lettres-circulaires aux cultivateurs.

Enfin, quand par le service de la surveillance culturale on est informé que certains cultivateurs s'écartent par trop des règles de culture à suivre, on les prévient verbalement d'abord, et ensuite par lettre, que la récolte qu'ils obtiendront ne sera pas en rapport avec les efforts qu'ils dépensent.

Organisation de la surveillance culturale. — Le territoire betteravier qui nous intéresse s'étend sur 106 communes. Il est divisé pour la surveillance en cinq régions placées chacune sous la direction immédiate d'un agent principal, qui a lui-même sous ses ordres un certain nombre d'agents secondaires.

On emploie ainsi pour le service de la surveillance culturale 5 agents principaux et 25 agents secondaires.

Tous ces agents parcourent la région, remplissant des bulletins imprimés et préparés pour recevoir en peu de mots leurs observations.

Ces bulletins sont adressés au chef de région, qui les fait transcrire sur un grand livre d'observations culturales.

En outre, les agents secondaires sont réunis chaque semaine par leur chef de région, qui leur fait verbalement les recommandations que la situation comporte.

Les chefs de région se réunissent eux-mêmes une fois par semaine à la direction des établissements, et échangent leurs observations sur la situation culturale.

Par cette organisation, toutes les recommandations culturales sont faites avec méthode et suivant un ordre d'idées qui a été préalablement étudié.

Les observations culturales relevées dans les champs sont faites également suivant une méthode déterminée, et le grand livre, qui résume toutes ces observations culturales, permet d'y puiser les renseignements dont on a besoin pour expliquer aux cultivateurs les causes de leur succès ou de leur insuccès.

Grand livre d'observations culturales. — Ce livre comporte, avec le nom de chaque cultivateur, la désignation des parcelles qu'il doit mettre en culture, et dans une série de colonnes en regard de chaque parcelle, on inscrit les renseignements du service de la surveillance culturale, c'est-à-dire la nature de la récolte précédente, l'époque des labours, la nature des fumiers, l'état de propreté du sol, etc., et dans une dernière colonne, le résultat de la récolte en argent.

Par ce service de surveillance culturale et par l'enregistrement des observations qu'il fournit, on a recueilli, depuis quatre ans que cette organisation fonctionne, 50,000 observations culturales.

Champs d'expériences comparatives. — Afin de propager plus activement les méthodes de culture qui sont recommandées, on a entrepris chaque année, depuis 1883, la création d'environ 10 à 15 champs d'expériences comparatives. A l'heure actuelle, il a été créé 82 champs d'expériences. Ces champs, organisés dans les terres des cultivateurs, sont répartis sur le territoire betteravier.

Dans ces expériences, on cherche à démontrer qu'à conditions égales de préparation du sol, telle ou telle pratique culturale influence le résultat de la récolte en bien ou en mal. C'est ainsi qu'on a amené les cultivateurs à rapprocher les betteraves dans les lignes, alors qu'ils les écartaient démesurément; à reconnaître que les semailles faites de bonne heure et que les soins de culture judicieusement donnés, favorisaient les rendements culturaux; à reconnaître que l'effeuillage des betteraves pendant la végétation est très nuisible à la qualité de la récolte.

Pour organiser ces champs, on accepte la préparation du sol, telle que le cultivateur l'a faite avec un outillage agricole, et cela pour qu'il ne puisse pas attribuer à l'outillage dont la société dispose le résultat qui sera obtenu plus tard. Le but de la société est de lui prouver qu'avec les moyens dont il dispose, il peut améliorer le rendement de sa culture.

Chaque champ doit être situé sur une route ou un chemin fréquenté. Il est divisé la plupart du temps, par les soins de l'instituteur, en deux parties égales. La ligne de séparation, d'une largeur suffisante, est perpendiculaire à la route. Un poteau, placé près de la route, indique d'une façon très apparente qu'il s'agit d'une expérience culturale comparative, et indique aussi la parcelle cultivée par la société et celle qui est attribuée au cultivateur.

En cours de végétation, les cultivateurs de la région de ces champs sont réunis de temps à autre par les soins des agents pour examiner sur place l'apparence comparative des deux parcelles des champs d'expériences.

Enfin, au moment de l'arrachage, une bascule est apportée dans le champ. Les betteraves sont pesées, leur densité est prise, et la valeur des deux récoltes est immédiatement établie.

La société, depuis 1883, organise dans ces conditions 82 champs d'expériences. Cette année il y en a 9 qui sont en activité.

Prêts gratuits d'instruments agricoles. — Le morcellement excessif de la propriété a retardé, dans la Limagne, l'emploi des instruments agricoles perfectionnés.

Il y a quelques années, on ne rencontrait d'autre charrue que l'araire primitif, ne permettant de faire du labour que de 10 à 12 centimètres de profondeur. Souvent même, et cela se rencontre encore, ce mode de labour est remplacé par la bêche.

Quant aux autres instruments chargés de compléter le travail de la charrue pour ameublir le sol, ils étaient peu ou point employés. Leur usage commence à pénétrer dans la culture.

Les semailles se font généralement à la main.

Toutes ces conditions de travail des terres sont fâcheuses, et au fur et à mesure qu'elles se modifient, la fertilité naturelle du sol est mise en valeur.

Pour remédier à cet état de choses qui intéresse la société, puisqu'il influence la culture des betteraves, elle a, depuis 1880, organisé un vaste magasin d'instruments agricoles qu'elle prête gratuitement aux cultivateurs, et quand, après en avoir fait usage, ils se décident à les acheter, elle les met en rapport avec les constructeurs, et souvent même, s'ils le désirent, elle leur avance les fonds pour faire ces acquisitions.

L'approvisionnement d'instruments agricoles, qui s'accroît d'année en année, comprend actuellement :

13 charrues Brabant doubles;

12 extirpateurs-scarificateurs;

16 herses souples en fer; 47 rouleaux en fonte pesant 600 kilogrammes chacun;

52 semoirs;

25 houes à cheval;

14 arracheurs de betteraves.

Tous ces instruments sont des types les plus renommés.

Pour faciliter l'emploi de ces instruments et surtout l'usage des semoirs, la société met à la disposition des cultivateurs qui en font la demande des hommes habitués à la manœuvre de ces instruments, et elle donne des primes en argent à ceux qui les ont le mieux employés.

Résultats. — De toutes ces mesures il est résulté, après les premières années d'indifférence passées, un certain élan qui se développe et qui, sans aucun doute, modifiera profondément les anciens errements de la culture dans cette fertile contrée.

En ce qui concerne le développement de la culture des betteraves, qui est le but des efforts de la société, les progrès réalisés sont considérables. En effet, en 1878, il n'y avait que 1,400 hectares ensemencés en betteraves; cette année, il y en a 2,511.

Il y a dix ans, la teneur en sucre des betteraves récoltées atteignait à peine 10 p. 100 de leur poids; aujourd'hui elle s'élève en moyenne à 14 p. 100.

Dans la même période, le poids de sucre récolté par hectare a passé de 2,149 à 3,643 kilogrammes, et la valeur des récoltes, qui atteignait à peine 450 francs en 1878, s'élève actuellement à 630 francs en moyenne par hectare.

L'année dernière, près de 1,000 cultivateurs qui ont mieux observé que les autres les recommandations culturales, ont obtenu des récoltes dont la valeur s'est élevée de 700 à 1,100 francs par hectare. Ces résultats, portés par lettres-circulaires à la connaissance de tous, ont pour effet de donner un nouvel élan dans la voie du progrès où les cultivateurs sont entrés depuis plusieurs années.

Les champs d'expériences comparatives qui ont puissamment aidé pour modifier certaines coutumes culturales, sont complétés par les expériences et les essais que l'on fait chaque année dans les fermes et que les cultivateurs peuvent suivre à leur gré.

Établissements agricoles de la société. — Les terres de la Limagne sont en général argilo-calcaires; elles sont profondes et fertiles.

Les analyses faites par M. Truchot, professeur à la faculté des sciences de Clermont et directeur de la station agronomique, indiquent que ces terres contiennent en abondance les éléments minéraux nécessaires à la végétation des plantes; en effet, elles contiennent, d'après l'analyse d'un échantillon prélevé sur le territoire de Montferrand :

DÉSIGNATION.	ANALYSE PHYSIQUE.		DÉSIGNATION.	ANALYSE CHIMIQUE.	
	Sol.	Sous-sol.		Sol.	Sous-sol.
Pierres	2.2	4.1	Acide phosphorique	0.296	0.229
Sable	42.0	34.8	Potasse	0.548	0.615
Argile	55.8	61.1	Chaux	9.970	5.150
			Carbonate de lithine	0.085	0.080
			Magnésie	1.850	1.466
			Oxyde de fer	13.10	12.400
			Chlore	0.069	"
			Carbone des matières organiques.	1.145	"
			Azote	0.310	"
			Inattaquable	57.8	69.40

L'analyse d'un autre échantillon, prélevé sur le territoire de Bourdon, a donné des résultats analogues; mais, malgré cette composition générale d'éléments fertilisants, on reconnaît bien vite que le sol n'a pas une puissance de production en rapport avec sa composition exceptionnelle. Une partie des éléments minéraux, et notamment l'acide phosphorique, existent dans le sol à l'état de combinaison faiblement assimilable pour les plantes.

C'est ainsi que le blé, par exemple, dont la période de végétation herbacée a presque toujours une apparence luxuriante, donne des rendements relativement faibles. La moyenne des récoltes obtenues par les cultivateurs est d'environ 15 à 16 quintaux de grains par hectare. L'épiage laisse à désirer. Le développement du grain n'est pas suffisamment assuré par les éléments minéraux du sol. L'acide phosphorique semble faire défaut. Et pour mettre ces éléments minéraux en valeur, il faut apporter des fumures abondantes.

Organisation des fermes de la société. — Chaque ferme est dirigée par un chef de culture placé sous les ordres du directeur des établissements de la société.

Ce chef de culture dresse chaque jour un bulletin qu'il envoie à la direction et qui contient le résumé des travaux de la journée.

Ce bulletin sert de base pour la comptabilité agricole.

Comptabilité. — La comptabilité est tenue aussi simplement et aussi complètement que possible.

Chaque pièce de terre a son compte particulier, dans lequel entrent les dépenses qu'elle occasionne et la valeur des produits qu'elle apporte.

En fin d'exercice agricole, arrêté chaque année le 31 décembre, les inventaires établissent les résultats par pièce et par nature de récolte.

Plan des domaines. — Chaque ferme a son plan particulier, fait en un très grand nombre d'exemplaires. Chaque année, les pièces de terre indiquées dans ces plans reçoivent, suivant l'assolement arrêté, les teintes conventionnelles pour chaque nature de récolte.

Dans ces plans, chacune des pièces de terre porte, à côté de son numéro de comptabilité, l'indication de sa superficie et de sa distance aux bâtiments de la ferme.

Assolement. — Les terres étant généralement fertiles et morcelées, leur valeur locative est élevée. En effet, les prix de location, qui atteignent quelquefois 350 francs par hectare, ne sont jamais inférieurs à 150 francs.

Pour ces raisons, il est nécessaire de constituer une rotation de récoltes composée de produits d'une valeur élevée.

C'est ainsi que l'assolement généralement adopté dans le pays est alterne et composé par une plante sarclée, betterave ou pomme de terre, suivie de blé. On cultive peu ou point d'orge et d'avoine en Limagne.

Cet assolement est rompu tous les six ou huit ans, et les terres qui sortent de cette rotation sont ensemencées en luzerne généralement ou quelquefois en trèfle.

En ce qui concerne l'assolement de nos fermes, la société a essayé, dans certaines parties d'entre elles, de prolonger la durée de la rotation betteraves-blé, en restreignant la culture des prairies artificielles, et de ces essais, qui se sont poursuivis pendant plus de dix ans, on a acquis la certitude qu'avec des fumures judicieusement faites, cette rotation aurait pu être entretenue pendant longtemps encore.

Des considérations qui précèdent, la société a réglé la rotation de ses récoltes en adoptant pour le sol de ses fermes la division suivante par période de quatre ans

Pendant toute la durée de la période :

Les betteraves occupent les 3/9 du sol; les blés occupent les 4/9 du sol.

Pendant les trois premières années :

Les luzernes occupent 1/9 du sol; les trèfles occupent 1/9 du sol.

Pendant la quatrième année :

Les trèfles occupent 1/9 du sol, et la luzerne, qui est rompue, est remplacée par une avoine qui occupe 1/9 de la superficie.

D'après cette division, les prairies artificielles reviennent mi-partie tous les huit ans et mi-partie tous les six ans. Il en résulte certaines précautions à prendre pour assurer le foin nécessaire à l'alimentation du bétail.

On emploie généralement des bœufs pour le travail des terres. La société règle le nombre dont elle a besoin, en admettant que pendant les sept premiers mois, de janvier à août, un bœuf suffit pour le travail de 4 hectares, et que pendant les cinq autres mois, c'est-à-dire d'août à janvier, il faut 1 bœuf pour 1 hect. 50. Il résulte de ces dispositions qu'à partir du mois de janvier, la moitié des bœufs devient inutile. La société les engraisse pour les vendre ensuite.

De l'ensemble de ces dispositions, il résulte aussi que le nombre de bœufs qui est nécessaire pour le travail des terres a son alimentation en foin assurée par les prairies du domaine.

Ce nombre de bœufs produit une quantité de fumier qui, calculée à raison de 11,000 kilogrammes par animal et par an, est inférieure aux besoins du domaine. Les fumiers complémentaires sont assurés par des apports d'engrais chimiques ou par des apports de fumier acheté dans les villes voisines.

Toutes les dispositions générales de cet assolement alterne sont appliquées aux domaines de Pallast et de Bretange-Marmilhat.

Le domaine de Bourdon est composé presque exclusivement de prairies, arrosées par le ruisseau qui alimente les usines. Les foins provenant de ce domaine, utilisés dans les autres fermes, ont permis jusqu'à l'année dernière de réduire dans ces fermes la culture des prairies artificielles.

Betteraves. — Afin de profiter des avantages de la nouvelle législation sur les sucres, la société cultive les variétés de betteraves qui ont une teneur saccharine le plus élevée possible.

Les graines employées proviennent en grande partie des domaines. La société a reconnu que ces graines provenant de betteraves acclimatées dans le pays ont une levée plus vigoureuse que les autres et qui contribue à augmenter le rendement de la récolte.

La quantité de graines récoltées depuis deux ans est presque suffisante pour les besoins des cultivateurs et des fermes.

Blé. — Les blés cultivés dans les domaines sont de plusieurs variétés. Ils comprennent d'abord le Taganrog, acclimaté depuis longtemps dans le pays, par suite des besoins de l'industrie locale des pâtes alimentaires. Mais ces besoins sont en décroissance; ce blé est de moins en moins recherché, et pour cette raison la société cultive plusieurs autres variétés, afin de faire un choix judicieux de celles qui conviennent le mieux aux terres et au climat.

Expériences culturales. — Outre les champs d'expériences comparatives organisés chez les cultivateurs depuis 1880, beaucoup d'essais ont été faits dans les domaines sur la culture des betteraves et des blés, et sur l'emploi des engrais chimiques.

Ces essais ont pour but de renseigner sur la végétation des plantes qui sont cultivées et de faire prévaloir auprès des cultivateurs les recommandations culturales qui sont faites.

Organisation de ces essais. — Les champs dans lesquels ces essais sont faits se composent d'une série de carrés qui ont généralement 25 mètres de superficie et dont le nombre est déterminé par la variété des expériences à faire.

Ces champs d'essais sont placés à proximité des chemins des domaines. L'attention des cultivateurs est appelée sur eux par de grands poteaux indicateurs très apparents.

Dans chaque carré, une plaque métallique montée sur une tige en fer porte des indications écrites sur la nature de l'essai en cours.

Les cultivateurs entrent librement dans ces champs, où ils trouvent un enseignement par les yeux, largement organisé.

Engraissement du bétail. — Le transport des betteraves dans les abords des usines oblige à entretenir, pendant les campagnes sucrières, un certain nombre de bœufs qui deviennent inutiles en fin de campagne. En outre, après l'achèvement des travaux des domaines, il se trouve un certain nombre de bœufs sans emploi.

Tous ces bœufs sont réunis dans des écuries spéciales pour être engraissés et vendus. Leur nombre varie de 60 à 100 environ tous les ans.

L'engraissement de ces bœufs fournit un appoint de fumier important pour les terres des fermes.

Les bœufs soumis à l'engraissement entrent à l'écurie où tout d'abord ils passent une première période de repos d'environ huit jours, avec une forte ration d'entretien. Cette première période passée, ils sont en état pour l'engraissement et reçoivent une ration en conséquence.

La durée de l'engraissement est présumée devoir être de 90 jours. Cette durée est divisée en trois parties ou périodes d'engraissement.

Les animaux sont rangés dans les écuries autant que possible par ordre de taille, afin de régler les rations d'après leur poids.

A chaque période d'engraissement correspond une ration spéciale. Chaque écurie est munie d'une bascule *ad hoc.*

Tous les animaux sont pesés à leur entrée à l'écurie; ils sont pesés de nouveau tous les huit jours. Les poids successifs sont enregistrés dans des bulletins qui font ressortir à côté de l'augmentation de poids la dépense correspondante.

Tous les quinze jours, on élimine les animaux qui paraissent impropres à l'engraissement, ou dont l'engraissement est trop coûteux.

Les formules adoptées pour l'engraissement des bœufs et qui permettent de constituer les rations varient avec la période d'engraissement. Les bulletins joints aux présentes notes indiquent ces formules et la composition effective des rations.

Un bulletin récapitulatif donne le résultat final des écuries d'engraissement.

Observations météorologiques. — Pour compléter les renseignements fournis sur l'organisation adoptée, pour le service de l'agriculture en général, depuis 1884, la société a installé trois postes d'observations météorologiques. Ces postes sont situés à Bourdon, à Saint-Beauzire et à Chappes.

Les observations sont relevées tous les jours et enregistrées, comme il est d'usage de le faire.

Ces observations, déjà nombreuses, aident à apprécier certaines circonstances culturales qui paraissent anormales.

Résumé général. — Toutes les mesures prises pour réformer et améliorer la culture de la betterave dans la vaste région rurale, toutes celles prises pour améliorer l'exploitation des fermes, tous les essais, toutes les expériences culturales faites en grand nombre ont eu pour premier résultat d'améliorer l'alimentation des usines aussi bien sous le rapport de la quantité que sous celui de la qualité des betteraves travaillées, et pour autre résultat de permettre d'obtenir dans l'exploitation des domaines des résultats rémunérateurs.

Depuis dix ans, la prospérité de la société ne s'est pas ralentie, et les résultats satisfaisants obtenus dans les domaines ruraux sont de nature à laisser croire qu'elle est dans la bonne voie.

Ces considérations générales sont accompagnées de nombreux tableaux et graphiques qu'il serait beaucoup trop long de reproduire, et qui prouvent avec quel soin M. Émile Boire, administrateur-directeur, a dirigé ces fermes. Tous ces travaux lui font le plus grand honneur, et la Société de Bourdon doit s'estimer très heureuse d'avoir un pareil administrateur à la tête de son exploitation.

OISE.

M. Bourdon (Edmond) dirige à Rémy et à Aiguisy une exploitation agricole qui s'étend sur plus de 300 hectares. Il y a joint une exploitation industrielle qui comprend l'alcool, la potasse brute (carbonate de potasse et de soude, sulfate de potasse, chlorure de potassium), le son de maïs, l'huile de maïs et les tourteaux de maïs. Aussi avait-il envoyé à l'Exposition universelle tous les produits qu'il récolte ou qu'il fabrique.

Les rendements en blé, avoines, betteraves et autres cultures ont beaucoup augmenté de 1878 à 1889, non seulement par une culture plus intensive et l'emploi des engrais chimiques joints aux fumiers, mais par suite aussi d'un meilleur choix et d'une meilleure sélection des semence employées.

D'après la déclaration de l'exposant, les établissements industriels produisent journellement, pendant toute l'année, 100 hectolitres d'alcool rectifié fourni directement à la consommation. L'huile de maïs fabriquée sert à la savonnerie, et les tourteaux qui en proviennent, ainsi que ceux qui résultent des opérations de la distillerie, sont vendus pour la nourriture et l'engraissement du bétail; ils peuvent être aussi employés dans l'alimentation des chevaux.

MEUSE.

Trois agriculteurs de la Meuse avaient envoyé des échantillons des produits de leurs différentes récoltes à l'Exposition universelle; ce sont MM. Camonin (Dominique), Sauce et Valentin.

M. Camonin (Dominique), qui exploite depuis cinquante ans une ferme de 20 hectares, à Lavallée, présentait des blés Hallet, d'Australie et de pays; des avoines de Brie, prolifiques; des orges Chevalier et de pays; des semences de sainfoin, et plusieurs variétés de pommes de terre. Tous ces produits indiquaient les soins que ce cultivateur apporte dans son exploitation.

M. Valentin, à Fresnes-en-Woèvre, avait exposé des blés de trente-cinq espèces en gerbes et en grains, et des osiers pour vannerie.

Enfin M. Sauce (Clément), à Moulins, commune de Stenay, dirige depuis 1879 un domaine, depuis soixante ans entre les mains de la famille, qui comprend 80 hectares d'exploitation agricole et 160 hectares d'exploitation forestière. Il avait envoyé au quai d'Orsay des faînes et de l'huile de faîne.

La faîne, qui est le fruit du hêtre, donne une huile excellente, très estimée dans le pays de production.

Cette huile, lorsque les fruits sont en grande abondance, comme en 1888, est d'un prix de revient peu élevé. Les résidus ou tourteaux servent à l'alimentation du bétail, qui en est très friand. Le ramassage des faînes en septembre et en octobre occupe un grand nombre de personnes qui trouvent dans ce travail une large rémunération.

LOIR-ET-CHER.

M. Émile Fleury, propriétaire aux Noëls, commune de Vineuil, nous a présenté des pommes de terre et du vin de sa récolte.

Cet agriculteur distingué se livre depuis longtemps à la culture expérimentale de la pomme de terre.

Par l'hybridation, il est parvenu à créer quelques variétés qui paraissent, si leurs qualités persistent, devoir être très méritantes. Elles proviennent de la farineuse rouge, de la merveille d'Amérique et de la pousse-debout.

L'une, résultant de l'hybridation de la farineuse rouge, est surtout remarquable par le volume de ses tubercules.

L'autre, issue de la merveille d'Amérique, en diffère par sa couleur blanche. Ses tubercules sont de forme très régulière et volumineux. Elle est remarquable encore par son abondante production et peut être, en conséquence, recommandable pour la grande culture.

Une troisième, enfin, appelée par M. Fleury *pousse-debout blanche*, est très hâtive. Les tubercules parviennent à maturité un mois avant ceux de la pousse-debout ordinaire.

M. Émile Fleury déclare qu'il fait une très grande exportation de ses pommes de terre.

En 1888, il aurait expédié 500 wagons de 7,000 à 8,000 kilogrammes par la gare de Vineuil-Saint-Claude.

Pour la viticulture, les produits proviennent du domaine de la Thouardière, commune de Cheverny, acheté par l'exposant en avril 1881.

MAINE-ET-LOIRE.

M. Touchet (Joseph), au domaine du Rocher, commune de l'Hôtellerie-de-Flée, avait envoyé à l'Exposition universelle de 1889 :

1° Un plan de la propriété du Rocher;

2° Des plans de la laiterie et de la fromagerie du même domaine;

3° Une méthode de conservation de l'herbe par la pression;

4° Un plan de l'aménagement des eaux, et de la création d'irrigations.

La terre du Rocher, sise dans la commune de l'Hôtellerie-de-Flée, d'une contenance de 85 hectares, fut acquise en 1881 par M. Touchet. A cette époque, son revenu brut était inférieur à 15,000 francs. Cinquante têtes de bétail y étaient entretenues avec peine; aujourd'hui le produit brut a plus que doublé, grâce aux importants travaux de drainage et d'irrigation qui ont été opérés, ainsi qu'à la construction d'une fromagerie.

En 1881, la moitié des prairies naturelles ne donnaient qu'une récolte insignifiante; aujourd'hui ce sont ces parties qui donnent les fourrages les meilleurs et les plus abondants.

L'eau des drainages a été en partie captée pour alimenter un bassin de 100 mètres cubes qui sert à fournir l'eau pour des bassins pratiqués dans la fromagerie; et en plus elle sert à faire marcher une noria qui donne la force motrice utile pour le barattage et le délétage des beurres, etc. L'eau des drainages fournit encore une eau courante et saine utilisée pour la vacherie; tous les purins provenant de la vacherie et les eaux grasses des cours sont savamment répartis sur les prairies par l'irrigation.

Depuis cinq ans, l'herbe verte est conservée pour nourriture d'hiver, ce qui permet de donner du vert en toutes saisons. Le grand avantage de ce système est de pouvoir rentrer ses récoltes sans crainte des intempéries, et d'utiliser comme nourriture beaucoup de mauvaises herbes qui seraient perdues sans cela.

PYRÉNÉES-ORIENTALES.

Domaine de l'Eüle, appartenant à M. Hainaut (Jean-Denis). — Le domaine de l'Eüle est situé, pour la plus grande partie du terrain, dans la commune de Soler, canton de Millas, et pour le reste, dans la commune limitrophe de Thuir, département des Pyrénées-Orientales.

La surface du sol est à peu près plane. Des nivellements, exécutés avec persévérance, ont fait disparaître presque toutes les inégalités.

La couche arable se compose de silice, d'argile et d'une faible quantité de calcaire.

Le terrain est léger plutôt que fort. Le sous-sol, de même nature que le sol, est perméable. Une vieille prairie naturelle présente une constitution minéralogique différente : la couche arable est tourbeuse, le sous-sol argileux et imperméable. Des labours profonds et l'écobuage ont doublement amélioré cette propriété. Les sources sont nombreuses et proviennent d'un drainage énergique. Avant de servir à l'arrosage, les eaux sont captées et emmagasinées dans de vastes réservoirs où elles s'échauffent et s'aèrent parfaitement. Dans les drains, la température moyenne de l'eau est de 11 à 12 degrés; dans les réservoirs, elle s'élève à 16 et 17 degrés.

Les principales cultures du pays sont celles de la vigne et des fourrages. Les céréales ne viennent qu'en seconde ligne. Les plantes sarclées : haricots, maïs, etc., donnent lieu à une exploitation assez considérable.

L'étendue du domaine est aujourd'hui de 74 hectares, divisé en deux parcelles : une de 68 hectares, contiguë aux bâtiments d'exploitation; l'autre de 6 hectares, à

200 mètres des mêmes bâtiments. Le terrain est divisé en grandes et en moyennes pièces, clôturées par des fossés très profonds, dont le rôle est double : défendre la propriété de tout empiètement et faciliter l'écoulement des eaux.

Le faire-valoir est direct, par le propriétaire, secondé, pour les travaux pratiques, par un granger ou maître valet, qui a sous ses ordres des domestiques et des ouvriers payés à la journée ou à gages.

Le capital employé est de 50,000 francs, ou 666 francs par hectare. Les propriétaires des environs exploitent avec un capital de 200 à 300 francs par hectare.

Les terres se répartissent ainsi :

Vignes	43 hectares.
Prairies naturelles	14
Blé	8
Récoltes de printemps et fourrages d'hiver sur même sol	8
Parcs et jardins	1
Total	74

M. Hainaut a adopté l'assolement biennal, avec plantes dérobées, très riche et très actif, qui exige des quantités considérables d'engrais, environ 20,000 kilogrammes par hectare. Il ne peut être employé que dans les terres irriguées et assez fertiles.

Première année. — Blé sur chaume, maïs porte-graine; au 15 août, semis d'un fourrage d'hiver, ordinairement composé de trèfle incarnat et de lupins. Il pousse parfaitement à l'ombre du maïs porte-graine d'arrière-saison, récolté vers la fin d'octobre. Dégagé de cet ombrage, le fourrage continue à pousser et les bêtes à laine le pâturent en hiver.

Deuxième année. — Plantes sarclées : haricots, pommes de terre, betteraves, récoltés ordinairement du 15 août au 15 septembre. Deux mois restent pour préparer la terre à recevoir la céréale qui commence le deuxième cycle.

Ce genre de culture n'est pas pratique dans un terrain aussi perméable que celui de l'Eüle, surtout quand il est arrosé avec des eaux froides et filtrées. Aussi M. Hainaut, voyant le terrain s'appauvrir rapidement, a dû renoncer à ce genre d'assolement.

Les fourrages vivaces sont cultivés, en dehors de l'assolement, sur une surface de 14 hectares. Les vignes, qui occupent 43 hectares, en sont également distraites. Il reste donc pour l'assolement régulier 16 hectares, dont 8 en fourrage et 8 en céréales. La culture des fourrages et céréales en assolement représente un peu plus du quart de l'étendue totale des terres, ou 16 hectares sur 74.

Après avoir fait les améliorations foncières capitales qui ont surtout consisté en desséchement, drainage et irrigations suivant les besoins, il fallait choisir les plantes qui formeraient la base de la culture. Deux systèmes de culture sont en présence dans le

Roussillon. On cultive la vigne dans les terres non irriguées, mais arrosables, et, dans les alluvions modernes et d'arrosage, les fourrages. La situation de M. Hainaut lui faisait un devoir d'adopter un troisième système, le système alterne.

Trois cultures sont donc en vigueur chez lui :

1° Culture industrielle, vignes, plus de la moitié du domaine; 2° culture fourragère, un peu moins du quart; 3° culture alterne, l'autre quart.

Cette variété de production pourra le garantir des fluctuations commerciales, qui mettent quelquefois le propriétaire dans une grande gêne, quoiqu'il possède des denrées de grande valeur. C'est en même temps un excellent palliatif contre les variations atmosphériques. Une gelée tardive ou la grêle n'anéantissent-elles pas trop souvent les revenus de la vigne? Ne ruinent-elles pas quelquefois les populations adonnées à une seule culture?

Sans entrer dans de grands détails, nous pouvons donner le résultat des différentes cultures.

La production moyenne de la culture de la vigne est aujourd'hui de 40 hectolitres par hectare; avec les vieilles vignes, elle s'élevait à 100 hectolitres. Le prix ordinaire du vin varie entre 25 et 30 francs l'hectolitre.

La culture fourragère comprenait une prairie naturelle de 14 hectares. Défoncé, fumé et ameubli longtemps à l'avance, le terrain a été ensemencé avec des graminées et des légumineuses.

Graminées. — Fromental, ray-grass d'Italie, fétuque, timothy, pâturin des prés.

Légumineuses. — Trèfle hybride, trèfle blanc, lantier velu, etc.

La seconde année, cette prairie a été terrautée. Les trois coupes, y compris le regain, donnent en moyenne de 8,000 à 10,000 kilogrammes par hectare.

La prairie est arrosée tous les dix ou douze jours; elle est sarclée en hiver, et les taupinières, s'il en existe, sont effacées.

Toutes les autres cultures, les céréales, qui succèdent aux plantes sarclées, fortement fumées, sont l'objet de soins particuliers.

Le rendement du blé par hectare est de 25 hectolitres; de l'avoine, 40 ou 45; du maïs porte-graine, de 22 hectolitres.

Les fourrages d'hiver, ou les fourrages annuels perdus, qui restent après les coupes, se vendent pour la pâture au prix de 60 francs l'hectare.

Les betteraves produisent 40,000 kilogrammes; les pommes de terre, 200 hectolitres.

La propriété possède quatre mules ou mulets de race du Poitou, agés de dix ans et de très forte taille; deux chevaux bretons de huit ans, et deux juments de voiture, quatre bœufs.

Quelques chiffres, que nous donnons en terminant, vont démontrer la haute valeur acquise par la propriété depuis trente-deux ans.

Évaluée en 1855 à 88,000 francs, y compris le cheptel, la propriété a eu successivement une valeur foncière de 234,000 francs en 1863, de 294,000 francs en 1869, de 511,000 francs en 1878; de 1869 à 1878, elle a donné un bénéfice net de 24,000 francs par an. En 1877, elle donnait 30,000 francs; en 1878, 31,000 francs, et de 1880 à 1885, 40,000 francs de bénéfices nets. Ces chiffres montrent, je crois, avec assez d'éloquence, l'utilité et l'importance des travaux accomplis dans la propriété par M. Hainaut.

EXPOSITIONS SPÉCIALES.

AVICULTURE.

COUVEUSES, ÉLEVEUSES, SÉCHEUSES, POULAILLERS.

L'art de faire éclore artificiellement les œufs des gallinacés est très ancien, et il aurait même été pratiqué dès la plus haute antiquité. On attribue à deux illustres savants de nos jours, Olivier de Serres et Réaumur, la recherche du secret des anciens. Leurs essais ingénieux n'eurent pas grand succès. Nous voyons dans le rapport de l'Exposition universelle de 1867, à la classe 79, la seule indication suivante faite par M. Florent-Prévost, aide-naturaliste au Muséum d'histoire naturelle : «M. Des champs aobtenu beaucoup de produits de cette espèce (il parlait du Colin de la Californie), qu'il a facilement multiplié à l'aide d'un *appareil d'incubation* de son invention, exposé au Champ de Mars, auprès de ses oiseaux, et que chacun a pu apprécier.» Voilà tout ce que disait le rapport de 1867, et nous voyons figurer sur la liste des récompenses M. J. Deschamps pour sa couveuse artificielle, et MM. Whitmée et Cie, de Londres, pour leur appareil à incubation.

En 1878, un plus grand nombre d'appareils furent présentés, surtout par MM. Roullier-Arnoult et Voitellier, mais aucun rapport ne fut rédigé. Nous pouvons dire que des progrès très sérieux étaient déjà réalisés dans ce mode d'élevage.

En 1889, nous ne comptons pas moins de 11 exposants pour les appareils d'aviculture.

L'ensemble de cette exposition d'incubateurs, de gaveuses et ustensiles de basse-cour est très importante, très intéressante par les progrès successifs qui ont été apportés dans les perfectionnements, progrès très sensibles qui prouvent combien tous ces différents constructeurs ont cherché à tirer le plus grand parti de ces nouveaux appareils.

Tout le monde connaît aujourd'hui les principes sur lesquels repose l'incubation artificielle, et nous n'avons nullement l'intention de décrire toutes les méthodes; nous croyons plus utile de renvoyer nos lecteurs aux nombreuses brochures de MM. Voitellier, Roullier-Arnoult, Philippe, Bouchereau, etc.

M. le Ministre de l'agriculture, pensant qu'il y avait lieu d'étudier et de répandre la pratique de ces modes d'élevage, a créé, le 27 février 1888, l'école d'aviculture de Gambais.

M. Deschamps. — M. Deschamps présente sa couveuse artificielle à eau chaude renouvelée deux fois par jour; la chaudière est entre deux tiroirs. C'est M. Deschamps qui est le réel inventeur de la couveuse artificielle.

Il a aussi une éleveuse à eau bouillante.

MM. VOITELLIER, à Mantes. — La couveuse artificielle de la maison Voitellier est à eau chaude; le réservoir, au lieu d'être en dessous ou en dessus, est circulaire, et, par conséquent, la chaleur se fait par rayonnement au-dessus du centre de l'œuf.

L'espace qui est au-dessus des œufs est très grand; l'aération est complète et sans courant d'air.

Le chauffage a lieu par l'eau chaude renouvelée.

Le réservoir de l'appareil de 150 œufs contient 70 litres d'eau; celui de 100 œufs renferme 60 litres d'eau.

Une modification a été apportée : au lieu de renouveler l'eau, on a établi un thermosiphon chauffé par une lampe apparente, facile à changer.

Le sol de la couveuse est un fond de bois recouvert de sable humide; sur ce sable on pose des casiers dont le fond est garni d'une toile que l'on change après chaque éclosion.

On n'emploie pas de tourne-œufs mécanique, on ne marque pas les œufs; on retire le casier plein d'œufs, on place un casier vide au-dessus, on retourne le tout, et en moins de temps qu'on ne met pour l'écrire les œufs sont retournés sans être touchés; ce déplacement permet de renouveler l'air de l'incubateur.

La sécheuse est indépendante de la couveuse; les poussins sont placés sur une couche de sable très épaisse. Le réservoir à eau chaude est au-dessous du sable; un édredon concentre la chaleur sur les poussins.

L'éleveuse contient un réservoir à eau chaude placé au-dessus des poussins; à côté, pour l'hiver, on place un promenoir vitré. Une autre éleveuse est construite pour recevoir à volonté ou une mère artificielle ou une poule mère.

Ensuite viennent tous les ustensiles de basse-cour : cage portative démontable pour l'élevage des poussins, l'épinette, les trémies.

Enfin un poulailler démontable avec panneaux mobiles, une faisanderie à démontage rapide et, ce qu'il y a de très remarquable, une volière-faisanderie en fil de fer à simple torsion, en un seul morceau.

MM. ROULLIER-ARNOULT et ARNOULT. — MM. Roullier-Arnoult et Arnoult présentent une couveuse artificielle à eau chaude dont la chaleur est entretenue par une briquette. Néanmoins ces inventeurs n'ont pas éloigné les appareils à eau chaude renouvelée matin et soir. Le tiroir qui contient les œufs est à claire-voie, et au-dessous se trouve un plateau en zinc recevant l'eau qui doit s'évaporer et donner la moiteur favorable à l'incubation.

Un système de couveuses possède une sécheuse au-dessus de l'incubateur; l'autre

IMPRIMERIE NATIONALE.

système n'a pas de sécheuse. La sécheuse séparée est chauffée par une bouillotte; une autre est formée par une boîte à poussins munie d'un réservoir à eau chaude, facile à déplacer.

L'éleveuse est placée à volonté, soit devant un promenoir couvert d'un vitrage, soit devant un espace entouré de panneaux grillagés. Il n'y a pas de tourne-œufs; on se sert de plaques en bois à jour que l'on déplace.

La lampe mireuse, *l'Indiscrète,* facilite le mirage des œufs.

La gaveuse est d'un emploi facile et permet un engraissement rapide; la pâtée est confectionnée dans un seau malaxeur.

Les poulaillers mobiles démontables, les poulaillers roulants surtout, sont bien imaginés; il en est de même des abris portatifs, des garennes à lapins, des boîtes à poules avec petit parquet.

M. Odile-Martin. — M. Odile-Martin expose une couveuse artificielle à eau chaude chauffée par une lampe dont la cheminée est disposée pour favoriser un courant d'air. L'appareil qui contient l'eau est composé de deux réservoirs, l'un qui est au-dessous des œufs, et l'autre en dessus; ce dernier a la forme d'un manchon dont la chaleur rayonne, mais il ne couvre pas les œufs. Un thermomètre électrique très ingénieux est en communication avec un extincteur électrique; il produit automatiquement l'extinction de la lampe quand le mercure dépasse 40 degrés. A cette couveuse sont annexées une sécheuse et une éleveuse chauffées par le même thermosiphon à lunette.

La gaveuse à compression est tellement connue, elle a rendu de si grands services, qu'il est superflu d'entrer dans des détails; toutefois il est bon de signaler la forme de l'orifice du tube, qui est bien comprise.

M. Bouchereau. — M. Bouchereau présente une poule éleveuse en porcelaine que l'on remplit d'eau chaude; elle sert à terminer l'incubation des œufs trouvés dans les champs.

Les abreuvoirs en verre sont utiles pour l'élevage des poussins; grâce à leur transparence, on peut s'assurer de la quantité et de la propreté de la boisson.

Il expose aussi des œufs artificiels dans lesquels on place du poison pour la destruction des oiseaux de proie.

Ses installations de basses-cours, de lapinières, de pigeonniers sont bien comprises et économiques.

M. Bouchereau, par sa patience, par sa persévérance et grâce à la perfection de ses incubateurs, est arrivé à faire naître des nandous dont l'incubation est de quarante-deux jours, des autruches au bout de cinquante-quatre jours, des casoars qui demandent une incubation de soixante-deux jours, et enfin des tortues dont les œufs sont restés trois mois dans la couveuse artificielle. Ce sont là des résultats très remarquables, utiles pour la science, qu'il est nécessaire de signaler.

M. Philippe. — M. Philippe a une exposition importante de couveuses artificielles; celle sur laquelle il appelle l'attention du jury se compose d'une boîte ayant un tiroir contenant les œufs; au-dessus se trouve un réservoir renfermant l'eau, qui est chauffée par une lampe à pétrole rectifié. L'humidité est produite par un drap mouillé placé sous le tiroir. Un tourne-œufs sert à déplacer les œufs tous les jours.

Une autre couveuse est munie, à la partie supérieure, d'une sécheuse pour les poussins qui viennent d'éclore.

Dans une autre couveuse, l'eau est chauffée par le gaz.

Enfin il y a une couveuse-éleveuse du prix de 40 francs. Après l'incubation, cette machine sert d'éleveuse.

L'éleveuse carrée, sans partie fermée, est munie d'un récipient contenant de l'eau chauffée par une lampe. Cette éleveuse est bien aérée; elle est complétée soit par un entourage en panneaux de fil de fer, soit par un châssis vitré.

Ensuite on examine: une gaveuse à dose réglée, un seau malaxeur pour préparer la pâtée des poulets à l'engrais, une trémie, une épinette.

M. Gagneux. — M. Gagneux récolte les œufs de perdrix trouvés par les faucheurs; il les place dans une couveuse artificielle, les élève avec l'éleveuse artificielle et réussit parfaitement ce genre d'élevage.

M. Gombault. — M. Gombault (Charles) expose une couveuse artificielle à air chaud très bien conçue, avec régulateur, à courant d'air rapide; la masse d'air est considérable et parfaitement renouvelée; l'humidité est produite par l'eau qui est mise en évaporation à son arrivée dans la couveuse.

La sensibilité du régulateur est produite par l'influence de la chaleur de l'étuve sur l'éther qui, en se dilatant, pousse le mercure; celui-ci, en se déplaçant, fait perdre l'équilibre de l'appareil, et ce va-et-vient du mercure ferme et ouvre la source de chaleur; d'où il résulte une température stable produite non par un réservoir à eau chaude, mais par l'air chauffé par une lampe placée au-dessous de l'appareil.

Cette couveuse automatique, très connue en Angleterre, en Hollande, en Belgique, quoique présentée par M. Gombault, a été inventée par M. Hillier.

M. Duquesne. — M. Duquesne expose des pâtées spéciales pour les oiseaux: viande de cheval pulvérisée, œufs de fourmi desséchés, etc.

Comptoir général de l'élevage. — Une des couveuses artificielles de cette maison est à eau chaude, dont la chaleur est entretenue par une lampe; l'autre couveuse est à air chaud et humide. Les œufs reposent sur de la paille ou de la terre. Le chauffage n'est pas continu. Le tourne-œufs est en métal.

La sécheuse est annexée à l'éleveuse; cette dernière est bien aérée; l'eau est maintenue chaude par une briquette. Les poussins sont placés, en sortant de la sécheuse, dans une éleveuse vitrée, puis on les met dans une éleveuse entourée de panneaux grillagés.

La gaveuse est sans compression; le système est très simple.

Les installations de basses-cours sont bien comprises; les ustensiles sont nombreux.

MM. Elfenbein et Rickard, à Melbourne (Australie), exposent un incubateur de trente œufs; ceux-ci sont placés dans un tiroir à fond métallique couvert d'une toile. Le chauffage est en dessous et sur les côtés; il se fait par une lampe munie d'un régulateur. La ventilation est très grande.

Au-dessous du réservoir, il existe une petite sécheuse.

MARCHANDS DE GRAINES.

SEMENCES DESTINÉES À LA GRANDE CULTURE, GRAINES DE PLANTES FOURRAGÈRES, DE PLANTES DE TOUTES ESPÈCES, ETC.

Depuis un certain nombre d'années, on voit figurer tous les ans au palais de l'Industrie, au moment du concours des animaux gras de Paris, les expositions d'un certain nombre de maisons de commerce, qui s'occupent de la vente des semences de céréales et d'autres plantes. En 1878, à l'Exposition universelle, toutes ces maisons avaient déjà exposé non seulement des collections remarquables de toutes les différentes semences et racines, mais encore des produits vivants, des fleurs, des plantes bulbeuses et des légumes.

En 1889, les produits présentés par ces différentes maisons de commerce ont été nombreux et de nature fort variée; c'est pourquoi ils se sont trouvés répartis entre diverses classes, telles que 74, 44, 82, 79 et 80.

Nous ne devons nous occuper ici que de ce qui concerne la classe 74.

Comme nous l'avons dit, le but de ces maisons est de faire industriellement des graines pour la reproduction et la vente.

Maison Vilmorin-Andrieux. — La maison Vilmorin-Andrieux, dans une notice intitulée : *Culture des graines, bulbes et plants reproducteurs,* rédigée par M. E. Flavion, ingénieur, a expliqué que *faire de bonnes graines* n'était pas chose si facile qu'on pourrait le croire, et *faire industriellement de bonnes graines,* c'est-à-dire dans des conditions de prix de revient qui en permettent l'écoulement facile, tout en laissant au producteur une rémunération légitime et convenable, c'est là un problème très complexe, qui nécessite l'emploi d'un personnel considérable, doué d'aptitudes et de connaissances toutes spéciales, et qui conduit à mettre en œuvre des millions de capitaux.

La production et le commerce des graines de semence sont des opérations aussi anciennes que l'agriculture et l'horticulture elles-mêmes, et remontent, comme elles, jusque vers l'origine des sociétés humaines; mais il y a relativement peu d'années que ces opérations sont devenues l'objet d'une industrie spéciale, entièrement distincte de celle des pépinières.

Aussi la production des graines de semence n'est qu'une des branches de l'agriculture; mais c'est une industrie qui, pour être exercée très utilement, demande des connaissances étendues et variées, et surtout une vigilance de tous les instants.

La première opération pour le producteur des graines de semence sera donc de faire choix, pour chaque genre de graines, de reproducteurs sans reproches, véritables étalons, qu'il faudra ensuite planter et faire fructifier dans les conditions les plus favorables à la bonne maturation des graines. Il faudra que le producteur veille à ce que cette reproduction s'effectue rigoureusement dans les conditions voulues et avec les soins qu'elle comporte; d'où la nécessité d'un personnel d'inspection vigilant et éclairé; enfin il devra, lors de chaque récolte, faire une nouvelle sélection parmi les produits nouveaux, afin de ne livrer jamais au commerce de semences inférieures, et d'aller toujours, au contraire, en améliorant la race.

C'est donc par une grande division du travail qu'on peut arriver à produire régulièrement, sûrement et économiquement, des semences capables de donner satisfaction aux consommateurs.

La France, au point de vue du commerce des graines de semence proprement dites, peut revendiquer le double honneur d'avoir été des premières, avec l'Italie et les Pays-Bas, à développer cette industrie, et d'être, avec l'Allemagne et l'Angleterre, au premier rang parmi les nations qui l'exercent actuellement avec le plus de succès et de profit; c'est, de plus, la France qui présente pour ce genre de commerce le chiffre le plus considérable d'exportations, eu égard à son territoire; c'est ainsi que, d'après les statistiques de douanes, nous relevons dans les dernières années, pour un chiffre d'importation de semences exotiques, de 5 millions de francs en chiffres ronds, une valeur de 15 millions de semences exportées. Ces résultats, nous n'hésitons pas à le déclarer, comme il est facile d'ailleurs de s'en convaincre sur les relevés des éléments de cette statistique, sont dus en grande partie à la maison Vilmorin-Andrieux, dont l'histoire se confond, dans une large mesure, avec l'histoire des progrès de notre pays dans cette branche si prospère de son activité commerciale. A cette maison, qui occupe certainement le premier rang, il faut ajouter les noms des autres exposants, MM. Delahaye, Dupanloup, Forgeot et Lecaron, qui, dans ces dernières années, ont donné un grand développement à cette nouvelle industrie agricole.

La maison Vilmorin-Andrieux et Cie au milieu du XVIIIe siècle existait déjà sur l'emplacement qu'elle occupe encore aujourd'hui, quai de la Mégisserie, à l'enseigne du *Coq de la bonne foi,* et faisait le commerce de plants et arbres, de graines de toutes sortes et de bulbes de Hollande, qui jouissaient déjà, et depuis longtemps, d'une légitime réputation. Elle appartenait alors à Jeanne Diffetot, puis à Claude Jeoffroy, sa fille, qui fut, en mai 1765, élue prévôt des marchands-grainiers de la vicomté de Paris et dont la jurande, par exception, dura deux ans. Depuis 1745 elle était mariée à Pierre Andrieux. Donc la maison Vilmorin, fondée en 1775, a eu la bonne fortune de rester toujours dans la même famille.

A la classe 74 appartiennent spécialement les semences destinées à la grande culture. On y remarquait en particulier les céréales dont la maison Vilmorin a toujours fait son étude spéciale. Outre les meilleures variétés de blés, remarquables par leur grand rendement, leurs mérites agricoles ou leur valeur industrielle, on y trouvera des races nouvelles, créées et multipliées par la maison et provenant de croisements raisonnés faits par M. Henry de Vilmorin. Les avoines à grand produit, les orges de brasserie figurent également dans cette classe.

Les graines de plantes fourragères y sont également exposées en une double série, d'abord telles que les livrent les cultivateurs et les récolteurs, puis nettoyées et épurées par les divers appareils dont se sert la maison. Ce sont les soins minutieux apportés à la vérification, au nettoyage et à l'épuration des graines, ainsi qu'à la constatation de leur franchise d'espèce, qui ont mérité aux produits de la maison Vilmorin-Andrieux et Cie la bonne renommée dont ils jouissent dans le public. Ce contrôle sévère, qui peut être constaté et complété pour qui le veut par celui de la station d'essai de semences, n'a jamais cessé d'être exercé dans la maison Vilmorin avec une compétence et une précision qui n'ont rien à envier à aucune organisation administrative.

Une place importante est faite dans cette exposition aux figures et reproductions moulées et peintes des diverses races de plantes potagères et de grande culture. La maison Vilmorin attache une grande importance à l'exécution très sincère et consciencieuse, et en même temps aussi artistique et élégante que possible, de ces figures et moulages, qui ont pour double objet de répandre dans le public la connaissance des meilleures races cultivées, et en même temps de fournir des types fixes et permanents pour la conservation et l'amélioration des variétés.

Malgré tout cela il est bien certain que les visiteurs n'ont pu se faire une idée complète de l'organisation de la maison et de l'importance de ses affaires, qu'en visitant ses divers établissements : la maison du quai de la Mégisserie, 4, où sont concentrés les services de direction, de correspondance et de comptabilité; les magasins situés rue de Reuilly, 115, où sont reconnues, classées, nettoyées et conservées les graines de semence, d'où se font aussi les expéditions pour la France et l'étranger; enfin Verrières (Seine-et-Oise), où sont cultivées les graines d'élite servant à la reproduction en grand et où sont essayés et contrôlés tous les produits de la maison en comparaison avec des collections types dont l'équivalent n'existe nulle part. La maison engageait vivement les personnes qui aiment à voir et à juger par elles-mêmes, à visiter ses établissements; aussi les ouvrait-elle très volontiers aux visiteurs, qui étaient reçus spécialement le mardi de chaque semaine à Verrières, et le samedi à Reuilly.

Le chiffre du personnel de la maison, qui était d'environ 250 employés en 1878, dépasse aujourd'hui 400 et tend à s'augmenter encore. Grâce aux traditions de science et d'honneur accumulées par quatre générations se consacrant de père en fils aux mêmes travaux et aux mêmes études, grâce à la collaboration d'associés et d'intéressés très capables, grâce à la permanence des engagements et à l'entente parfaite entre patrons et employés, la maison offre le spectacle rare d'une entreprise qui, depuis plus d'un siècle, suit une carrière ininterrompue et constamment ascendante et de succès.

Maison Delahaye (Ernest). — La maison Delahaye (Ernest) fut aussi fondée au siècle dernier, et reprise par le titulaire actuel en 1867. Elle fit faire en 1888 des conférences au concours général agricole de Paris sur la nécessité de la pureté des graines et sur leur choix.

Son exposition se composait de 117 variétés de blés en gerbes, de 120 variétés de blés en graines, de 25 variétés d'avoines en gerbes, de 50 variétés d'avoines en graines, enfin d'un grand nombre de variétés d'orge, de seigle, de différents fourrages, de haricots, de pois, de fèves, de pommes de terre, etc.

Maison E. Forgeot et Cie. — La maison E. Forgeot et Cie fut fondée en 1875, et au moment de l'Exposition universelle de 1878 elle était à ses débuts. Aujourd'hui ses affaires se sont développées comme celles de ses concurrents; elles s'étendent à presque toute la France et commencent avec la Suisse et l'Allemagne.

Elle expose des collections de graines fourragères et des céréales, des graines, des légumes, des fleurs, etc.

Les cultures de graines potagères et de fleurs ont leur siège dans différentes régions de la France; elles sont placées de façon à bénéficier de l'exposition et de la nature des terrains, ou encore du climat plus ou moins humide, plus ou moins chaud, réclamé par quelques-unes d'entre elles. La maison déclare qu'elle est au-dessous de la vérité en disant qu'actuellement ses cultures s'étendent sur plus de 550 hectares; elles procurent ainsi du travail à un nombreux personnel.

Maison Dupanloup et Cie. — La société Dupanloup et Cie, formée de MM. Dupanloup, Piennes et Larigaldie, fut créée en 1845 par M. Loise père. Son exposition était très remarquable aussi, et se composait de variétés de blés, avoines, orges, seigles, sarrasins, maïs, millets, sorghos, légumineuses, etc.

L'établissement horticole et agricole de cette importante maison se trouve à Sarcelles (Seine-et-Oise).

Enfin il nous reste à citer la maison Lecaron (Adrien), qui, comme les autres marchands de graines, avait envoyé un grand nombre de ses produits, tels que blés, avoines, haricots, pois, graminées et légumineuses en gerbes et en grains.

ÉCURIES ET ÉTABLES.

TYPES D'ÉCURIES. — USTENSILES. — HARNAIS.
ALIMENTATION DES CHEVAUX, ETC.

Comme nous l'avons dit dans notre ouvrage : *Le cheval dans ses rapports avec l'économie rurale et les industries de transport* (Firmin-Didot et Cie, Paris), les écuries sont en usage depuis bien des siècles et il y aurait lieu de penser que l'expérience d'un si grand nombre de générations a dû les amener au dernier état de perfection ; malheureusement, nous en sommes encore loin. Nous ne voulons pas parler des écuries de luxe, ni même des écuries établies par les grandes administrations, qui font les frais nécessaires pour bien y installer leurs chevaux. Nous entendons parler seulement des écuries ordinaires, pour lesquelles on n'a tenu aucun compte ni du bien-être ni de la santé du cheval. On a trouvé un coin dans un bâtiment qui ne semblait pouvoir être utilisé à aucune autre destination ; on s'est contenté de l'approprier le mieux possible. Souvent l'écurie est petite, sombre, sans lumière et sans air ; on croit que ce logement est assez bon pour les chevaux.

Le Ministère de la guerre, qui certainement aurait dû donner le bon exemple, n'a pas toujours suivi les meilleures règles d'hygiène pour loger sa cavalerie ; et sans vouloir remonter trop haut, nous verrons, en 1788, Chabert se plaindre très vivement des mauvaises conditions dans lesquelles se trouvaient logés les chevaux de la cavalerie française. Il constatait qu'un cheval n'avait que trois pieds et demi de place et qu'il ne pouvait se coucher.

Le maréchal Oudinot, dans un rapport fait en 1841, reconnaissait que l'espace laissé aux chevaux était insuffisant, non seulement pour leur procurer le repos qui leur était nécessaire, mais encore pour satisfaire aux exigences du service.

Dans ce même mémoire, il signalait la grande quantité de gaz qui se trouvait dans ces écuries trop petites et l'impossibilité d'y respirer. Enfin il insistait sur les inconvénients résultant du mauvais pavage des écuries et de la pente du sol souvent insuffisante, souvent exagérée. Dans le premier cas, les urines s'infiltraient dans le sol ; dans le second, la pente était tellement rapide, que les chevaux étaient obligés de se cramponner et de se tenir continuellement sur les pinces, ce qui contribuait à les fatiguer et à amener leur ruine anticipée.

L'influence des étables et des écuries sur la santé et la valeur de nos animaux domestiqués a une très grande importance. On constate malheureusement qu'elle est plus souvent mauvaise que bonne. Personne n'ignore les effets funestes qu'exerce sur l'hygiène de tous les animaux la privation d'air et d'espace.

L'état de domestication dans lequel nous avons placé les animaux pour remplir les différents besoins auxquels ils doivent satisfaire nous a amenés à leur créer des habitations qui, les protégeant contre les intempéries, nous permettent d'en tirer le plus grand parti possible.

En 1867 et en 1878, on a vu aux Expositions universelles des modèles d'écuries qui réalisaient un progrès sérieux sur ce qui avait été fait jusqu'à cette époque.

En 1889, on constate qu'il y a eu encore des améliorations importantes; mais c'est toujours dans les écuries de luxe qu'on voit les plus grands perfectionnements, et il est regrettable qu'il ne soit point fait de changements notables dans les écuries de campagne, qui sont celles qui laissent le plus à désirer.

MM. Rabourdin, Millinaire, Laloy, Berger et Barillot avaient exposé des installations d'écuries et de selleries.

La maison H. Rabourdin, qui avait déjà exposé en 1878, a tenu à montrer en 1889 qu'elle avait perfectionné toutes ses installations.

Cette maison, fondée en 1749 par M. Voidier, comme maison de métaux et quincaillerie, a été modifiée par le propriétaire actuel en 1865 pour la fabrication spéciale du matériel d'écurie.

Elle occupe de 80 à 100 ouvriers à son usine de Saint-Ouen pour la fabrication complète des installations d'écuries, selleries, remises, étables, chenils et basses-cours.

Elle fabrique aussi tous les accessoires en fer, fonte, bois, etc.

Elle avait installé au quai d'Orsay un bâtiment où l'on pouvait voir tous les produits de sa fabrication.

Elle construit des stalles et séparations de boxes avec des fers d'une seule pièce d'un système qui porte son nom. Ces stalles et ces boxes sont d'une solidité à toute épreuve et présentent des avantages très importants. Les fers spéciaux, qui sont d'une seule pièce, suppriment tout rivet et vis d'assemblage; les boiseries-panneaux des stalles et boxes sont prises de toute leur épaisseur entre les fers formant seuil et traverse; par ce moyen, les boiseries offrent leur plus grande résistance.

Avec le système de démontage instantané des stalles et boxes de M. Rabourdin, toutes les frises en bois formant panneaux peuvent se changer par la première personne venue, et cela sans frais. L'armature supérieure des stalles et boxes, en fer spécial, a l'avantage d'empêcher les chevaux de tiquer et de ronger le bois; l'armature inférieure au seuil isolant les boiseries du sol, en assure la durée en les empêchant de s'altérer par l'humidité du sol.

Tous les accessoires, tels que mangeoires, porte-selles, porte-harnais, anneaux, crochets, boules, lanternes, coffres à avoine, râteliers, etc., sont très soignés et conviennent parfaitement pour des écuries de luxe.

MM. Millinaire frères ont pris en 1872 la succession de la maison Saugrin, fondée en 1864, qui s'occupait surtout des travaux de serrurerie. Ils ont perfectionné divers genres de travaux métallurgiques et ont surtout porté leurs efforts sur la construction des combles en fer, d'un emploi si fréquent, et ils ont cherché les moyens les plus simples et les plus économiques. Nous n'entrerons pas dans les détails de ces constructions, qui seront décrites dans d'autres classes, lorsque les rapporteurs de celles-ci parleront du palais des Produits alimentaires et d'une petite maison démontable, construite quai d'Orsay par la maison Millinaire frères.

Ces exposants avaient construit à la porte Rapp une écurie toute en fer, dont la toiture était composée de ferrures d'une construction spéciale, dont les armatures et notamment l'entrait supportaient un plancher pour ainsi dire mobile formé de panneaux de construction légère, solide et formant plafond décoratif; l'espace compris entre ce plancher et la toiture pouvait être employé pour des logements de domestiques ou à usage de grenier à fourrage; ce système de plancher, d'assez grande portée et très rigide, dispense de colonne de dessous.

Nous signalons les installations perfectionnées d'écuries et d'étables entièrement métalliques. Ces produits ont été jusqu'à présent bien appréciés des éleveurs, de directeurs de grandes compagnies et des vétérinaires, à cause des avantages qu'ils possèdent. Leur solidité et leur élégance se prêtent également bien aux installations simples ou luxueuses; leur facilité de nettoyage contribue dans une large mesure à l'assainissement des écuries ou étables et évite les maladies contagieuses; le poli des surfaces empêche tout accident, les animaux ne pouvant se blesser, ainsi qu'il arrive souvent, en se frottant contre des boiseries remplies d'éclats ou échardes résultant des coups de pieds.

Ces productions métalliques ne coûtent pas plus cher que celles en bois, si l'on tient compte de leur bien plus grande durée, résultat démontré par plusieurs années d'expérience.

Le dépôt de la Bastille, de la Compagnie générale des omnibus, les dépôts de la rue Letort, du boulevard Barbès, de Charonne, etc., appartenant à la Compagnie générale des voitures, ont été installés par la maison Millinaire frères.

Nous ferons aussi remarquer, parmi les objets exposés par la maison Millinaire frères, les mangeoires en fonte de fer, les mangeoires continuées en tôle d'acier, le nouveau système de clapet de vidange applicable à tous leurs modèles de mangeoires, la glissoire attache-cheval et les bat-flancs à claire-voie très mobile, composée de tubes également en fer creux, etc.

M. Laloy créait sa maison en 1879 et prenait, dès 1882, un brevet pour les fers d'une seule pièce, pour la fabrication des stalles et des boxes, de manière à éviter les soudures, les rivures et les boulons. Le 4 mars 1886, il prenait un autre brevet pour un système instantané de démontage et de remontage de ces stalles et boxes.

En ce qui concerne les revêtements ou boiseries employés dans les écuries et les selleries, il a inauguré un système d'isolement en fer, isolant complètement ces boiseries des murs et établissant un courant d'air continuel. Cette disposition a l'avantage de conserver les boiseries qui se trouvent hors d'atteinte de l'humidité, comme aussi de ne pas détériorer le fourrage, lorsque ces boiseries, qui sont toujours sèches, servent de fond de râtelier. Dans les boxes, le cheval n'est jamais en contact avec l'humidité.

Ce système d'isolement a aussi fait l'objet d'un brevet pris par M. Laloy à la date du 31 octobre 1882.

En ce qui touche les mangeoires, M. Laloy s'est appliqué à trouver le moyen d'éviter le tiquage des chevaux et à empêcher aussi que le cheval ne puisse jeter les avoines hors de l'auge.

A l'égard des râteliers, il a donné une forme spéciale afin d'éviter, autant que possible, que la poussière provenant du foin ne tombe sur la tête du cheval.

Les systèmes d'attache sont disposés et construits de façon à éviter les prises de longes.

Pour l'écoulement des urines, il a fabriqué des caniveaux spéciaux portant leur pente à l'intérieur, ce qui permet de faire que le sol des écuries soit toujours de niveau. Dans les écuries du Ministère de l'intérieur, ces caniveaux sont établis, depuis cinq années, sur une longueur de 36 mètres environ; les gardes municipaux de planton sont renouvelés chaque jour, et jamais la moindre réparation n'a encore été nécessaire, soit sous le rapport du fonctionnement, soit sous celui de la solidité, qui l'un et l'autre ne laissent rien à désirer.

Pour tous les autres articles, qui sont en nombre infini, la maison Laloy apporte chaque jour quelques améliorations et crée de nouveaux modèles réunissant toutes garanties de confort et de solidité.

MM. Berger et Barillot ont fondé en 1866 une maison importante à Moulins (Allier); ils se sont efforcés de fabriquer, dans les meilleures conditions de bon marché, un matériel pour installation générale d'écuries ordinaires et de luxe, et de sellerie.

Leurs systèmes se recommandent par la bonne application qui a été faite de la fonte et du fer. Ils avaient exposé, avec leurs boxes et stalles perfectionnés, une armature de fer forgé, composée de plusieurs barres de fer s'entr'aidant. Ils prétendent qu'en adaptant cette pièce armée, c'est-à-dire formée par une réunion de plusieurs barres de fer, ils ont toutes les chances pour qu'en cas de rupture de l'une des barres, les autres retiennent le poids qui aurait fait rompre la première.

Ces exposants insistent dans leur notice sur les prix peu élevés auxquels ils livrent tous leurs modèles, tout en garantissant la bonne qualité et la solidité.

A la classe 41, dans l'exposition de M. A. Chapée, fondeur-constructeur au Mans, nous trouvons le *drain pour écurie à sol horizontal,* inventé par M. Paul Basserie, colonel en retraite.

Tous ceux qui s'occupent d'installations d'écuries connaissent l'invention du colonel Basserie, et il serait trop long d'énumérer toutes les écuries, civiles et militaires, dans lesquelles ce système est appliqué aujourd'hui. L'expérience a donc confirmé l'exactitude des éloges et des récompenses adressés pour cette invention au colonel Basserie par la Société des agriculteurs de France, par la Société protectrice des animaux et par la Société nationale d'agriculture. Il est bon de signaler de nouveau que cette invention trouve son emploi non seulement dans les écuries de luxe, mais encore dans celles des administrations et de la campagne.

M. Léon Fosse a présenté dans la classe 74 une écurie mobile, nouveau système, à deux stalles, avec râteliers et mangeoires.

La maison Martre et ses fils, fondée en 1851, à Paris, exposait différents articles, tels que réservoirs en tôle pour parcs, jardins maraîchers, bacs en tôle, mangeoires et auges en tôle pour bestiaux, arrosoirs, tonneaux, appareil pour la destruction des insectes et des appareils fumivores bien compris.

Nous ne devons pas manquer de signaler aussi MM. Périn frères, à Charleville, qui avaient envoyé un abreuvoir en béton comprimé, des mangeoires, des auges à porc, des éviers, des tuyaux de drainage, des spécimens de clôtures à bestiaux de chasses rurales et des fruitières-séchoirs.

COMPAGNIE GÉNÉRALE DES OMNIBUS DE PARIS.

La Compagnie générale des omnibus de Paris avait réuni sur l'un des panneaux d'un pavillon du quai d'Orsay les plans de toutes ses constructions, et surtout de ses écuries et de ses greniers.

La Compagnie générale des omnibus possède, tant à Paris que dans la banlieue (et sans y comprendre les ateliers), 48 établissements qui occupent une surface de 311,260 mètres, dont 159,000 mètres en constructions.

Ces établissements peuvent recevoir 17,400 chevaux, 3,955,000 bottes de fourrage, et 305,400 quintaux métriques d'avoine et de maïs.

En 1888, le nombre des chevaux de la compagnie était au 31 décembre de 13,529, et les 913 voitures employées journellement ont transporté pendant le courant de l'année 181,215,288 voyageurs, en parcourant 29,270,180 kilomètres.

Les dessins que la Compagnie générale des omnibus expose s'appliquent aux établissements les plus importants, et représentent les différents types d'écuries industrielles et de magasins à fourrage, avec dispositions spéciales suivant la surface et la forme des terrains.

1° Dépôt de la Bastille, boulevard Bourdon.

Ce dépôt occupe une surface de 11,062 mètres superficiels, dont :

En bâtiments, 5,562 mètres carrés;

En cours, 5,500 mètres carrés.

Le nombre des chevaux logés est de 1,102.

La capacité des silos est de 61,780 hectolitres.

La capacité des réservoirs à eau est de 110,000 litres.

Les difficultés résultant de la nécessité de loger un aussi grand nombre de chevaux avec l'approvisionnement de grains et de fourrages indispensable pour leur nourriture, et les voitures, omnibus et tramways, ont amené la compagnie à superposer les écuries avec rampes d'accès et à construire des silos en tôle pour emmagasiner les avoines et les maïs.

Les solives du plancher des écuries sont en saillie et forment une galerie extérieure établissant la communication d'une écurie à l'autre. Un dessin, au 1/10 d'exécution, donne le détail de la construction de la galerie et des consoles qui la supportent.

La Compagnie générale des omnibus possède au dépôt de Mozart des écuries superposées analogues aux précédentes.

Afin de faciliter la réception des grains, un système de monte-charges a été établi avec possibilité de prendre les sacs dans les bateaux du canal et les conduire, au moyen de wagonnets, dans le sous-sol.

Une chaîne à godets monte les grains dans les étages supérieurs des magasins, où ils passent par des tarares, pour être ensuite conduits dans des silos hermétiques, dans lesquels ils sont conservés souvent plusieurs années.

La vidange de ces silos se fait dans le sous-sol au moyen de robinets.

Un système de thermomètres à sonnerie électrique prévient quand la température intérieure des silos dépasse 25 degrés.

En dehors du logement des employés et des bureaux, le dépôt comporte divers ateliers, tels que la maréchalerie, le hangar à ferrer, l'atelier du charron, du sellier, du lampiste, une brosseuse mécanique, un bain pour les chevaux, une chambre à machine pour les deux locomobiles qui fournissent la force motrice; enfin une cantine pour la nourriture des hommes employés dans l'établissement.

Un égout dessert toute la longueur du dépôt, ce qui permet d'avoir une cour presque horizontale pour recevoir les rails de tramways.

2° *Dépôt d'Alfort.* — La surface totale de ce dépôt est de 9,489 mètres superficiels, dont :

En bâtiments, 4,764 mètres carrés;

En cours, 4,724 mètres carrés.

Le nombre des chevaux logés est de 407.

La capacité des silos est de 74,260 hectolitres.

Ce dépôt comporte 17 écuries sans greniers au-dessus, de 24 chevaux chacune, avec charpente en bois et mangeoires en fonte, et dont le type est exposé sous le titre : *Écuries sans greniers.*

Aucune communication directe n'existe entre la Seine et le sous-sol des silos; les grains sont amenés par des voitures dans le sous-sol des silos, montés au moyen de la chaîne à godets dans les étages supérieurs des magasins, puis conduits dans l'intérieur des silos, après avoir passé par les tarares.

Une toile sans fin, fonctionnant dans le sous-sol, permet de recevoir les grains de chaque silo et de les conduire automatiquement au récipient de la chaîne à godets, qui les remonte dans l'étage supérieur du comble, pour les faire passer de nouveau par les tarares.

Les silos du dépôt d'Alfort sont construits sur deux rangées contiguës. Ils sont en quelque sorte accouplés et séparés par une cloison en tôle.

A part cette disposition spéciale et qui était nécessaire pour obvier aux inconvénients d'un terrain relativement restreint, la construction des silos est la même que ceux du dépôt de la Bastille.

Une machine à vapeur fournit également la force motrice nécessaire à la manutention des fourrages.

3° *Dépôt de Wagram.* — La surface totale du dépôt est de 6,328 mètres carrés. répartie ainsi qu'il suit :

Bâtiments, 3,175 mètres carrés.

Cours, 3,152 mètres carrés.

357 chevaux sont logés dans 13 écuries de 24 chevaux chacune, du type d'*écuries sans greniers,* avec charpente en bois et mangeoires en fonte; et d'une écurie de 45 chevaux, avec deux étages de magasins à fourrage au-dessus.

La construction des silos de ce dépôt est analogue aux silos de la Bastille. Leur contenance totale est de 28,650 hectolitres.

La capacité des réservoirs à eau est de 30,000 litres.

Ce dépôt n'a pas de machine à vapeur. Un manège, mis en mouvement par deux chevaux, produit la force motrice nécessaire au fonctionnement de la brosseuse mécanique, du monte-charge des silos, du tarare et de la pompe à eau de puits.

4° *Dépôt de Montrouge.* — Indépendamment des dépôts que nous venons d'examiner, la Compagnie générale des omnibus possède des silos pour la conservation des grains, au dépôt de la rue Monge. M. Bella les a décrits dans une communication faite à la Société nationale d'agriculture.

Ce sont les premiers que la compagnie ait fait établir, et nous n'avons pas trouvé utile d'en exposer de nouveau les détails de construction; il est cependant utile de faire remarquer que ces silos sont les seuls qui aient donné des résultats remarquables pendant un temps très long, quelquefois quatre et cinq ans. Cela tient à l'isolement de chacune des caisses et à leur situation plus profonde dans le sol.

Tous les autres dépôts comportent des magasins à fourrage plus ou moins importants, suivant les besoins.

L'un des types les plus intéressants de magasins à fourrage a été construit au dépôt de Montrouge.

Il se compose de trois grands magasins séparés par deux murs de refend et communiquant par des ouvertures avec fermetures en tôle.

Ce bâtiment comprend un rez-de-chaussée et deux étages. Il a 90 mètres de longueur sur une largeur de 12 mètres, divisée en deux par des colonnes creuses en fonte, supportant les poutres du plancher haut du rez-de-chaussée. Ce plancher est tout en fer et peut supporter un poids de 900 kilogrammes par mètre superficiel. Le deuxième plancher, en fer et bois, peut supporter 600 kilogrammes par mètre carré.

D'après ces données, la capacité des greniers est de : en avoine, 5,730 quintaux métriques; en foin, 228,270 bottes; en paille, 57,100 bottes.

Trois monte-charges sont mis en mouvement par un manège installé à proximité des magasins. Ce manège monte l'eau de puits nécessaire aux besoins du service et met en mouvement la brosseuse mécanique.

La capacité des réservoirs à eau est de 71,563 litres.

La surface totale du dépôt est de 1,777 m. q. 40, répartis ainsi qu'il suit :

En bâtiments, 271 m. q. 06; en cours, 1,118 m. q. 56; partie louée, 387 m. q. 78.

Indépendamment des logements et des ateliers de maréchalerie, sellerie, lampisterie, charronnage et cantine, ce dépôt peut loger 736 chevaux répartis dans 25 écuries du type d'écuries sans greniers, avec charpentes en bois et mangeoires en fonte.

5° *Dépôt de Bicêtre.* — La Compagnie générale des omnibus ayant reconnu la nécessité de conserver, hors Paris, une quantité considérable de fourrages ne payant pas de droits d'octroi et formant un appoint nécessaire pour l'alimentation des chevaux appartenant aux établissements *intra-muros,* a fait construire un grand magasin entièrement en fer et par conséquent incombustible, fermé de portes en tôle à coulisse et pouvant recevoir 67,000 balles de foin comprimé ou 670,000 bottes de foin.

La surface du hangar est de 1,675 mètres superficiels.

La compagnie a utilisé les anciennes écuries et magasins absolument affectés à l'emmagasinage des fourrages.

La capacité des greniers est de : rez-de-chaussée, 15,850 balles de foin; en avoine, 2,550 quintaux; foin en bottes, 30,000 bottes; paille, 15,000 bottes.

La surface totale du dépôt est de 4,903 mètres superficiels, dont :

En bâtiments, 1,416 mètres carrés; en hangar, 1,675 mètres carrés; en cours, 245 mètres carrés; en terrain, 1,567 mètres carrés.

La capacité des réservoirs est de 8,179 litres. Un service spécial d'eau destiné à combattre l'incendie est installé dans ce magasin.

6° *Dépôt de la Vallée.* — Les besoins de la compagnie étant de recevoir, dans ce quartier, une quantité importante de voitures destinées à faire les premiers services du matin, pour les lignes extérieures, on a dû, par suite de l'exiguïté des terrains disponibles et dont le prix est très élevé, construire deux dépôts spéciaux contenant les voitures et les chevaux nécessaires à ces services (dépôt de la Vallée et cour d'Aligre).

Le système de la superposition appliqué à la Vallée consiste à avoir toutes les voitures au rez-de-chaussée et à loger les chevaux au nombre de 150 au premier, au-dessus des remises, avec rampes d'accès, et magasins à fourrage pour la consommation journalière, au-dessus.

Au dépôt de la cour d'Aligre (dont les plans n'ont pas été produits), le système est contraire et les voitures, placées dans la cour, ont leurs chevaux dans des écuries en sous-sol, placées directement au-dessous desdites voitures.

Nous citerons incidemment les dépôts de Saint-Martin et de Contrescarpe (toujours étudiés en vue d'utiliser le mieux possible des terrains d'une surface restreinte), dont les plans ne sont pas exposés et qui ont deux étages d'écuries, dont un en sous-sol avec trois étages de greniers à fourrage au-dessus.

7° *Types d'écuries sans greniers.* — Nous pouvons diviser en six catégories les différents types d'écuries construites par la Compagnie générale des omnibus :

1° Écuries à rez-de-chaussée, sans greniers au-dessus;

2° Écuries à rez-de-chaussée, avec un, deux, trois étages de greniers au-dessus;

3° Écuries en sous-sol et au rez-de-chaussée au-dessus, avec trois étages de greniers;

4° Écuries à deux étages superposés;

5° Écuries en sous-sol avec cour utilisée au-dessus;

6° Enfin, écuries au premier étage, avec rampes d'accès et greniers au-dessus; le rez-de-chaussée réservé complètement aux voitures.

La Compagnie générale des omnibus expose les dessins de deux types d'écuries simples à 24 chevaux que les nécessités du service obligent à employer plus souvent et qui sont dans les meilleures conditions au point de vue de l'hygiène et de la santé des chevaux.

1° Écuries en bois;

2° Écuries en fer.

Le cube total d'une écurie est de 918 mètres cubes, soit 38 mètres cubes par cheval, chiffre très satisfaisant pour les besoins de la respiration.

En outre, l'écurie est ventilée par des châssis de toit, percés entre les ferrures près du faîtage, et par trois châssis établis dans le mur de face.

La pente de l'écurie, dans le sens longitudinal, est 15 millimètres par mètre, ce qui facilite l'écoulement des purins et empêche toute odeur malsaine dans l'écurie.

Les mangeoires en bois ont été remplacées par des mangeoires en fonte. Leur durée et leur solidité est incontestablement supérieure; les insectes ne peuvent se loger dans la fonte, comme dans le bois, les joints étant supprimés.

Ces considérations ont amené la Compagnie générale des omnibus à construire en fer tout le mobilier des écuries et à remplacer les râteliers, les lits, les fourragères, les coffres à avoine et même la charpente du comble en bois des écuries par du fer.

De plus (et ceci est important), les dangers d'incendie semblaient devoir être plus fréquents en raison de la grande quantité de bois entrant dans la construction.

IMPRIMERIE NATIONALE.

Sous le rapport de l'économie, l'abaissement considérable du prix du fer nous amenait à supposer que la construction métallique pourrait être entreprise sans augmentation de prix, sinon meilleur marché, et le résultat obtenu nous a prouvé l'exactitude de ces prévisions.

8° *Type de maréchalerie.* — Le dessin exposé par la compagnie représente la construction d'une maréchalerie et du hangar à ferrer avec les dispositions intérieures les plus généralement usitées.

9° *Types de bureaux de station.* — La compagnie expose enfin trois dessins de ses bureaux de station sur la voie publique et entre autres celui de la place de la Concorde à l'entrée du cours la Reine, qui est le plus vaste de ceux existant au nombre de 86, sans compter les bureaux en boutiques.

ALIMENTATION DES CHEVAUX.

L'alimentation des animaux, et des chevaux en particulier, a beaucoup préoccupé, dans ces dernières années, toutes les personnes qui ont à utiliser ces moteurs dans les meilleures conditions d'hygiène et d'économie; aussi voyons-nous se produire, à l'Exposition de 1889, plusieurs systèmes.

M. Frère. — M. Frère, qui avait exposé en 1867, mais qui n'avait pu le faire en 1878, avait envoyé en 1889 des produits permettant de se rendre compte des importantes améliorations qu'il avait apportées dans la nourriture des chevaux, ainsi que dans l'épuration des graines de foin.

M. Frère a créé, en 1855, un établissement modèle, occupant une superficie d'environ 4,000 mètres, où on nettoyait les avoines, on préparait et on épurait les fourrages hachés. Cela constituait une sorte de mélange, auquel on donnait le nom de *julienne fourragère*. Le procédé n'est pas nouveau, il est vrai, puisque depuis longtemps les Anglais n'ont jamais nourri autrement leurs chevaux; mais M. Frère a tout au moins le mérite de l'avoir introduit en France.

MM. Grandeau et A. Leclerc ont démontré, dans les rapports qu'ils ont adressé au conseil d'administration des voitures de Paris, les avantages du nettoyage des grains destinés à l'alimentation des chevaux, ainsi que ceux qui résultaient du nettoyage des fourrages de toute nature.

Ils affirmaient même que c'était là une amélioration des plus considérables dans le régime des chevaux, amélioration dont il est impossible de se rendre compte quand on n'a pas vu les déchets que donnent, par une épuration bien conduite, des fourrages et des avoines réputés propres sur le marché.

Il faut aussi rendre justice à M. Caramija-Maugé, constructeur, qui a fourni à M. Frère tous les appareils pour le battage, le nettoyage, la division, le classement et la manutention des grains. Cette maison de commerce, qui depuis longtemps s'occupe des appareils pour préparer la nourriture des animaux, avait envoyé à la classe 49, en même temps qu'à la classe 74, un très grand nombre d'appareils très remarquables.

La Compagnie générale des voitures à Paris, après avoir fait étudier en Angleterre et en Allemagne, par M. Grandeau, les différents procédés d'alimentation pour les chevaux, a emprunté à M. Frère une grande partie des appareils que cet exposant exploitait avec profit dans son usine depuis plusieurs années.

COMPAGNIE GÉNÉRALE DES VOITURES

À PARIS.

La Compagnie générale des voitures nous a fourni la note suivante sur l'alimentation de sa cavalerie; cette note accompagnait les produits déposés à l'Exposition universelle de 1889.

L'alimentation de la cavalerie de la Compagnie générale des voitures offre ce caractère particulier que les fourrages sont consommés en mélange, c'est-à-dire simultanément. Dans le but de tirer de ce système tous les avantages possibles, la compagnie a établi une manutention où s'effectue la préparation du mélange alimentaire, et un laboratoire chargé de veiller à ce que ce mélange ait constamment la même valeur nutritive, quelles que soient la nature et la composition chimique des fourrages employés; mais ces derniers ne sont pas consommés tels qu'ils arrivent.

Nettoyage des fourrages. — Le conseil d'administration, frappé de la proportion notable d'impuretés qui se trouvent constamment dans les fourrages considérés comme loyaux et marchands, et pénétré des dangers que présente, au point de vue de la santé du cheval, l'ingestion de terre, pierres, clous, etc., et que témoigne amplement la présente collection de pelotes, pierres, clous, etc., recueillis dans les intestins de chevaux morts de coliques, n'hésita pas à nettoyer toutes les denrées alimentaires. Il installa, à cet effet, dans la manutention, une série d'appareils spéciaux dont la description ne saurait trouver place ici; le nettoyage, particulièrement important pour le foin, l'avoine et la féverole, fournit les divers déchets compris dans la présente exposition.

Avoine. — Les belles avoines commerciales contiennent environ 5 p. 100 d'impuretés (graines étrangères, pierres, etc.). L'avoine est montée au sommet des appareils de nettoyage par des élévateurs à air qui entraînent les poussières fines et les balles; elle tombe ensuite dans un émotteur, puis passe de l'émotteur dans un bluteur et enfin dans un trieur à alvéoles.

1° *Déchets des élévateurs.* — Les déchets qu'ils fournissent sont formés par des graines vides, des balles d'avoine, des fragments de paille, quelques graines légères de graminées et de céréales, etc., et une poussière minérale calcaire et surtout siliceuse (provenant des poils siliceux de la plante) qu'il y a tout intérêt à éliminer. Ce sont ces poils siliceux qui, cimentés par du phosphate ammoniaco-magnésien, constituent les pelotes que l'on rencontre si fréquemment dans les intestins, et qui finissent généralement par causer la mort du cheval.

2° *Déchets des émotteurs.* — Les émotteurs séparent des graines et des gousses pleines ou vides de différentes espèces de vesces et de pois, des capsules de nielle, liseron, etc., des capitules de bluets, chardons, du maïs, du sarrasin, des haricots, des débris végétaux et des peccailles.

3° *Déchets des bluteurs.* — Ces déchets sont formés par un mélange de très petites graines de graminées et de légumineuses, et de terre, sable, etc.; ce mélange contient plus de 59 p. 100 de matières minérales.

4° *Déchets du trieur à alvéoles.* — Le trieur à alvéoles donne un déchet d'environ 3.7 p. 100 du poids de l'avoine brute, et formé en grande partie de nielle. On y rencontre aussi des graines de vesce, de gaillet, luzerne, trèfle, sarrasin, moutarde noire, petite oseille et, accidentellement, de lin et de chanvre.

L'avoine du commerce, privée de tous ces déchets, forme l'avoine nettoyée qui, aujourd'hui, entre seule dans la consommation.

100 kilogrammes d'avoine du commerce donnent en moyenne :

Déchets	des élévateurs	0k 8
	des émotteurs	0 4
	des bluteurs	0 2
	des trieurs	3 7
Avoine nettoyée		94 9
	TOTAL	100 0

Féverole. — La féverole donne quatre déchets :

1° Déchets de l'élévateur formés de poussières terreuses, de débris végétaux et d'enveloppes de grains;

2° Déchets des émotteurs formés surtout de pierre et de terre durcie;

3° Déchets du cribleur formés de terre grenue, de grains avortés, de débris de feuilles et de tiges, de grains d'orge, etc.

4° *Déchets des bluteries.* — Ils sont surtout formés par la terre qui, ayant échappé aux émotteurs, a été réduite en poussière au moyen d'un système de tôles-râpes.

Ces quatre déchets sont dans la proportion de 6 à 7 p. 100 du poids de la féverole.

Maïs. — Le maïs donne quatre déchets :

1° Déchets de l'élévateur formés de poussières terreuses, de grains vides et des glumes ou pellicules blanchâtres, du point d'insertion du grain sur l'axe de l'épi;

2° Déchets des émotteurs formés par l'axe de l'épi ou ses débris et des corps étrangers plus gros que le maïs;

3° Déchets des tables magnétiques formés par des clous, ferrailles, etc.;

4° Déchets des trieurs formés par de la terre pulvérisée et des poussières sableuses.

Le déchet total n'atteint pas 1 p. 100 du poids du maïs brut.

Tourteau de maïs. — Le tourteau de maïs ne subit pas de nettoyage; il est seulement concassé avant d'entrer dans la consommation.

Composition des rations. — Les fourrages ainsi nettoyés sont alors consommés en mélange. Pourquoi en mélange?

L'observation pratique montre chaque jour que, lorsque le cheval consomme l'avoine seule, beaucoup de grains échappent à la mastication, passent dans les intestins sans être utilisés et se retrouvent intacts dans les excréments. Il y a là une perte qui est très faible, il est vrai, si l'on n'envisage qu'un seul cheval, mais qui atteint une certaine importance lorsqu'elle s'applique à une cavalerie aussi considérable que celle de la compagnie; et le même fait s'observe pour les autres grains. Le moyen d'éviter cette perte, c'est d'amener le cheval à effectuer une mastication plus complète; la compagnie y arrive en mélangeant les grains à la paille hachée.

D'un autre côté, par l'usage du mélange, le cheval ne consomme plus qu'un seul aliment ayant une valeur nutritive constante, ainsi qu'il sera dit plus loin; alors l'assimilation s'effectue mieux, avec plus de régularité et est plus complète que lorsqu'il recevait isolément la paille ou l'avoine.

Tels sont les motifs qui ont conduit la compagnie à adopter le système du mélange.

Mais, pour maintenir à ce mélange la même valeur nutritive, il est nécessaire de connaître la composition chimique des fourrages. A cet effet, le laboratoire analyse un échantillon de tous les fourrages qui entrent chaque jour à la manutention, et se rend compte de leur composition; il en déduit la proportion dans laquelle chacun d'eux doit entrer dans la ration-mélange.

La pratique a montré que, suivant les années et les provenances, l'avoine ne nourrit pas également bien. Le cheval en consomme tantôt plus, tantôt moins, pour s'entretenir. L'analyse chimique a montré que les avoines que le cheval consommait en moindre quantité étaient celles qui contenaient le plus de matières nutritives, et inversement. Or la valeur nutritive peut varier notablement, même dans une seule sorte d'avoine. Ainsi les avoines blanches consommées par la compagnie ont présenté les variations suivantes :

DÉSIGNATION.	MAXIMUM.	MINIMUM.	COMPOSITION MOYENNE en 1888.
	p. 100.	p. 100.	p. 100.
Matières azotées	13.00	8.37	9.64
Graisse	7.59	2.94	4.13
Matières non azotées	60.67	48.65	57.65

Si, par exemple, on avait donné indistinctement 8 kilogrammes de l'une ou de l'autre de ces avoines, chaque cheval aurait reçu par jour, suivant le cas :

DÉSIGNATION.	AVEC L'AVOINE		
	RICHE.	PAUVRE.	MOYENNE.
	grammes.	grammes.	grammes.
Matières azotées	940	670	771
Graisse	607	235	330
Matières non azotées	4,853	3,892	4,602

Et si, pour fixer les idées, on admet que 8 kilogrammes d'une avoine ayant la composition moyenne de 1883 étaient suffisants pour l'entretien du cheval, on trouve alors que ce cheval recevant indistinctement l'avoine riche ou l'avoine pauvre aurait reçu en trop avec l'avoine riche et n'aurait pas reçu assez avec l'avoine pauvre :

DÉSIGNATION.	AURAIT REÇU EN TROP avec l'avoine riche.	N'AURAIT PAS REÇU ASSEZ avec l'avoine pauvre.
	grammes.	grammes.
Matières azotées	169	101
Graisse	277	95
Matières non azotées	251	710

D'où perte dans les deux cas : perte sur la nourriture dans le premier cas, et perte sur le cheval dans le second cas, en raison du dépérissement amené par une alimentation insuffisante.

Ainsi, le même poids d'avoine de même nature, mais d'origine différente, ne nourrit pas également.

Si maintenant l'on rapproche de ce fait qu'il n'y a aucune relation entre le poids naturel de l'avoine à l'hectolitre et sa valeur nutritive, fait démontré non seulement par une observation attentive, mais aussi par l'expérimentation scientifique, que les avoines les plus lourdes ne sont pas les plus nutritives, ni les avoines les plus légères les moins bonnes, on sera frappé du préjudice considérable qu'occasionne le rationnement en volume, soutenu encore aujourd'hui par les préjugés et la routine. Et ce qui est dit ici pour l'avoine s'applique également aux autres fourrages.

Voici du reste les écarts qui ont été constatés :

DÉSIGNATION.	MAXIMUM.	MINIMUM.	COMPOSITION MOYENNE.
	p. 100.	p. 100.	p. 100.
PAILLE D'AVOINE.			
Matières azotées	5.08	1.55	2.71
Graisse	2.88	1.40	1.85
Matières non azotées	49.43	35.93	44.33

DÉSIGNATION.	MAXIMUM.	MINIMUM.	COMPOSITION MOYENNE.
	p. 100.	p. 100.	p. 100.
MAÏS.			
Matières azotées	12.05	8.35	9.23
Graisse	7.14	2.10	4.33
Matières non azotées	72.50	61.88	68.11
FÉVEROLES.			
Matières azotées	27.71	21.09	23.42
Graisse	3.00	1.20	1.69
Matières non azotées	54.08	45.74	50.08
TOURTEAU DE MAÏS.			
Matières azotées	21.72	10.55	17.28
Graisse	11.76	4.62	7.69
Matières non azotées	57,89	47.85	51.13

En présence de ces inconvénients, la compagnie n'hésita pas : elle repoussa les deux modes d'alimentation au poids et au volume, pour adopter le système basé sur la valeur nutritive, c'est-à-dire sur la connaissance de la composition chimique des denrées alimentaires. C'était entrer résolument dans la voie des mélanges et des substitutions, car on ne pouvait corriger la pauvreté d'un aliment qu'en lui adjoignant un autre fourrage plus nutritif.

Les fourrages employés par la compagnie sont : la paille d'avoine ou de blé, l'avoine, le maïs, la féverole et le tourteau de maïs. Avec eux, il est possible, quelles que soient les variations individuelles de leur composition, de maintenir à la ration-mélange une même valeur nutritive.

Les chevaux de la compagnie travaillent de deux jours l'un, et reçoivent, le jour de repos, la ration suivante qui est consommée en quatre repas :

EN MÉLANGE.	POIDS.	SUBSTANCES SÈCHES.	MATIÈRES AZOTÉES.	GRAISSE.	CELLULOSE.	MATIÈRES non AZOTÉES.
	kilogr. gr.					
Maïs	6 100	5,244.8	591.1	253.8	192.8	4,126.0
Féveroles	0 700	619.1	183.7	8.4	49.2	337.7
Tourteaux de maïs	0 800	697.4	157.2	52.6	62.6	385.3
Paille d'avoine	3 700	3,231.6	118.4	52.5	1,245.1	1,509.6
TOTAUX	11 300	9,792.9	1,050.4	367.3	1,549.7	6,358.6
Équivalent de la graisse (367.3 × 2.5 = 918.2)						918.2
TOTAL du mélange						7,276.8

Chaque cheval au repos reçoit en plus, et à ajouter aux chiffres de la ration-mélange :

EN BARBOTAGE.	POIDS.	SUBSTANCES SÈCHES.	MATIÈRES AZOTÉES.	GRAISSE.	CELLULOSE.	MATIÈRES non AZOTÉES.
	kilogr. gr.					
Son	200	174.4	31.7	8.2	19.8	128.2
Brisures de fèves	500	435.0	72.7	10.0	92.2	248.8
TOTAUX	12 000	10,402.3	1,154.8	385.5	1,661.7	6,735.6
Équivalent de la graisse (385.5 × 2.5 = 963.7)						963.7
TOTAL GÉNÉRAL						7,699.3

Le jour de travail, les chevaux qui sortent reçoivent, avant de quitter l'écurie, un quart de la ration-mélange ci-dessus et, sur la voie publique, un sac de ville contenant 3 kilogr. 300 d'avoine, 500 grammes de féverole et 1 kilogramme de maïs, soit, au total, 7 kilogr. 625, ayant la composition suivante :

SAC DE VILLE.	POIDS.	SUBSTANCES SÈCHES.	MATIÈRES AZOTÉES.	GRAISSE.	CELLULOSE.	MATIÈRES non AZOTÉES.
	kilogr. gr.					
Mélange	2 825	2,448.2	262.6	91.8	387.4	1,589.6
Avoine	3 300	2,820.8	341.5	143.2	304.6	1,754.4
Féveroles	0 500	424.2	135.3	6.5	26.2	239.1
Maïs	1 000	856.0	88.6	40.4	23.6	691.0
TOTAUX	7 625	6,549.2	828.0	281.9	741.8	4,274.1
Équivalent de la graisse (281.9 × 2.5 = 704.7)						704.7
						4,978.8
La ration moyenne journalière est donc :						
9 kilogr. 812, mélange contenant		8,475.7	991.4	333.7	1,201.7	5,504.8
Équivalent de la graisse (333.7 × 2.5 = 834.2)						834.2
TOTAL GÉNÉRAL						6,339.0

Telle est la composition des rations en usage depuis 1884 (ou des rations équivalentes) et dont la valeur alimentaire est justifiée par le bon état de la cavalerie.

On remarquera que les matières azotées et les matières non azotées sont dans le rapport de $\frac{1}{6.4}$. Voilà un résultat pratique, sur une cavalerie de plus de 10,000 chevaux, qui confirme entièrement la conclusion suivante que tiraient MM. Grandeau et Leclerc des expériences faites pendant plusieurs années à la compagnie, et qui avait déterminé le conseil d'administration à porter au chiffre indiqué ci-dessus les matières non azotées de la ration moyenne.

Les substances protéiques nous paraissent avoir pour rôle principal d'entretenir, dans son intégrité, l'instrument du travail, qui, chez l'animal, est le muscle; elles réparent les pertes que celui-ci doit nécessairement subir par un excès plus ou moins prolongé, s'opposant ainsi à la destruction de la substance même du muscle pendant le travail.

Mais la source de la force musculaire réside, pour la plus grande part, sinon entièrement, dans la chaleur développée par la combustion des matières amylacées et grasses des aliments (carbone et hydrogène). Cette conclusion de toutes nos expériences se traduit, dans la pratique de l'alimentation du cheval de trait et de service, par un fait économique du plus haut intérêt : l'introduction, dans les rations de la cavalerie, d'une proportion de principes immédiats amylacés très supérieure à celle qu'on admettait il y a quelques années. Le rapport nutritif de la ration de travail doit être beaucoup plus voisin de $\frac{1}{6.5}$ que de $\frac{4}{4.5}$, qui était autrefois considéré comme très favorable à la production de la force chez l'animal de trait.

La compagnie bénéficie actuellement des sacrifices qu'elle s'est imposés pour ses expériences; elle sait scientifiquement et pratiquement, contrairement à l'opinion qui règne encore aujourd'hui, que ce serait faire fausse route que de vouloir produire de la force au moyen des matières azotées, c'est-à-dire des éléments nutritifs les plus chers.

A elle revient le mérite d'avoir établi ce point sur des résultats indiscutables. Du reste, les courbes représentatives du prix moyen annuel du kilogramme de la protéine, de la graisse et de l'amidon contenus dans les fourrages qui figurent dans l'exposition de la compagnie, permettent d'examiner la question alimentaire au point de vue économique; elles montrent d'une façon éclatante que les substitutions adoptées par la Compagnie générale des voitures sont pleinement justifiées.

Nous reproduisons ci-dessous les prix moyens annuels avec lesquels les courbes ont été établies; ils sont déduits de plus de 6,000 analyses exécutées depuis le 1er juillet 1879 par le laboratoire de la Compagnie générale des voitures.

PRIX DU KILOGRAMME DANS LA MANGEOIRE DU CHEVAL.

ANNÉES.	MATIÈRES AZOTÉES ou PROTÉINE.				MATIÈRES GRASSES.				AMIDON ou MATIÈRES NON AZOTÉES.			
	Avoine.	Maïs.	Fèves.	Tourteaux.	Avoine.	Maïs.	Fèves.	Tourteaux.	Avoine.	Maïs.	Fèves.	Tourteaux.
1879.....	0^{f} 755	0^{f} 707	//	0^{f} 495	0^{f} 337	0^{f} 315	//	0^{f} 203	0^{f} 144	0^{f} 135	//	0^{f} 084
1880.....	0 885	0 698	0^{f} 601	0 510	0 395	0 311	0^{f} 268	0 209	0 169	0 133	0^{f} 115	0 080
1881.....	0 917	0 685	0 670	0 500	0 409	0 305	0 298	0 205	0 175	0 131	0 128	0 085
1882.....	0 909	0 718	//	0 468	0 406	0 320	//	0 192	0 174	0 137	//	0 079
1883.....	0 839	0 733	0 580	0 501	0 374	0 327	0 259	0 205	0 161	0 140	0 111	0 085
1884.....	0 828	0 696	0 591	0 492	0 369	0 311	0 264	0 202	0 158	0 133	0 113	0 083
1885.....	0 786	0 677	0 527	0 483	0 351	0 302	0 235	0 198	0 151	0 129	0 093	0 082
1886.....	0 794	0 630	0 551	0 455	0 354	0 281	0 246	0 186	0 152	0 121	0 105	0 077
1887.....	0 760	0 575	0 544	0 407	0 339	0 257	0 243	0 167	0 145	0 110	0 104	0 069
1888.....	0 780	0 595	0 566	0 458	0 348	0 265	0 252	0 185	0 149	0 114	0 108	0 076

HARNACHEMENT ET HARNAIS.

La classe 74, qui n'avait pas à juger ces différentes choses, puisqu'elles appartenaient à la classe 60, a cependant reçu certaines parties de harnachement qui sont plus spéciales pour les animaux de la ferme.

Aussi nous devons mentionner les jougs garnis de leurs accessoires de M. Voy et fils, à Saint-Denis, près Champdeniers (Deux-Sèvres), et les collections de jougs à bœufs, de coussins, de chapeaux articulés pour bœufs, de M. Louis Mitelette, à Reims (Marne).

MM. Lhomme et Cie. — Plus d'un visiteur de l'Exposition, passant dans les galeries de l'agriculture et examinant ce collier en tôle d'acier pour les chevaux, a pu sourire des promesses du prospectus de l'inventeur et s'est demandé d'abord comment un collier métallique pouvait ne pas blesser un cheval, alors que nos bourreliers prennent tant de soins pour rembourrer ceux qu'ils confectionnent.

Le nouveau collier élastique en tôle d'acier est l'une des inventions les plus sérieuses de ces dernières années; c'est une révolution dans le harnachement du cheval; la très grande faveur avec laquelle il a été accueilli par tous ceux qui l'ont essayé établit de la façon la plus nette que ses avantages sont de premier ordre.

Il se compose de deux flasques semblables en forme d'U, réunies à la partie supérieure par une arcade et à la partie inférieure par une fourrure portant l'appareil de fermeture; les deux flasques latérales portent les crochets de traction et les guides des rênes.

La conformation de la partie des flasques en contact avec les épaules a été déterminée à la suite d'une étude approfondie de l'anatomie du cheval; elle a été sanctionnée par l'expérience et a reçu l'approbation élogieuse de nos praticiens les plus habiles. Les surfaces de contact sont zinguées; leur poli onctueux, leurs formes arrondies, leur inaltérabilité rendent toute blessure impossible.

La nature du métal, acier de toute première qualité, et la forme même des flasques latérales assurent à ces colliers une grande résistance et en même temps une certaine élasticité qui a pour effet d'amortir les chocs résultant de tout effort soudain et violent.

Le même modèle de collier peut s'ajuster à plusieurs chevaux ayant à peu près la même encolure; c'est un avantage considérable.

Huit numéros répondent à tous les besoins; et tout animal, depuis le plus petit poney jusqu'au plus fort cheval de brasserie, peut être immédiatement fourni d'un collier à prendre dans le magasin. Il suffit de connaître les dimensions intérieures d'un ancien collier en hauteur et en largeur pour déterminer le numéro et le modèle, petit, moyen ou grand, du collier élastique en acier qui le remplacera à coup sûr. Un tableau donne, avec les numéros des modèles, le poids du collier, sa hauteur et sa largeur, suivant les différentes tailles.

Les principaux avantages du collier élastique en tôle d'acier peuvent se résumer comme suit, d'après le prospectus des inventeurs :

1° Il s'ouvre en pressant un ressort logé dans la gorge inférieure; il se place et s'enlève très facilement;

2° Il n'a pas de garnissage en bourre;

3° Il ne peut pas se déformer par l'usage; il n'exige aucun entretien; il est toujours prêt;

4° Tout collier, pouvant s'ajuster très facilement à trois largeurs et trois hauteurs différentes, peut servir pour plusieurs chevaux;

5° Il est élastique, ce qui réduit au minimum la secousse au départ, en cas de charges pesantes;

6° L'effort est réparti sur une large surface des épaules;

7° Il porte sur les épaules par une surface polie et zinguée;

8° Jamais il ne blesse les chevaux, et même son usage assure la guérison des écorchures produites par le collier en cuir;

9° Il est beaucoup plus léger, plus confortable, de plus longue durée et meilleur marché que le collier en cuir;

10° Toutes les pièces sont faites sur calibres et sont interchangeables;

11° Sa conservation est indéfinie;

12° Il ne peut emmagasiner aucun germe morbide en cas d'épidémie.

MARÉCHALERIE ET FERRURE.

A l'Exposition de 1889, la maréchalerie n'a pas montré des progrès aussi sensibles que ceux que nous avions constatés à celle de 1878.

Comme à cette époque, les produits exposés pouvaient se distinguer en deux grandes classes : la fabrication mécanique et la fabrication à la main.

Aujourd'hui, il n'est plus nécessaire de démontrer que le fer mécanique est un progrès sur le fer à la main, et que le soulagement qu'on a ainsi donné à l'ouvrier maréchal lui permet d'apporter plus de soin et de fini à l'opération si délicate qui consiste dans la ferrure, c'est-à-dire dans l'application du fer sur une surface qui n'a que quelques millimètres d'épaisseur.

La maréchalerie présente donc ce fait particulier que, malgré l'introduction de la mécanique dans la fabrication des fers à cheval, elle n'a pas pris ce développement remarquable que l'on constate dans d'autres professions manuelles. Il y a toujours, il est vrai, un certain nombre d'ouvriers qui font preuve d'une grande habileté, ainsi que nous le verrons par les différentes ferrures qui ont été exposées; mais si l'on envisage la profession tout entière, on voit, comme nous l'avons déjà signalé, que l'enseignement ne se fait pas en France d'une manière aussi suivie que dans les pays étrangers.

Avant d'entreprendre la description des diverses ferrures, nous devons attirer l'attention sur la collection qui est présentée dans le bâtiment du Ministère de la guerre sur l'histoire de la ferrure du cheval aux différentes époques; cette exposition était très remarquable.

On voit là que les Grecs et les Romains ne connaissaient pas la ferrure à clous, et que les peuples de la Germanie, de la Gaule et de la Bretagne, essentiellement cavaliers et agriculteurs, pratiquaient déjà ce genre de ferrure avant la conquête romaine.

Au moyen âge, l'importance de la ferrure était considérable, surtout au point de vue militaire. Ce qui le démontre avec évidence, c'est que le nom de maréchal était donné à de hauts fonctionnaires de la cour. Plus tard, sous la féodalité, tout gentilhomme devait savoir ferrer lui-même. Le musée de Bar-le-Duc possède un très curieux brochoir de l'époque gallo-romaine, trouvé à Pont-sur-Meuse, qu'il avait bien voulu confier à la Commission de l'Exposition.

Les musées de Naples et de Grenoble possèdent aussi chacun un spécimen de boutoir antique, représenté par une aquarelle à l'Exposition.

Le musée d'Auxerre a envoyé de très intéressants fers trouvés sur les champs de bataille de Cravant (1423) et de Patay (1429); ils sont identiques à ceux qui se rapportent à l'époque la plus éloignée.

Aux XVIIe et XVIIIe siècles, ce sont les maîtres français qui s'occupent plus particulièrement de maréchalerie : Garsault, de la Guérinière, les deux Lafosse et Bourgelat, le créateur des écoles vétérinaires. Avec eux, la ferrure devient raisonnée, scientifique.

Nous avons divisé les différentes expositions de fer à cheval en : 1° fers à cheval fabriqués mécaniquement, et 2° fers à cheval forgés à la main.

Les fers à cheval fabriqués mécaniquement étaient représentés, comme en 1878, par deux maisons françaises très importantes : M. Thuillard et M. Sibut.

La maison Thuillard est recommandable, tant au point de vue de la quantité et de la qualité des fers à cheval et des fers à maréchal qu'elle livre à plusieurs grandes compagnies de transport, qu'au point de vue des perfectionnements de ses outils spéciaux pour la fabrication des fers à cheval et des lopins. Elle a réalisé de grands progrès, dont la maréchalerie est appelée à retirer un profit considérable.

Nous remarquons dans l'exposition de M. Thuillard, en dehors de toutes les ferrures ordinaires :

1° Les fers à cheval en acier à talons pointus et à talons amincis avec ou sans étampures Delperier. Ces fers, fabriqués *d'après nos données,* pèsent plus de 400 grammes de moins que les fers à cheval en fer dont nous nous servions antérieurement; par suite de l'appui de la fourchette sur le sol, ils s'usent plus régulièrement que les autres fers jusqu'à réduction de l'épaisseur d'un millimètre à un millimètre et demi.

Nous avons beaucoup préconisé, dans ces dernières années, les ferrures légères, qui, mettant en contact la fourchette du pied du cheval avec le sol, empêchent le cheval de glisser. La fourchette, par suite de l'usage, devenant de plus en plus dure, remplace avantageusement le caoutchouc ou toute autre matière employée pour empêcher les glissades.

2° Les lopins à bosse et sans bavures, qui sont les premiers obtenus mécaniquement.

3° Les lopins étirés en barres, les uns avec rainure, d'autres avec pinçons et crampons.

Cette fabrication des lopins a une importance réelle, en ce sens que, pour obtenir un fer suivant les données anciennes de maréchalerie, il fallait les déformer sur toutes leurs faces. Pour cela, après avoir obtenu le fer en barre, on coupait ce fer en lopins; on mettait ces lopins au four à réchauffer, puis ils passaient par un laminoir à quatre cylindres, recevaient la transformation qu'on leur donne aujourd'hui directement en fabriquant le fer en barres. C'est donc certainement un réel progrès, puisque avec ces lopins un maréchal peut dans un temps donné forger plus de fers à cheval, ce qui constitue pour lui économie de fatigue, de charbon et de temps.

Il faut dire aussi qu'on ne demande plus autant de différence dans les épaisseurs des branches des fers, comme on le faisait lorsque les ouvriers fabriquaient tous les fers à la main.

On a reconnu qu'il y avait des préjugés qui pouvaient disparaître. Nous avons fait fabriquer des fers à la maison Thuillard qui sont presque comme des pièces de monnaie; quels que soient les pieds qui doivent être ferrés, ils sont applicables aux sabots de droite ou de gauche.

La classe 48, dans la galerie des Machines, comprenait les outils spéciaux de la maison Thuillard, propres à la fabrication mécanique des fers à cheval et des lopins.

M. Sibut aîné, qui avait déjà exposé en 1878 dans la classe des métaux, a présenté ses collections de fers, en 1889, dans les classes 66 et 74.

Le fer employé à la fabrication est exclusivement du fer fort, corroyé, n° 3, dit *fer cavalier* ou *fer maréchal.*

Les fers destinés à l'usure exceptionnelle des chevaux de grosse fatigue sur le dur pavé de Paris et des villes sont forgés avec du fer spécial dur, de qualité n° 5.

Le système de fabrication dont M. Sibut est l'inventeur et le titulaire des brevets d'invention et de perfectionnement qui le couvrent en France et à l'étranger, consiste en un groupe de cinq machines spéciales, qui se placent à la suite les unes des autres, et dont chacune accomplit une des façons du fer.

Ces machines produisent tous les genres de fer en usage, exactement forgés selon les modèles fournis pour la consommation, au moyen de matrices mobiles établies d'après ces modèles et qui s'adaptent et se changent à volonté dans lesdites machines.

La force nécessaire est d'environ 10 chevaux-vapeur par groupe de cinq machines.

Des spécimens de ces machines réduites au cinquième de leur grandeur étaient exposés dans une vitrine spéciale à la classe 66.

M. Sibut avait aussi exposé des fers présentant des particularités spéciales, tels que les fers striés, les fers à rainures et à crampons, qui devaient subir une première façon préliminaire avant de passer par les appareils ordinaires.

Plusieurs fabricants étrangers ont envoyé des fers fabriqués à la mécanique sans faire connaître leurs procédés; nous pouvons citer : la Compagnie des tramways de Lisbonne, qui avait des fers de toute espèce, des fers à glace, des fers pathologiques et des fers contre le glissement; M. J. Ozol, médecin-vétérinaire à Moscou, qui avait des fers à crampons fixes et des clous avec une marque particulière (as de pique).

Un grand nombre de maréchaux avaient envoyé des ferrures de tous les systèmes, ferrures françaises, anglaises, pathologiques, orthopédiques, etc. Il serait trop long de les énumérer toutes. En parlant de l'exposition collective de la Marne, nous avons dit ce que nous pensions de la ferrure Charlier; nous n'y reviendrons pas.

Les vitrines de fers et de pieds ferrés les plus remarquables étaient celles de MM. Balettrier, Barbe, Beaufils, Biard, Boucard, Gergaud, Grevisse, Rigolland et Athanase Millet, avec sa série de fers à cheval destinés à empêcher les glissades, et Meyer, maréchal à Luxembourg.

Beaucoup de ces maréchaux offraient, en même temps que de nombreux échantillons de ferrures contre les glissades sur les pavés et l'asphalte, un certain nombre de ferrures à glace. Ces dernières présentent beaucoup d'intérêt, et nous sommes réellement surpris de voir que l'armée n'a pas adopté, comme le public, le système de M. Delperier, dont nous avons parlé si souvent, après en avoir fait l'essai pendant plus de vingt ans. Les nombreux inventeurs ont beau s'ingénier à trouver des chevilles, des crampons, des clous, des vis mobiles, ils ne répondent pas encore à tous les desiderata. A notre avis, le clou Delperier est la vraie solution pour nos climats, et nous avons tiré de son emploi, que nous continuons, les plus grands avantages.

M. Mitelette-Eschard, à Reims, avait envoyé, outre les jougs à bœuf dont nous avons déjà parlé, des fers à bœuf, en acier doux à un pinçon et à deux pinçons.

Ces derniers, appelés aussi *fers indéclouables*, sont fabriqués mécaniquement; ils ont pour but d'empêcher le fer de tourner, car le deuxième petit pinçon, placé du côté opposé au grand pinçon extérieur, les maintient solidement, et de préserver le pied du bœuf d'une trop grande quantité de trous occasionnés par la pose trop fréquente des anciens fers à bœuf ordinaires.

Les ferrures à glace pour bœufs de ce fabricant méritent aussi une mention à cause de leur simplicité.

C'est en 1878, à l'Exposition universelle, qu'on vit paraître les clous de maréchalerie qu'on appelle *clous blancs*, à cause de la préparation qu'on leur fait subir. Avant l'Exposition, en 1876 et 1877, nous les avions essayés sur une assez grande échelle, et ils nous avaient donné de bons résultats.

C'est une maison de Boston, la Compagnie du Clou du globe, qui avait envoyé les premiers échantillons. Sur notre conseil, elle en envoya à l'Exposition de 1878, et le succès fut tellement rapide et complet, qu'on vit disparaître immédiatement la fabrication du clou à la main de Paris et de Charleville. Depuis, un grand nombre de fabriques se sont ouvertes, surtout en Norvège, en Suède et en Allemagne. En France, les progrès furent moins accentués; cependant on ne fait plus de clou à la main.

En 1889, nous avons vu cette nouvelle fabrication représentée par deux maisons importantes : La Clouterie norvégienne à l'Étoile et The Lion Larse nail C°, de Christiania.

Les nouveaux clous mécaniques sont blancs, modèle français ou anglais; ils sont réguliers comme forme, assez résistants pour s'enfoncer sans plier et assez ductiles pour supporter le rivet le plus fin. Par suite de l'affilure des clous, on éprouve moins de perte et l'on gagne du temps puisqu'il n'est plus nécessaire d'affiler le clou. Cette affilure, qui livre le clou tout préparé pour être implanté dans le pied du cheval, a une très grande importance aussi au point de vue de la régularité de la ferrure, car il est rare de voir deux ouvriers dans le même atelier affiler leurs clous de la même façon; et dans ce cas l'ouvrier ne pouvait utiliser que les clous qu'il avait préparés lui-même. Déjà plusieurs fois nous avons attiré l'attention des gens compétents sur ce point très important de la fabrication du clou.

INSTRUMENTS ET MÉDICAMENTS VÉTÉRINAIRES.

En dehors de l'exposition collective des vétérinaires, dont nous avons parlé plus haut, le jury de la classe 74 a eu à examiner plusieurs intruments vétérinaires et un très grand nombre de médicaments spéciaux.

Depuis que la cautérisation en pointes fines et pénétrantes a conquis une place privilégiée en médecine vétérinaire par la promptitude de ses effets, son efficacité et l'absence des traces de son application, un grand nombre de praticiens ont cherché à perfectionner les cautères pour rendre l'opération plus simple et plus facile. Nous en avons déjà plusieurs, entre autres celui de M. Arthur Moreau.

MM. Ehret et Dupont, à Tarbes, ont présenté aussi un cautère autothermique à aiguilles, qui aurait, d'après les inventeurs, donné d'excellents résultats.

Un grand nombre de tondeuses pour chevaux n'ont rien présenté de particulier et de vraiment intéressant; c'est toujours le même instrument auquel on a fait subir des modifications plus ou moins sérieuses. Les meilleures, sous le rapport de leur fabrication, se trouvaient placées dans la collectivité vétérinaire.

Quant aux médicaments vétérinaires, ils étaient aussi très nombreux, et nous citerons parmi eux les produits divers de droguerie générale vétérinaire de M. Jules Emery, de M. Georges Fromage, le baume caustique Gombault et les produits vétérinaires de Méré, de Chantilly.

IMPRIMERIE NATIONALE.

INSTRUMENTS ET USTENSILES DE LAITERIE.

En dehors de l'exposition, dans les classes 49 et 74, des instruments et ustensiles de laiterie, il y a eu un concours, les 17 et 18 juillet 1889, sur le fonctionnement de ces mêmes instruments. On comprendra l'intérêt d'un tel concours lorsqu'on saura qu'on fabrique annuellement en France 65 millions de kilogrammes de beurre et 112 millions de kilogrammes de fromages.

Nous n'avons pas à rendre compte ici des résultats des concours; notre rôle de rapporteur de la classe 74 nous oblige seulement à mentionner tous les appareils de laiterie et surtout les instruments les plus remarquables et qui ont amené une véritable révolution dans les procédés mécaniques pour l'écrémage du lait et la fabrication du beurre et du fromage.

Nous avons vu sur le quay d'Orsay, au milieu des expositions agricoles étrangères, les installations complètes de laiterie de M. Th. Pilter et d'une compagnie anglaise, London and provincial Dairy C°, de Londres; les appareils figuraient dans les classes 49 et 74 et dans l'exposition belge.

Les écrémeuses centrifuges ne paraissaient d'abord pouvoir fonctionner que sous l'influence d'une force motrice assez considérable, mais aujourd'hui MM. Pilter et Hignette construisent des écrémeuses centrifuges à la main; elles ont certainement du mal à entrer dans la pratique de la petite culture, qui abandonne difficilement ses anciennes méthodes.

L'écrémeuse construite par M. Th. Pilter est l'écrémeuse suédoise, système Lewal; celle construite par M. Hignette est l'écrémeuse Burmeister et Wain.

M. Gustave van Hecke, ingénieur-constructeur, à Gand, avait exposé aussi, parmi ses appareils de laiterie, des écrémeuses à bras opérant sur 50 litres de lait.

Nous ne devons pas oublier de mentionner M. Victor Chapelier, à Ernée (Mayenne), fabricant d'une baratte qui remplace avantageusement la baratte danoise. C'est une écrémeuse à froid par ventilation, qui tout en hâtant la montée de la crème ne lui fait rien perdre de son arome.

MM. Simon frères, à Cherbourg, ont envoyé leur excellente baratte normande, une délaiteuse mécanique et un malaxeur.

M. Arsène Hubert, constructeur-mécanicien, à Saumur (Maine-et-Loire), exposait parmi les appareils de laiterie : 1° une machine à cylindres broyeurs, pour broyer les beurres durs avant leur mélange, afin d'éviter les grains qu'il est presque impossible d'empêcher sans cet appareil, au mélange des beurres de pâtes différentes; 2° une machine à table tournante pour mélanger, pétrir et saler les beurres pour l'exportation. Le cylindre est mobile au-dessus de la table, de manière à laminer et mélanger les beurres durs. On peut l'élever à un écartement de 3 à 4 centimètres lorsqu'il s'agit de mélanger des beurres fins à pâte longue qu'on craint de fatiguer.

Il nous reste à signaler un grand nombre de barattes fonctionnant à bras ou avec un moteur, des appareils pour réchauffer ou refroidir rapidement le lait, de MM. Albert Boucher, Baptiste Barraud, Louis Douillard, Pillet-Parod, François Chapuis, Courtin-Vallerand, F.-F. Drouot, Eugène Ouachée, Itier fils aîné, avec son appareil pour la fabrication méthodique des fromages de Roquefort et de Gex, et enfin M. Auguste Bénéchet, avec ses bouteilles à lait de différents modèles.

M. Cauchepin présentait l'emballeur automatique du système A. Bence et Saunier, pour pailler les fromages.

MINISTÈRE DE L'AGRICULTURE.

EXPOSITION DE L'HYDRAULIQUE AGRICOLE.

Le Ministère de l'agriculture exposait dans la classe 74 plusieurs siphons déversoirs et appareils élévatoires agricoles, ainsi que des moteurs hydrauliques pour l'arrosage des terrains supérieurs au plan d'eau des canaux. Cette exposition, très bien dirigée par M. L. Philippe, directeur de l'hydraulique agricole, indique les progrès généraux de cette science. Nous allons énumérer ce qui appartient à chacun des participants de cette exposition.

Compagnie du canal de Pierrelatte. — Le canal de Pierrelatte, dérivé du Rhône à Donzère (Drôme), est destiné à l'irrigation des terres, à la submersion des vignes, aux usages domestiques, à l'alimentation des communes et à la production de force motrice industrielle.

Sa dotation est de 8 mètres cubes par seconde. Il domine un périmètre arrosable de 20,000 hectares compris dans les départements de la Drôme et de Vaucluse. Il a été concédé par une loi du 2 août 1880. Le canal principal est terminé et les branches secondaires sont en voie d'achèvement.

La Société de Pierrelatte expose :

1° Un modèle en relief, très habilement exécuté à l'échelle du 1/10, de l'appareil élévatoire destiné à l'arrosage des terrains supérieurs au plan d'eau du canal. Une chute disposée sur le trajet du canal met en mouvement une roue motrice Sagebien, qui actionne elle-même une roue élévatoire à laquelle elle est reliée par un pignon. Les roues ont 5 mètres de diamètre et la hauteur d'élévation est de 2 mètres; la quantité d'eau élevée est d'environ 400 litres par seconde correspondant à l'irrigation de 400 hectares supérieurs au canal.

2° Un plan du siphon du Lez, avec modèle en relief de la tête amont. Le siphon en tôle a été établi par la Société de construction des Batignoles. Sa chute est de 40 centimètres; son diamètre intérieur est de 1 m. 76.

3° Une vanne de prise d'eau particulière, dite *martellière*. Cette vanne en tôle, manœuvrant dans un encadrement en mortier de ciment, est très rustique et peut s'établir au prix de 22 francs. Les vannes en bois encoches, employées sur les anciens canaux, facilitent la fraude si fréquente sur les canaux d'irrigation. La vanne de Pierrelatte à deux clefs permet d'assurer une répartition équitable et reste indéfiniment étanche; elle a été adoptée sur la plupart des canaux modernes et même en Italie.

4° Un grand nombre de photographies représentant les principaux ouvrages d'art du canal.

M. Ribaucour, ingénieur en chef à Philippeville, a exposé :

1° Un siphon déversoir du bassin de Saint-Christophe.

Le canal d'irrigation et d'alimentation de la ville de Marseille, construit par M. de Montricher en 1860, est dérivé de la Durance et amenait à Marseille des eaux limoneuses propres à l'arrosage, mais impropres à l'alimentation. La ville de Marseille a établi plusieurs bassins de décantation, parmi lesquels celui de Saint-Christophe couvrant une superficie de 19 hectares et contenant près de 2 millions de mètres cubes d'eau. Les eaux de la Durance y arrivent par le fond, s'y clarifient par le repos et s'écoulent par la partie supérieure. En cas de crues locales, il eût fallu, pour maintenir le niveau, un déversoir de superficie de plusieurs centaines de mètres de longueur que la disposition des lieux ne permettait pas d'installer. M. Ribaucour y a pourvu par l'établissement d'un siphon pouvant débiter 17 mètres cubes par seconde. L'amorçage et le désamorçage se produisent automatiquement au moyen d'une trompe à air et d'un désamorceur qui fonctionnent dès que l'eau atteint le plan de régulation ou la limite inférieure de la revanche. Cet appareil est établi sur le principe du siphon déversoir de Mittersheim (canal du Rhône au Rhin); il n'existe que ces deux exemples de ce système de déversoir; mais si le principe appliqué par M. Ribaucour n'est pas nouveau, les dispositions qu'il a adoptées pour le désamorçage sont nouvelles et ont exigé de longs tâtonnements.

Le modèle qui figure à l'Exposition a été exécuté par les soins du Ministère de l'agriculture, sur les dessins de M. Ribaucour. M. Combes, chef de section, qui avait rendu de bons services lors de la construction de l'appareil de Saint-Christophe, a été envoyé à Paris par la ville de Marseille pour aider à la mise en marche de ce modèle, qui fonctionnait sous les yeux du public.

2° *Porte-vannes du bassin de Saint-Christophe.* — Les vingt-deux vannes de remplissage du bassin de Saint-Christophe sont manœuvrées à l'aide d'un treuil roulant unique, mobile sur rails, et qui sert également à retirer les vannes de leurs encoches en cas de nécessité; le modèle en relief au 1/10 de cet appareil a été exécuté à l'école d'arts et métiers d'Aix, sous la surveillance de M. Ribaucour.

M. Bouffet, *ingénieur en chef, à Carcassonne.* — M. Bouffet expose une carte à l'échelle de $\frac{1}{40\,000}$ des canaux agricoles du département de l'Aude. Ces canaux, exécutés par l'application d'une loi du 3 avril 1880, sont uniquement destinés à la submersion des vignes exposées aux atteintes du phylloxera. Sept d'entre eux sont dérivés du canal du Midi; ce sont : les canaux d'Argelliers, de Pezetis, du Sommail, d'Homps, du Puichérie, de Laredorte et de Raounel; un huitième, dit *canal de Canet,* est dérivé de la rivière d'Aude (loi du 30 juillet 1881).

La superficie préservée par ces canaux des atteintes du phylloxera dépasse 5,900 hectares. La production n'est jamais inférieure à 60 hectolitres de vin par hectare dans la région, ce qui, au prix moyen de 10 francs l'hectolitre, représente un revenu net annuel de plus de 3 millions, conservé à la production territoriale, sans compter les droits de circulation conservés au Trésor public et qui, à raison de 5 francs par hectolitre, représentent une recette annuelle de plus de 1,500,000 francs. On peut dire, d'autre part, que ce résultat a été acquis sans grever le Trésor, car, s'il est vrai que les travaux ont été exécutés par l'État, les arrosants payent à l'administration des contributions indirectes une redevance de 35 francs par litre d'eau, ce qui représente 4.90 p. 100 des dépenses faites.

Les canaux de l'Aude ont été projetés et exécutés par M. Bouffet, ingénieur en chef à Carcassonne, avec la collaboration des ingénieurs et des conducteurs des ponts et chaussées.

M. de Caligny. — M. de Caligny, correspondant de l'Institut, a consacré sa fortune et sa longue existence à l'étude des moyens d'utiliser la force vive des oscillations de l'eau dans les conduites; ses appareils ont déjà figuré dans des expositions antérieures, mais les dispositions en ont été perfectionnées dans les appareils actuels que le Ministère de l'agriculture a fait étudier et construire à ses frais, en s'aidant des indications de l'auteur. Ce sont :

1° *Pompe élévatoire sans piston ni soupape.* — Cette pompe, d'une remarquable rusticité, se compose d'un tube cylindrique en tôle, terminé par un tube conique, sans autre organe. L'oscillation de l'eau suffit à produire l'élévation d'un volume d'eau relativement considérable, jusqu'à 3 mètres de hauteur. Un coup de main spécial est nécessaire pour obtenir ce résultat, mais l'expérience a démontré que l'ouvrier le moins instruit et le moins intelligent peut être dressé en moins d'une demi-heure au maniement de la pompe. Les constructions et les réparations n'exigent aucun outillage spécial et peuvent être faites dans le moindre village.

Cet appareil est régulièrement employé à la ferme de l'abbaye de Solesmes pour l'élévation du petit-lait.

2° *Bélier aspirateur.* — Nous renvoyons pour la description détaillée de l'appareil à l'ouvrage de M. de Caligny (*Recherches sur les oscillations de l'eau,* Paris, 1883). Le principe est le suivant : une source ou un robinet d'alimentation, placé à la partie supérieure de l'appareil, fournit une certaine quantité d'eau motrice qui s'écoule à travers l'appareil sous l'action de la pesanteur. Si, à un moment donné, l'arrivée de l'eau motrice est brusquement interrompue, et si le liquide laissé dans l'appareil est en même temps mis en communication avec le puits ou la fouille à épuiser, il entraînera par succion une partie de l'eau de cette fouille. La force vive de cette masse en mouvement s'épuise en quelques secondes; l'effet de succion, qui maintenait fermée la soupape de communication avec l'eau motrice, cesse avec le mouvement de l'eau contenue dans l'appareil; la communication avec l'eau motrice se rétablit automatiquement sous l'action d'un contrepoids, un nouveau courant d'eau motrice se produit dans l'appareil et le même effet se produit indéfiniment sans exiger ni main-d'œuvre ni surveillance. Par de nombreuses expériences, M. de Caligny est arrivé à donner aux organes de l'appareil une simplicité extrême et une remarquable rusticité. L'appareil de l'Exposition est en tôle, mais on a pu l'établir en zinc avec une dépense de 50 francs environ. Le bélier a donné des rendements variant de 50 à 75 p. 100. Il exige pour une même quantité d'eau aspirée une moindre dépense d'eau motrice que le bélier de Montgolfier. Il diffère de ce dernier en ce qu'il évite la perte de force vive due aux chocs, l'eau étant élevée par succion, tandis que le bélier de Montgolfier l'élève par percussion. Il supprime le réservoir d'air indispensable au bélier de Montgolfier, réservoir qui exige l'étanchéité de joints et le concours d'un constructeur spécial; enfin le corps plonge directement dans l'eau à épuiser, ce qui permet de la tirer à de grandes profondeurs.

3° *Machine à tube oscillant.* — Cette machine élévatoire repose également sur le principe de la suppression brusque de la communication avec l'eau motrice, mais elle diffère de la précédente en ce qu'au lieu d'élever l'eau d'un puits jusqu'au niveau de l'appareil, elle l'élève à un point supérieur à la source motrice, à une hauteur théoriquement indéfinie et qui, pratiquement, peut atteindre plusieurs mètres.

Par ce fait que la source motrice est au-dessous au lieu d'être au-dessus du point où l'eau doit être élevée, la disposition des obturateurs change complètement et de nouvelles études ont été nécessaires. Le rendement est d'environ 60 p. 100.

M. Parandier, *inspecteur général des ponts et chaussées en retraite.* — M. Parandier a présenté plusieurs mémoires tendant à assurer l'organisation du service hydraulique sur des bases économiques, avec le concours des départements et des communes. Il conclut à l'abandon des grandes entreprises qui ne sont pas encore commencées, et à la recherche des moyens d'utiliser les ressources locales par l'initiative des syndicats. Il a fait l'application de ses vues au département du Doubs, où il a indiqué 145 entreprises susceptibles d'être exécutées par les intéressés. Il expose deux cartes intéressantes, fruit de longues recherches, et un mémoire explicatif imprimé aux frais de l'auteur. Ce mémoire a été distribué à tous les conseils généraux par les soins du Ministère de l'agriculture.

Jusqu'à ce jour, un seul département, celui de la Haute-Saône, s'est montré disposé à entrer dans la voie indiquée par M. Parandier.

Syndicat du Bou-Roumi. — Cette association syndicale, établie dans la province d'Alger, expose le projet d'établissement d'un réservoir d'irrigation contenant 25 millions de mètres cubes d'eau. Le défaut de ressources pécuniaires a entravé jusqu'ici tout commencement d'exécution.

M. Launay. — Le service matériel de l'exposition a été dirigé par M. Launay, qui a dû faire établir les dessins d'exécution du siphon de M. Ribaucour. D'autre part, M. de Caligny n'ayant pu fournir aucun dessin précis, ni diriger la construction à cause de son grand âge, ni intervenir dans la dépense, M. Launay a dû, sur de simples indications théoriques, faire faire pour l'inventeur les dessins d'exécution et diriger la construction des appareils de M. de Caligny pour le compte du Ministère de l'agriculture, à qui les appareils appartiennent et qui compte les utiliser pour de nouvelles expériences.

M. Lévy. — M. Lévy, ingénieur civil, attaché au service de l'hydraulique agricole, a secondé M. Launay dans l'installation des appareils. C'est grâce au dévouement de M. Lévy qu'on a pu assurer leur mise en marche et leur fonctionnement effectif, après avoir vaincu de nombreuses difficultés pratiques que la nouveauté des appareils et l'absence des inventeurs expliquent, et que M. Lévy a eu le mérite de résoudre.

CLÔTURES. — GRILLAGES.

Plusieurs maisons importantes ont exposé des spécimens de clôtures pour bestiaux et chevaux, pour vignes, jardins et prairies, des barrières pour clôtures, des poulaillers, des chenils, des volières, des faisanderies, des kiosques, etc.

L'exposition de M. Louet, à Issoudun, tenait une large place parmi cette exhibition. Cette honorable maison, dont la fabrique remonte à vingt-cinq ans, a fait faire de sérieux progrès à ces différents articles, et surtout elle a pu abaisser ses prix de revient, de telle façon qu'elle peut livrer du palissage de vigne à 7 et 8 centimes le mètre. Elle a, en outre, apporté une grande modification à sa tondeuse de gazon, sous le rapport de la légèreté.

MM. Rode (Jean), Périn frères, Borel (Édouard), Toupet (Eugène), Varenne (François) et Cie, occupaient de grands emplacements avec leurs grillages, et rivalisaient sur la qualité, la solidité, la bonne fabrication et le bon marché de leurs produits.

Une barrière mobile en fil de fer formant porte de pâturages, provenait de la maison Tellier-Delzire, à Coingt (Aisne), et M. Blain, à Segré (Maine-et-Loire), attirait l'attention par ses épines artificielles en fil de fer galvanisé pour clôtures, treillages et parcs.

Comme nous l'avons dit en commençant notre rapport, nous avons cherché à classer les différents exposants afin de faciliter notre tâche; mais il nous reste un certain nombre d'entre eux qui n'ont pu être rangés dans aucune catégorie. Aussi nous ne voulons pas terminer ce qui concerne la section française sans en parler.

Parmi eux se trouve en première ligne M. Ferdinand Lombard, qui avait exposé des appareils et machines pour la distillerie, des procédés nouveaux pour la distillerie agricole et les plans des usines installées. Cette maison, fondée en 1886, a apporté certains perfectionnements à la méthode Champonnois, qui avait obtenu un grand prix à l'Exposition de 1878.

Nous aurions encore à citer M. André Massonat, pour ses biberons pour les jeunes animaux; M. Autié (Eugène), pour ses mesures de capacité; M. Bouzerand (Léon), pour une brochure sur la culture et les cultivateurs; M. Jacques Baudeu, pour ses huiles et graisses industrielles; la Carrosserie industrielle, pour ses voitures, roues, essieux, ressorts et avant-trains; M. Devouassoud (Michel), pour sa collection de sonnettes et cloches en acier à l'usage des bestiaux; M. Lusseau (Henri), pour ses plans de parcs agricoles.

M. Louis Magot, qui était exposant d'une construction en fer et terre cuite, type de bureau de régisseur d'exploitation rurale, s'était réuni à M. Boulaine pour établir et décorer un bureau confortable qui a servi pendant toute la durée de l'Exposition au comité d'installation et au jury de la classe 74.

COLONIES.

Le catalogue général officiel de la classe 74 comprenait, comme nous l'avons déjà dit, les expositions des sociétés d'agriculture, des comices et des associations agricoles, des agriculteurs, des commerçants agricoles, des vétérinaires, etc., pour la France entière. Nous arrivons maintenant à l'exposition des colonies françaises et des pays de protectorat.

COLONIES FRANÇAISES.

Nous voyons ici figurer ce beau pays de l'Algérie, dont nous allons nous occuper tout particulièrement. Son exposition a été très remarquable, et malheureusement nous ne pourrons pas nous étendre autant que nous l'aurions voulu sur sa production agricole, qui a pris un si grand développement.

A côté de l'Algérie se trouvait la Guadeloupe, et nous y avons remarqué de très beaux riz en épis et en parche, exposés par M. Bonin, à la Basse-Terre, habitation Bisdari.

Le jury de la classe 74 a visité aussi avec le plus grand intérêt les modèles d'habitation de la Nouvelle-Calédonie, ainsi que les habitants qui avaient été amenés des trois îles Loyalty, Nouvelle-Calédonie et Hébrides. Il ne nous appartient pas d'en faire la description, mais nous tenions à les citer, puisque la Nouvelle-Calédonie figure parmi nos récompenses.

ALGÉRIE.

Le gouvernement général de l'Algérie a fait paraître plusieurs brochures très remarquables sur les productions de son sol; notre rôle de rapporteur se trouvera donc singulièrement simplifié. Nous renvoyons ceux qui s'intéressent à notre colonie à ces différentes brochures, qui ont été imprimées à Alger par Girald, imprimeur du gouvernement général; elles portent les titres suivants :

De la colonisation en Algérie.
L'agriculture en Algérie.
L'horticulture générale (végétation, cultures spéciales et acclimatation).
Espèces chevaline et asine. Le mulet en Algérie.
La navigation maritime et la pêche cotière en Algérie.
Plantes médicinales, essences et parfums.
Régions du chêne-liège en Europe et dans l'Afrique septentrionale.
L'alfa.
Les forêts de l'Algérie.

La viticulture algérienne.
Les travaux publics en Algérie.
Catalogue des collections de bois à l'Exposition universelle de Paris en 1889.

Nous recommandons aussi une brochure rédigée par M. E. Bonzom, qui fait connaître les ressources et la puissance que l'Algérie apporte à la France; elle est intitulée : *La France algérienne*, et est éditée par l'imprimerie Casabianca, à Alger.

Avant de passer en revue les produits des différents exposants, nous reproduirons ici quelques renseignements sommaires qui nous ont été donnés pour les années 1885, 1886 et 1887.

Blé. — Avant la conquête, la seule espèce de blé cultivée en Algérie était le blé dur. Depuis, le blé tendre a été introduit avec succès par les Européens qui le cultivent surtout dans les régions de Sidi-bel-Abbès et de Mostaganem, dans la plaine de la Mitidja et l'arrondissement de Philippeville.

Les blés durs sont en Algérie d'une rare perfection et classés avec raison parmi les premiers du monde. Grâce à sa juste proportion de gluten, le blé dur convient admirablement à la fabrication des pâtes alimentaires.

Voici quelle a été, pour les trois derniers exercices, la production du blé en Algérie :

CULTURES EUROPÉENNES.

DÉSIGNATION.	QUANTITÉS RÉCOLTÉES.		
	1885.	1886.	1887.
	quintaux.	quintaux.	quintaux.
Blé dur	761,639	803,370	721,201
Blé tendre	835,064	850,846	758,910

CULTURES INDIGÈNES.

DÉSIGNATION.	QUANTITÉS RÉCOLTÉES.		
	1885.	1886.	1887.
	quintaux.	quintaux.	quintaux.
Blé dur	4,714,881	4,621,673	3,952,759
Blé tendre	302,243	388,718	341,162

La production totale du blé, en quintaux métriques, a été, dans ces trois dernières années, de :

En 1885 .... 6,613,827 quint.
En 1886 6,664,557
En 1887 5,774,032

Orge. — La culture de l'orge a, en Algérie, une très grande importance. Cette céréale, outre qu'elle sert à l'alimentation des chevaux et entre pour une bonne part dans celle des indigènes, est très demandée par le nord de la France, l'Angleterre et la Belgique, qui la recherchent pour la fabrication de la bière.

Au point de vue de la quantité d'orge produite, l'Algérie occupe le premier rang parmi les pays extra-européens. Elle tient le sixième rang parmi les pays d'Europe, venant avant la France, qui n'est classée qu'au septième.

Pendant les trois derniers exercices, les exportations algériennes sur la France ont été :

En 1885	744,887 quint.
En 1886	470,263
En 1887	384,281

Production dans ces trois dernières années :

Quantités récoltées.

1885	9,160,206 quint.
1886	9,438,719
1887	8,229,943

Avoine. — L'avoine n'est guère cultivée que par les Européens.

Les principaux centres de production sont la plaine de la Mitidja, les arrondissements de Sidi-bel-Abbès et de Mostaganem, et le littoral de la province de Constantine.

Production pendant les trois dernières années :

Quantités récoltées.

1885	393,608 quint.
1886	511,479
1887	573,034

Sorgho. — Le sorgho à balai, à graine rouge, et le sorgho bechena, à graine blanche, sont depuis longtemps cultivés par les indigènes. Ces plantes sont remarquables par leur résistance à la sécheresse et leur force de végétation. La graine de bechena a, pour l'indigène, une grande valeur alimentaire. On ne récolte que la panicule; la tige encore verte est laissée sur le champ pour être consommée sur place par le bétail.

Production pendant les trois dernières années :

Quantités récoltées.

1885	125,090 quint.
1886	147,483
1887	122,245

SPÉCIMENS D'EXPLOITATIONS RURALES ET D'USINES AGRICOLES.

Pour se rendre un compte exact des progrès accomplis dans l'exploitation du sol, il faut se placer au point de départ et voir en quoi consistaient les procédés de culture en usage en Algérie, au moment où a commencé l'occupation française.

Ces procédés étaient tout ce qu'il y a de plus primitif et tels qu'ils devaient être aux premiers âges du monde.

Le seul instrument aratoire des indigènes était l'araire, charrue très défectueuse et permettant de labourer le sol à une profondeur de 5 à 8 centimètres.

Les céréales étaient semées sur le sol et avant le labour; celui-ci ameublissait le sol et recouvrait en même temps la semence; puis c'était tout. Quand venait le moment de la récolte, le cultivateur, armé d'une petite faucille, coupait la paille à quelques centimètres au-dessous de l'épi et abandonnait sur place le restant de la tige.

Le dépiquage se faisait au moyen des pieds des bœufs, chevaux ou mulets.

Tel était, et tel est encore dans la plupart des tribus, le système de culture employé.

Tout autre fut, dès le principe, celui qu'importèrent les immigrants européens. Maintenant on trouve dans presque toutes les exploitations agricoles un outillage complet et une installation qui ne laisse rien à désirer. Les fermes et les chais modèles sont fréquents en Algérie; on y rencontre les instruments les plus perfectionnés en usage dans les grandes exploitations de la métropole.

Les indigènes eux-mêmes adoptent petit à petit nos procédés et nos instruments de culture, notamment nos charrues légères, à l'aide desquelles ils labourent le sol à une plus grande profondeur.

Les chiffres qui suivent donnent une idée de l'importance et du matériel de culture en Algérie :

	EUROPÉENS.	INDIGÈNES.
Charrues	45,593	249,443
Rouleaux, herses, semoirs à cheval	22,750	1,508
Chariots, charrettes et tombereaux	25,108	1,126
Faucheuses, moissonneuses, râteaux à cheval	1,811	59
Machines à battre, à vapeur, à manège	1,000	15
Égrappoirs, fouloirs à raisins, pressoirs	3,796	82
Égreneuses, broyeuses et trieuses	29	1
TOTAUX	100,289	252,224

EXPOSITION AGRICOLE ET INDUSTRIELLE DES DOMAINES DE RHYLEN, BAHLI, MAHALLA À BOUFARIK (ALGÉRIE), À M. CHIRIS.

L'exploitation agricole et industrielle que M. Chiris possède à Boufarik a été créée, en 1862, par l'acquisition de la ferme de Rhylen, d'une contenance de 35 hectares.

Depuis cette époque, les terres environnantes ont été successivement acquises jusqu'au pied de l'Atlas, pour former les vastes domaines de Rhylen, Bahli et Mahalla, d'une superficie totale, d'un seul tenant, d'environ 2,600 hectares.

Afin de donner une idée des difficultés qu'on a dû surmonter pour arriver à la mise en rapport de ce domaine, il suffira de dire que sur les 2,600 hectares qui le composent, 2,450 environ ont dû être défrichés, défoncés à une grande profondeur, mis en valeur par des assolements successifs, etc.; qu'on a dû créer un réseau complet de chemins, creuser de nombreux canaux d'assainissement, construire cinq vastes fermes, des caves considérables, des usines, des cités ouvrières; constituer un outillage puissant, un matériel agricole complet, un capital de bestiaux, de chevaux, etc.;

L'inventaire de l'exploitation, au 31 décembre 1888, constatait l'existence de :

Blé, avoine, orge, maïs, prairies	611 hectares.
Vignes	307
Orangers, bigaradiers et autres	203
Geranium rosat	492
Cassilliers	172
Oliviers	127
Eucalyptus	604
Acacia oléophila (arbres à tan)	81

Soit un total de 2,597 hectares en pleine exploitation, ayant donné en 1888 une production brute de 3,542,000 francs.

Il existait également à cette époque :

Cinq fermes ou usines, une cave garnie de foudres pouvant contenir 32,000 hectolitres de vin, plusieurs cités ouvrières, de nombreuses norias avec les canalisations nécessaires pour l'irrigation, un matériel agricole et industriel considérable dans lequel figurent :

Deux laboureuses à vapeur, quatre chaudières fixes d'une force de 400 chevaux, des distilleries distinctes pour les eaux-de-vie, le géranium, les fleurs d'oranger; de nombreux troupeaux de bœufs et de moutons, un grand nombre de chevaux et mulets, un personnel souvent porté à plus de 2,500 travailleurs des deux sexes, etc.

Ces domaines sont irrigués :

1° Par une prise d'eau sur la rivière de Bou-Chensla, donnant à l'étiage environ 300 litres d'eau à la seconde;

2° Par de nombreuses norias fonctionnant à la vapeur et pouvant donner environ 200 litres d'eau, soit un total de 500 litres d'eau par seconde.

A l'Exposition universelle de 1867, M. Chiris obtenait la médaille d'or, en même temps que le jury décernait une médaille d'argent, à titre de collaborateur, à M. Gros, directeur de l'exploitation.

Depuis cette époque, M. Chiris, ayant fait partie des jurys des grandes expositions universelles (Vienne, 1873; Paris, 1878), a été mis hors concours et n'a pu faire connaître les progrès accomplis.

L'exploitation de Boufarik a atteint aujourd'hui son entier développement. M. Chiris l'avait présentée au jury de 1867 à l'état embryonnaire; il a tenu à la montrer dans son complet épanouissement à celui de 1889, et prouver ainsi que sur cette terre d'Afrique on peut, avec des efforts persévérants, obtenir des résultats que ne renieraient pas nos grands agriculteurs de la mère patrie. M. Gros, directeur de l'exploitation, a été, comme en 1867, un collaborateur précieux pour M. Chiris.

Exposition des agriculteurs algériens. — 373 exposants algériens, tant colons qu'indigènes, figuraient à l'Esplanade des Invalides dans la classe 74. Ils avaient envoyé des produits agricoles nombreux, tels que blés durs et tendres, orges, avoines, maïs des récoltes de 1888. Sur la fin de l'Exposition, ils ont pu faire parvenir les produits des récoltes de 1889.

Toutes ces céréales avaient été bien choisies et elles attestaient les progrès considérables réalisés dans notre colonie de l'Algérie.

Un très grand nombre d'indigènes avaient tenu à envoyer des produits de leurs récoltes.

Il nous reste à passer en revue les colons et les indigènes qui avaient envoyé les plus beaux produits agricoles à l'Exposition de 1889 et qui ont obtenu les plus hautes récompenses.

De la province d'Alger : MM. Alphonse Baudoin, au Djendel; Adolphe Combier, à Aïn-bou-Dib; Henri Fourrier, à Orléansville; Mme veuve Marguerite Laperlier, à Mustapha; Paul Marès, à Douéra; Amédée Sauveton, à Marengo; la Société d'agriculture d'Alger; Jules Varlet, à Boufarik; Ahmed ben Aïssa, aux Beni-Ouazane.

De la province d'Oran : Julien Decrion, à Bel-Abbès; J.-H. Dufour, à Matemore; Charles Forembacher, à Sidi-Lhassen; Victor Haudrilourt, à Rivoli; Onésime Havard, à Mansoura; Mme veuve Jomain, à Legrand; Sommer père et fils, à Tlélat; F.-C. Vuillemin, aux Trembles.

C'est dans cette province qu'il y a le plus de cultivateurs indigènes. Leur culture ne peut être comparée à la culture des colons; leur outillage n'est pas le même; quelques-uns cependant commencent à se servir du matériel agricole français. Il y en a un certain nombre qui méritaient d'être encouragés; ce sont : Bou Medien bou Arichia, à Tinerat-bel-Abbès; Cheikh ben el-Djilali, à Oulad-Souïah; El-Hadj-Kada-Halouch, à Bel-Abbès; El-Kada bel Abed ben Youssef, à Aïn-Trid; Mahiddine-Ould-Chabane, à Tivenat; Smaïn-Ould-Djelloul, à Oulad-Amem; Rahba ben Aïssa, à Bel-Abbès.

De la province de Constantine : le Comice agricole de Bône; la Compagnie génevoise, à Sétif; Salvator Frando, à Mondovi; Société d'agriculture de Constantine; Joseph Tournier, à El-Kantom.

Nous aurions encore beaucoup de noms à citer, mais nous renvoyons à la liste des récompenses, où l'on voit figurer pour l'Algérie 85 exposants, dont un qui a obtenu un grand prix.

Certaines exploitations agricoles méritent que nous donnions quelques détails. Nous commencerons par la Société agricole et industrielle de Batna et du Sud-Algérien.

Société agricole et industrielle de Batna. — La Société agricole et industrielle de Batna et du Sud-Algérien avait exposé dans les classes 16, 41, 42, 44, 45, 48, 49, 71, 72, 73, 74 et 81.

Dans une brochure qu'elle a publiée à propos de l'Exposition, elle a longuement défini son but, qui est de créer au Sahara de nouveaux centres de culture et de colonisation, conquérir sur le désert des régions stériles, les fertiliser par l'irrigation et les transformer en oasis productives.

Nous n'avons pas à faire l'historique complet de la société; seules les céréales cultivées dans les oasis de la société, tels les échantillons d'orge, de blé, de maïs, de millet et bechena, nous occupent.

La société déclare qu'entre les palmiers et à leur ombre on fait, dans les oasis sahariennes, des cultures dites *accessoires* ou *intercalaires*.

Nous ne parlerons que des céréales que la société cultive dans ses oasis de l'Oued-Rir et dont elle a exposé des échantillons. Leur culture ne peut se faire avec succès que dans les parties des propriétés où le sol a été amélioré par des irrigations fréquentes et par des fumures.

On sème dans les compartiments irrigués à grande eau, disposés comme l'a exposé la société à propos de la classe 49; on irrigue ainsi en même temps les palmiers et les cultures de céréales; mais celles-ci exigent un roulement plus rapide des arrosages, et par cela même sont limitées dans leur extension. Le fumier employé est fourni par les animaux de trait et de basse-cour.

L'orge réussit bien dans les jardins de l'Oued-Rir et c'est la culture accessoire la plus répandue; elle sert à la nourriture des chevaux.

Le blé ne vient convenablement que lorsque la terre n'est pas saline ou a été lavée suffisamment par des irrigations à grande eau et abondantes. On sait que le couscous, qui avec la datte fournit une des bases de l'alimentation des indigènes, est une farine tirée du blé et préparée d'une manière spéciale par les femmes; presque tout le blé consommé dans le Sud est apporté du Tell par les nomades; il serait intéressant que la societé arrivât à produire elle-même tout au moins assez de blé pour la consommation de ces cultivateurs, ce qui leur permettrait de s'affranchir des exigences des nomades.

La société fait aussi, dans ses oasis, des essais de millet rond et ordinaire, de maïs, de bechena (sorgho blanc ou douro des Arabes), etc.

M. Bastide. — M. Bastide (Léon), propriétaire agriculteur à Bel-Abbès (Oran), a beaucoup fait en Algérie et nous devons apprécier l'ensemble de son œuvre agricole. Il avait exposé :

Classe 9. — 13 volumes sur l'agriculture et la colonisation algérienne ;
Classe 44. — Laines brutes ;
Classe 67. — Céréales, sorgho, maïs, lin, etc. ;
Classe 69. — Huiles d'olive ;
Classe 71. — Légumineuses, etc. ;
Classe 73. — Vins rouge, blanc ; liqueurs, eau-de-vie, vin doux ;
Classe 74. — Plans et historique d'une ferme algérienne, non pas au point de vue théorique, mais au point de vue réel, puisqu'il s'agit d'une exploitation qui existe et qui a obtenu la prime d'honneur en 1886.

L'exploitation agricole de cet exposant fut créée par son père en 1852 ; elle comprend 210 hectares. Indépendamment de cette exploitation directe, il dirige quatre autres fermes à mi-fruits, ayant ensemble 650 hectares de terres lui appartenant et 300 hectares qu'il loue à une commune.

En 1878, l'exploitation directe était moins importante et ne comprenait absolument que la culture des céréales. Depuis cette époque, les progrès réalisés ont été très grands, car d'une ferme à céréales l'exposant a fait une ferme embrassant tous les progrès agricoles et qui pourrait, de l'aveu de tous les visiteurs, servir de modèle ou de ferme-école, embrassant la culture perfectionnée des céréales, celle de la vigne, des arbres fruitiers et forestiers, l'exploitation du bétail sous toutes ses formes (vaches, brebis, porcs, oiseaux de basse-cour), les irrigations, fumures aux fumiers de ferme et aux engrais chimiques, etc.

Les rendements des céréales ont été améliorés par l'emploi des engrais chimiques sur de petites parties, par les travaux mécaniques, exécutés très régulièrement par jachères d'une moitié de la propriété, par l'emploi de trieurs pour toutes les semences, par le choix de nouvelles semences, notamment le blé rouge de Provence.

Les rendements des vignes ont augmenté par la fumure de 10 hectares chaque année et les cépages de choix.

Le bétail n'existait pas en 1878 sur l'exploitation, mais son rendement même actuellement est augmenté par la sélection.

Les bâtiments ont été édifiés successivement suivant les besoins, commençant en 1852 par une chambre et une écurie, atteignant en 1889 ce que la ferme la mieux dirigée peut exiger.

Mais depuis 1882, on peut dire que les bâtiments ont doublé, car depuis cette époque les constructions pour le bétail et le cellier ont été créés de toutes pièces ; aujourd'hui, non seulement tous les services agricoles existent sur la ferme, mais ils sont groupés de telle sorte que l'exploitation en est rendue très facile.

IMPRIMERIE NATIONALE

Le bétail n'a été créé que depuis 1882; il comprend en 1889 :

Chevaux	3
Vaches ou jeunes animaux	15
Brebis ou agnelles	400
Porcs	55
Oiseaux de basse-cour de toutes espèces	500 à 600

Outre les produits directs ainsi obtenus, l'exploitation du bétail a surtout pour but de fournir le fumier de 10 hectares de vignes, 12 hectares pour le fourrage, de 3 à 4 hectares d'oliviers, chaque année.

En 1889, l'exploitation directe, la seule dont il soit ici question, se décomposait comme suit :

Oliviers de un à quarante ans	16 hectares.
Culture maraîchère	2
Vignes en cépages	60
Luzerne	3
Maïs, bois, etc.	5
Jachère à deux coupes de labours	62
Semis en blé, orge, avoine	62

En exposant à Paris en 1889, M. Bastide avait surtout en vue de mettre en relief une œuvre agricole algérienne remontant à 1852.

PAYS DE PROTECTORAT.

Avant de rendre compte de l'exposition agricole de la Tunisie, nous devons citer les modèles d'habitations d'Annam-Tonkin, qui figuraient à l'Esplanade des Invalides dans l'exposition permanente des colonies. Elles seront décrites avec tant de soins par cette administration que nous ne nous y arrêtons pas plus longtemps.

TUNISIE.

On est réellement saisi d'admiration quand on voit tout ce que la Tunisie a pu envoyer à l'Exposition universelle de 1889, qui a permis de juger des progrès réalisés en si peu de temps.

L'exposition collective du Gouvernement beylical et celles de plusieurs grands propriétaires indiquent l'avenir qu'on peut envisager par la mise en culture des terres de notre nouvelle colonie.

Le service de l'agriculture, de la viticulture, de l'élevage, du service vétérinaire sanitaire fut créé dans la Régence dès le mois de novembre 1887.

Nous voyons en 1888 un concours agricole et hippique avec exposition scolaire et de beaux-arts pour la Tunisie et l'Algérie.

L'inspection minutieuse des vignobles se fait, beaucoup de propriétés agricoles et viticoles sont visitées, et des rapports sont établis sur ces propriétés et leurs régions.

Le service organise la défense contre les sauterelles, et il aménage sept champs d'essais et d'expériences dans le nord de la Régence.

Dans de pareilles conditions, les acquisitions européennes devaient se multiplier, et l'examen rapide des nouvelles installations démontrera l'exactitude de ce que nous avançons.

L'exposition collective du Gouvernement tunisien comprenait un grand nombre de produits agricoles : maïs, fèves, pois chiches, sésame, poivron rouge pilé, malahianielle, coriandre, graine de moutarde, anis, carvis, cumin, fenouil, millet, plantes médicinales, olives, huile.

Nous commencerons par l'étude de la propriété de Bordj-Cédria, qui appartient à M. Potin (Paul), membre du jury de la classe 74, et qui par suite se trouvait placé hors concours.

Après avoir étudié le domaine de Bordj-Cédria, nous verrons ceux de l'Enfida, appartenant à la Société franco-africaine, à la Compagnie Bône-Guelma et à MM. Pilter père et fils.

NOTICE SUR LA PROPRIÉTÉ DE BORDJ-CÉDRIA, PRÈS HAMMAM-LIF, EN TUNISIE, APPARTENANT À M. PAUL POTIN, MEMBRE DU JURY.

Aspect général. — Le domaine de Bordj-Cédria appartient à M. Paul Potin, négociant à Paris, qui l'a acquis en octobre 1884 du caïd Eliaou-Scemama, au prix de 125,000 francs.

Sa contenance est de 2,800 hectares ; il est situé à 2 kilomètres de la gare d'Hammam-Lif et à 19 kilomètres de Tunis ; la route de Tunis à Sousse traverse la propriété.

Bordj-Cédria est situé au fond du golfe qui baigne Carthage, la Goulette et Hammam-Lif.

La propriété est limitée au nord par la mer sur une longueur de plage de 5 kilomètres environ ; au sud, à l'est et à l'ouest, le domaine est enserré dans une ceinture de hautes montagnes figurant un immense fer à cheval, dont les deux extrémités viennent finir à 3 kilomètres du rivage.

Ces montagnes sont formées par un soulèvement calcaire, dans lequel on rencontre des gisements considérables de schistes marneux, qui se décomposent facilement à l'air et sont alors très favorables à la végétation de la vigne.

Ce domaine se trouve placé dans une situation vraiment privilégiée : près de Tunis, à peu de distance d'une gare de chemin de fer et sur la mer, en face du port de la Goulette, éloigné à peine de 10 kilomètres.

Région sablonneuse. — Le domaine est composé de quatre zones bien distinctes :

La première consiste dans une longue série de dunes de sable qui bordent le rivage et sont à peu près fixées par une végétation sauvage ; des plantations de pins maritimes et d'acacias cyanaphilas tentent de boiser cette région.

Ces sables silico-calcaires ou argileux peuvent être en grande partie cultivés ; il y existe une ancienne plantation de grenadiers et de figuiers encore très vigoureuse ; on y a tenté il y a trois ans un essai important de culture d'asperges de Hollande et d'Argenteuil qui paraît devoir réussir. Une dizaine d'hectares viennent d'être plantés en vigne cette année. Ces sables peuvent occuper une superficie de 200 hectares.

Région en plaine. — La deuxième région, qui est parallèle à la zone sablonneuse, se compose d'une longue et vaste plaine, formant cuvette, où croupissaient autrefois les eaux descendues des montagnes, ce qui donnait à cette région un aspect marécageux ; ces eaux sont aujourd'hui canalisées, et utilisées pour l'arrosage régulier de cette plaine, que la culture arrivera à transformer complètement.

Le sol est formé d'argiles marneuses sur une épaisseur de 3 à 4 mètres ; au-dessous on trouve le sable.

La vigne promet de prendre dans ces terres bien travaillées un grand développement. Il a été aménagé dans cette région de vastes pâturages naturels. Il s'y trouve aussi un bois d'oliviers de 3,000 pieds, jeunes, bien tenus et vigoureux. Cette plaine, qui est traversée par la route de Tunis à Sousse, peut avoir une étendue de 600 à 700 hectares, tous cultivables.

Région en coteaux. — La troisième région, celle qui est la plus intéressante, consiste dans une série de coteaux qui remplissent le fer à cheval formé par les montagnes, et s'étagent successivement depuis la plaine jusqu'à une hauteur de 60 mètres au-dessus du niveau de la mer. Ces côteaux, tous exposés au nord et rafraîchis par la brise de la mer, sont formés d'alluvions marneuses et schisteuses très épaisses, avec mélange de calcaires tuffeux. Cette région, destinée à être convertie en vignes pour la plus grande partie, occupe une superficie d'au moins 500 hectares.

Région montagneuse. — Enfin la quatrième région est toute en montagnes, couvertes de broussailles de thyms, de romarins, de thuyas, etc. Cette propriété était autrefois abandonnée à des Arabes Tripolitains qui vivaient uniquement du produit de leurs chèvres et de la fabrication de la chaux, causes ordinaires et fatales en Tunisie du déboisement du pays.

En entrant en possession, M. Potin a proscrit immédiatement les chèvres et a interdit la fabrication de la chaux. Depuis lors, les montagnes changent d'aspect ; les thuyas, rongés pendant des siècles, prennent leur essor et poussent des tiges vigoureuses, ainsi que toutes les autres touffes forestières. Les semis de pins entrepris par le nouveau propriétaire, sur une vaste échelle, viennent concourir à ce reboisement naturel.

Régime des eaux. — La propriété de Bordj-Cédria était partout ravinée par l'écoulement des eaux; celles-ci, aujourd'hui canalisées, au lieu d'être constamment une cause de ravages, profitent maintenant aux cultures, qu'elles arrosent sans les abîmer.

On a étudié aussi la construction d'un barrage qui permettrait d'emmagasiner 700,000 mètres cubes d'eau au-dessus de toutes les parties cultivables. Ce travail considérable, qui entraînerait une dépense de 100,000 francs au moins, sera peut-être l'œuvre de l'avenir; il aurait cet avantage de pouvoir arroser le vignoble dans les années de sécheresse, années pendant lesquelles la récolte diminue de plus de moitié.

La montagne, du côté de l'Ouest, possède de nombreuses sources dont plusieurs ont été canalisées par les Romains; on a découvert leurs anciens bassins de captation, dont plusieurs ont été utilisés et reconstitués.

L'une de ces sources, située à 208 mètres d'élévation au-dessus de la ferme, a été canalisée par M. Potin et sert aux besoins de son exploitation. Cette canalisation, d'une longueur de 1,900 mètres, arrive à la ferme, sans siphonnement, avec pente directe. Les tuyaux en fer sont disposés pour supporter toute la pression d'une réserve d'eau installée dans la montagne à 170 mètres d'élévation; c'est une citerne contenant 78 mètres cubes d'eau. Cette pression pourra être utilisée plus tard comme force motrice.

L'eau de cette source arrive près de la ferme dans un vaste réservoir de 250 mètres cubes, situé au-dessus du jardin dont il sera parlé plus loin; elle est ensuite distribuée dans les cultures par une canalisation qui a un développement de 1,500 mètres. Cette source, de qualité excellente, donne un débit normal de 20 litres à la minute. Deux autres petites sources voisines de la ferme, également canalisées, viennent apporter un complément de 12 litres à la minute.

Les autres sources pourront être plus tard canalisées au fur et à mesure des besoins.

Ces travaux de canalisation, distribution, recherche et captation d'eau, ont coûté 60,000 francs, y compris les citernes et réservoir, ainsi que les puits et norias, car la propriété possède en outre deux puits très abondants, munis de norias à manège qui peuvent débiter 100 litres à la minute.

Constructions et routes. — Une ferme principale a été commencée au centre du cirque formé par la montagne; elle est située sur un coteau à 31 m. 80 au-dessus du niveau de la mer, dont elle reçoit la brise.

La situation est charmante et le coup d'œil embrasse à la fois tout le golfe de Tunis et les montagnes du cap Bon; le vignoble de Bordj-Cédria, dont la ferme est le centre, se déroule au pied de la ferme et couvre les coteaux qui la dominent. Il y a là un paysage qui plaît à tous les visiteurs.

Cette ferme, encore inachevée, comprend actuellement deux ailes de bâtiments et une vaste écurie ouverte au levant et pouvant abriter les voitures, le matériel roulant et vingt-cinq chevaux; la ferme sera prochainement complétée par une aile affectée aux bâtiments des ouvriers.

En attendant l'achèvement des constructions projetées, une grande baraque, composée d'un rez-de-chaussée et d'un étage, peut loger cent vingt ouvriers.

A côté de la ferme se trouve un vaste bâtiment renfermant un moulin à huile pour les olives du domaine; le rez-de-chaussée est entièrement affecté à cette fabrication; on y trouve : deux presses à vis, deux broyeurs mus par un manège, et les citernes à l'huile; ce moulin peut triturer 2,000 à 3,000 kilogrammes d'olives par jour. Le premier étage renferme des logements et le dépôt des olives. Un mur de quai est établi pour le chargement des fûts.

Dans le voisinage de la mer et à 3 kilomètres de la ferme principale, on a construit un bordj (construction genre arabe) contenant des appartements pour deux familles, une vaste cave, une cour et deux écuries pouvant abriter quarante bœufs de labour.

Entre le bordj et la ferme, à moitié chemin, adossée contre un bois d'oliviers, on a installé une immense baraque couverte en tuiles, reposant sur une maçonnerie et renfermant des logements d'ouvriers et une vaste écurie qui peut contenir une quarantaine de chevaux. A 100 mètres de la ferme, il existe une petite construction avec une cave servant de cantine.

Un téléphone dessert toutes ces habitations, de manière que le gérant, sans se déranger, puisse transmettre partout ses instructions.

La ferme principale est alimentée par les canalisations des sources et par un puits.

Les deux autres habitations ont chacune leur puits.

Une route empierrée de 12 mètres de largeur et de 3 kilomètres de longueur, entièrement droite et d'une pente régulière, relie ces trois bâtiments.

Une autre route, également empierrée, de 16 mètres de largeur et 2 kilomètres de longueur, fait communiquer la ferme principale à la route nationale de Tunis à Sousse.

Plantations et reboisement. — La ferme principale est au centre d'un vaste jardin d'une superficie de 2 hectares environ.

Ce jardin contient un potager pour les besoins du personnel, une orangerie et de nombreux arbres à fruits comprenant toutes les variétés du pays; le pêcher y réussit admirablement.

Le jardin renferme aussi une pépinière d'arbres importante, où sont élevées des essences diverses : mélias, phytolacas, acacias robiniers, vernis du Japon, cyprès, micocouliers, frênes, ormeaux, ficus, cytises, grevillias et surtout les arbres d'Australie (eucalyptus, casuarinas, faux poivriers, acacias), ainsi que les diverses variétés de pin.

Il est entouré d'un rideau d'arbres d'Australie au nombre de 50,000, ayant tous parfaitement réussi et ayant atteint une hauteur de 8 mètres à la troisième année.

Ces plantations garantissent le jardin contre les vents du nord et le siroco. Depuis trois ans, des essais persistants de reboisement, paralysés trop souvent par les sauterelles, par les rongeurs et par la sécheresse, sont poursuivis avec des chances diverses. On sème et on plante dans la montagne le pin d'Alep, le caroubier, le genévrier et le chêne-kermès; dans les dunes, des roseaux, des bambous, du pin maritime et des acacias d'Australie.

Les routes sont bordées par des rangées de mûriers, d'acacias robiniers, de sophoras, de palissandres, de frênes de Kabylie, d'érables négundas et de sterculias, essences réussissant toutes très bien.

De grands sacrifices sont faits et seront continués pour poursuivre peu à peu le reboisement graduel du domaine.

Débuissonnage et défoncement. — Il y a quatre ans, toutes les parties cultivables de Bordj-Cédria étaient couvertes de buissons de jujubiers sauvages, d'aubépines, de romarins et de thyms. Le premier travail a eu pour objet l'enlèvement de ces buissons, dont quelques-uns (le jujubier) avaient des racines de 2 mètres de profondeur. Ce travail a été fait à la main par des Calabrais et des Marocains; il a coûté d'abord 250 francs par hectare, puis 200, 180, 150 francs, et enfin on trouve aujourd'hui des entrepreneurs à 100 francs l'hectare, mais il faut leur fournir les outils et les surveiller attentivement.

600 hectares sont aujourd'hui débroussaillés complètement et affectés à la culture.

Les travaux de terrassement pour égaliser le sol, combler les ravins et enlever les pierres ont été faits rapidement, grâce au chemin de fer Decauville qui a rendu les plus grands services. On a dû démolir d'immenses ruines qui témoignent de l'importance ancienne de cette localité. Le sol était sillonné de conduites en poteries pour la canalisation de l'eau; on en a trouvé les traces partout. Plusieurs anciennes citernes ont été découvertes encore intactes. De nombreuses inscriptions romaines ont été exhumées et sont conservées soigneusement, ainsi que des colonnes et des chapiteaux.

Une fois débroussaillé, il a fallu défoncer ce sol qui, depuis les Romains, n'avait jamais été travaillé. Ce travail a été fait en 1885, 1886, 1887, soit avec des chevaux, soit avec des bœufs, attelés par dix, onze et douze paires à la charrue Brabant double ou à la charrue Vernette dite *charrue-canon;* la première suffit pour les terrains légers; mais pour les terres compactes ou caillouteuses, la seconde est bien supérieure.

La profondeur des défoncements à la charrue a été en moyenne de 35 centimètres.

Beaucoup de coteaux, soit 40 hectares environ, recouverts de gros cailloux, ont dû être défrichés à la main, à une profondeur de 50 centimètres.

En 1887, M. Potin a traité avec M. Pilter pour lui faire défoncer à la vapeur 100 hectares dejà débroussaillés dans la plaine. Ce travail, fait avec le plus grand soin et qu'on ne saurait trop louer, est allé en moyenne à 45 centimètres de profondeur. Le travail est effectué par deux machines Fowler, qui traînent à tour de rôle une immense charrue d'un poids de 2,000 kilogrammes. Ce défoncement, commencé le 1er juin, a été fini le 15 octobre 1887.

Le prix du défoncement par les animaux a coûté, en moyenne, 250 francs l'hectare. Le défoncement à la main a coûté de 1,000 à 1,200 francs l'hectare, en y comprenant l'enlèvement des pierres.

Enfin M. Pilter fait payer 350 francs l'hectare pour son labour à la vapeur; il prend tous les frais à sa charge, à l'exception des transports d'eau et de charbon.

Main-d'œuvre, salaires. — Les ouvriers sont abondants et l'on peut dire que pour tous les travaux entrepris les bras n'ont jamais fait défaut. Ce sont surtout les Siciliens, les Calabrais, les Sardes et les Marocains qui forment la grande partie des travailleurs; seuls les contremaîtres, surveillants, jardiniers, cochers, forgerons, menuisiers sont Français ou Suisses. Les Kabyles, bien dressés, font d'excellents laboureurs; il n'y a rien à faire avec l'Arabe du pays, maladroit et indolent.

Les salaires sont, en moyenne :

5 et 6 francs par jour pour les contremaîtres;

2 fr. 50 et 3 francs pour les Italiens;

1 fr. 75 et 2 francs pour les Marocains et les Kabyles.

Les Calabrais prennent à la tâche les travaux de terrassement, de débuissonnage et de défoncement à la main.

Un bâtiment à simple rez-de-chaussée sert de cantine. M. Potin l'a loué à un industriel qui tient un débit de boissons et de comestibles; les denrées, contrôlées par le gérant, sont livrées au personnel à un tarif affiché; à la paye, le cantinier vient se faire régler par les ouvriers le montant de ce qui lui est dû. Tous les employés ou ouvriers se nourrissent à leurs frais; la proximité de Tunis rend le ravitaillement facile.

Vignoble. — M. Potin a planté :

En 1885	3 hectares.
En 1886	104
En 1887	100

En ce moment, au commencement de 1888, on vient de planter encore 210 autres hectares. Le terrain a été depuis longtemps préparé à l'avance.

Le vignoble occupe donc en ce moment une superficie de 416 hectares.

En 1885 et en 1886, la réussite de la plantation a été complète; il n'y a pas eu 5 p. 100 de manquants.

En 1887, sur certains points défoncés tardivement, la sécheresse a causé un échec partiel : 40 hectares plantés dans des terres argileuses ont dû être refaits.

En somme, il y a lieu d'être très satisfait de l'état général des vignes, qui sont vigoureuses et ne portent aucune trace de maladie.

Le vignoble actuel se compose de :

Cabernet	18 hectares.
Cat	3
Syrrah	1
Pinot noir	1
Cinsault	7
Muscat gros et petit	2
Ugny blanc	5
Clairette	3
Pinot blanc	1
Carignan pur	92
Maurvèdre	40
Morastel	40
Mélange carignan, maurvèdre, morastel	163
Monico	2
Ain kelb	1
Malaga	6
Alicante	5
Petit-bauschet	19
Aramons	12
Teret Baurset	1
Américain	2
Français	1
TOTAL	425

Les maurvèdre, morastel, cabernet, monico et petit-bauschet sont ceux qui ont le mieux résisté au siroco et à la sécheresse.

On a entrepris des semis de vigne pour obtenir les nombreux cépages de France qui n'existent ni en Tunisie ni en Algérie; ces semis ont réussi.

Les vignes sont plantées à une distance de 2 mètres l'une de l'autre au carré, sauf une dizaine d'hectares plantés 1 mètre sur 2 mètres.

L'entretien est fait avec les vigneronnes vernettes ou Pilter et avec le scarificateur.

Le chiendent est enlevé à la main avec le crochet, dès qu'il en paraît la moindre trace; il est l'objet d'une surveillance attentive et on lui fait une guerre sans trêve. En somme, comme il y a peu de chiendent, on espère arriver ainsi à le détruire entièrement.

La plantation de la vigne, se composant du piquetage des lignes, du creusement des trous de 30 centimètres de côté sur 40 centimètres de profondeur, de la plantation, de la fourniture des plants et d'un vigoureux coup de herse, a coûté, en moyenne, 190 francs l'hectare.

L'entretien du vignoble, comprenant : cinq ou six labours par an, l'ébourgeonnage et le pinçage, l'arrachage du chiendent à la main, deux soufrages et la taille, coûte 250 francs l'hectare par an, en moyenne.

Depuis l'automne, on a commencé à fumer la vigne de trois ans.

Le fumier apporté par les Arabes de la région coûte 2 francs le mètre cube, rendu sur place.

On amende les terres argileuses au moyen des cendres de fours à chaux, que les indigènes apportent au prix de 1 franc le mètre cube.

En 1887, malgré les ravages causés par une sécheresse exceptionnelle et un siroco persistant, on a pu faire 14 hectolitres dans les 3 hectares de vignes de trois feuilles.

Le vin est de bonne qualité, parfumé, suffisamment coloré et sans goût de terroir. C'est un début très encourageant et d'un bon augure pour l'avenir.

M. Potin compte porter son vignoble à 500 hectares, dont 100 en plaine et 400 en coteaux.

Comme on l'a vu plus haut, il a planté une dizaine d'hectares dans les sables.

Caves. — L'architecte de M. Potin, après avoir fait un voyage d'exploration en Algérie, travaille en ce moment à un projet de cave consistant dans une voûte en plein cintre en maçonnerie, recouverte de terre et établie dans un ravin fermé au sud par la montagne et ouverte au nord-est. Cette cave, qui recevra la brise de la mer, pourra loger 16,000 hectolitres de vin. Le coût prévu, avec matériel, vinaigre, annexes pour le logement du chef de chai, distillerie, tonnellerie et quai de chargement, s'élève à 220,000 francs; elle sera commencée cette année.

Bétail et animaux. — La ferme possède 60 chevaux et 15 mulets pour le travail des champs, ainsi que 150 bœufs ou vaches et 350 moutons.

L'élevage du bétail est essayé sur une petite échelle. On a fait venir de Jersey un taureau dont le croisement avec la race arabe et charolaise donne un produit très intéressant.

On a créé une porcherie qui se développe et prend de l'importance. Cet élevage a de l'avenir.

M. Riban, arbitre de commerce à Tunis, est le directeur des cultures de M. Potin; il a été un collaborateur éclairé et précieux; il a su mener à bien une tâche qui présentait quelquefois de très sérieuses difficultés.

SOCIÉTÉ AGRICOLE ET IMMOBILIÈRE FRANCO-AFRICAINE.

Cette société, dont le siège est rue de la Chaussée-d'Antin, 50, à Paris, et rue El-Sadikia, 5, à Tunis, attirait l'attention surtout sur l'œuvre colonisatrice qu'elle a entreprise, sur la création des centres d'Enfidaville et de Beyville, et sur leur importance au point de vue français.

Son exposition comprenait des instruments agricoles arabes, des produits divers : céréales, blé, orge, maïs, fèves, couscous, laines, miel, cire, huile d'olive et de lentisque, couffins en alfa, échantillons de thuias et de chênes-lièges, poils de chameau, de chèvre, gourbi arabe, pierres meulières; vins blancs et rouges, eaux-de-vie de vin et de marc, etc.

La société a été fondée en 1881 ; elle possède 120,000 hectares, et les améliorations qu'elle présente consistent spécialement dans l'aménagement des eaux par l'utilisation des anciens barrages romains et dans les plantations considérables entourant les principales constructions.

Le domaine de l'Enfida, d'une contenance de 120,000 hectares, est situé au fond du golfe de Hammamet, qu'il longe sur un parcours de 20 kilomètres. Le centre de l'exploitation, Enfidaville, est relié par des routes carrossables à Tunis (90 kilom.), Zaghouan (37 kilom.), Sousse (42 kilom.), Kairouan (65 kilom.).

C'est un village avec paroisse, chapelle et desservant, école arabe-française, bureau de poste en correspondance journalière avec Tunis et Sousse, et bureau télégraphique.

Tout autour s'étend un vignoble de 300 hectares, dominé par un immense cellier pouvant contenir 20,000 hectolitres.

Une grande partie de la propriété est allotie; les lots sont de 10 hectares et se vendent sur le pied de 100 à 200 francs l'hectare, suivant qualité et situation. Des lots urbains de 1,000 mètres sont en outre tracés à Enfidaville et à Reyville, dans le nord de la propriété, et se traitent les premiers à raison de 1,500 à 2,000 francs le lot, les seconds de 50 à 100 francs. De grandes facilités de payement sont faites aux acquéreurs, la société n'exigeant que le quart comptant du prix convenu, le reste pouvant être réglé par annuités s'échelonnant sur dix, quinze ou vingt ans.

Le climat est des plus salubres. Le sol, composé d'éléments argileux, calcaires et siliceux, est d'une grande fertilité. L'eau potable est bonne et abondante, et la couche n'est généralement qu'à une faible profondeur. Les matériaux de construction, chaux, plâtre, sable, pierre, argile propre à la fabrication de la tuile ou de la brique, se trouvent sur place. La main-d'œuvre est fournie par des Siciliens, des Maltais ou des Arabes. Les Européens se payent de 2 fr. 50 à 3 fr. 50; les indigènes de 1 à 2 francs.

Les terres sont merveilleusement aptes à la culture de la vigne. La société, pour éviter aux acquéreurs la construction très onéreuse d'un cellier, peut, au moins dans les premières années, leur acheter leur raisin à des conditions à débattre.

Un marché hebdomadaire, largement approvisionné en bétail, céréales, denrées coloniales, fruits et légumes, se tient à Enfidaville.

La ligne ferrée de Tunis à Sousse, soumise en ce moment à l'enquête, traversera l'Enfida avec trois stations sur la propriété, et ne manquera pas de donner aux terres une plus-value considérable.

COMPAGNIE DES CHEMINS DE FER DE BÔNE-GUELMA ET PROLONGEMENTS.

Cette société, dont le siège est rue d'Astorg, 7, à Paris, a été fondée en mars 1877.

Le domaine privé de la compagnie en Tunisie a été acquis au moment de la construction de la ligne de la Medjerdah. Les plantations ont commencé en 1879.

Les produits exposés étaient :

Bois. — Acacia d'Australie, *Casmarinas termissima, Eucalyptus resinifera, Parkinsonia,* arbres de huit ans plantés par la compagnie.

Écorces. — Acacias d'Australie et d'*Eucalyptus resinifera.*

Vins. — Vins blancs de 1885 et 1888.

Vins rouges de 1887 et 1888.

Cultures diverses. — Du coton.

Traverses de chemins de fer. — *Eucalyptus resinifera* de huit ans.

Le domaine de la compagnie comprend 500 hectares environ, répartis le long de la ligne. Sa surface plantée au 31 décembre 1888 était de 224 hectares, répartis de la manière suivante :

Eucalyptus	176h 0
Pins	20 0
Casmarinas	1 5
Acacias d'Australie	7 0
Robiniers	1 0
Vignes	9 0
Divers	9 5

Toutes les plantations de la compagnie sont postérieures à 1878.

Une médaille d'or a été accordée à la compagnie à l'Exposition d'Amsterdam et une au concours régional de Tunis.

Les plantations ont réussi à assainir les parties les plus malsaines de la ligne et constituent aujourd'hui un massif forestier important, le seul qui représente les efforts faits jusqu'à ce jour pour le reboisement de la Tunisie.

On n'a pu encore apprécier le rendement probable; mais on peut estimer au moins à 1 franc par arbre la valeur qu'il acquiert annuellement.

Les avantages apportés par ces plantations sont : assainissement de toutes les habitations des agents de la compagnie le long de la ligne; modification notable des conditions de séjour dans les plaines arides pendant la saison chaude; bien-être des voyageurs résultant de l'ombrage sur les trains.

Les défrichements ont été faits par entreprises et le plus souvent avec des charrues à vapeur.

La compagnie a demandé, en raison du peu d'étendue de ses plantations de vignes et de ce fait qu'elle ne vend pas son vin qui est consommé sur place par ses agents, à être placée *hors concours* pour les vins. Elle ne concourt donc que pour les cultures forestières et les traverses de chemin de fer. Ces traverses de bois d'*Eucalyptus resinifera*, qui résistent très bien au climat de la Tunisie, peuvent être produites dans le même espace de temps que celui après lequel on doit les remplacer.

DOMAINE DE KSAR-TYR, APPARTENANT À MM. PILTER ET FILS AÎNÉ.

La propriété de Ksar-Tyr, près Medjez-el-Bab, a été achetée en août 1883, par MM. Pilter. Elle comprend 3,500 hectares, dont 100 hectares en vignes, 300 en céréales et le reste en prairies et broussailles.

Cette propriété, qui ne produisait rien en 1883, époque de sa création, a donné, en 1889, 600 hectolitres de vin et pour une valeur d'environ 60,000 francs de céréales.

Les bâtiments sont construits dans le style du pays, avec des murs et des terrasses d'une grande épaisseur.

Les objets exposés à l'Esplanade des Invalides comprenaient le plan de la propriété au $\frac{1}{10\,000}$, des vues du bordj, des observations météorologiques, des photographies de ruines romaines, de reptiles, d'oiseaux et des différentes plantes du pays; des vins rouges et blancs, des eaux-de-vie, des cires et miels, des essences de romarin, géranium, thym, marjolaine, menthe, des touffes de blé, orge, avoine, etc.

Le bétail de Ksar-Tyr se compose de 8 mulets niortais, 15 chevaux arabes, 14 bœufs de travail, environ de 50 têtes de bétail et 640 moutons.

La totalité du vignoble et les terres en culture ont été défoncés au moyen d'un puissant appareil de labourage à vapeur, et c'est à l'emploi de cet appareil que MM. Pilter attribuent le succès de leurs plantations. La locomotive routière a été également employée pour faire les routes.

Les assolements ont été les suivants : 100 hectares de vigne, 147 d'orge, 20 de blé, 55 d'avoine, 17 de cultures diverses, 4 de pépinière.

Les engrais employés sont naturellement ceux de la ferme, auxquels on a ajouté les guanos.

Un petit observatoire météorologique, établi suivant les données de l'observatoire de Montsouris, a été installé sur la propriété depuis 1885, et les résultats avaient été produits à l'Exposition. Il renferme les appareils suivants : baromètre, thermomètre et hygromètre enregistreurs, pluviomètre, etc.

Le pays étant dépourvu de sources, une aire bétonnée d'environ 1,000 mètres carrés a été établie, ce qui, avec les toits du bordj, suffit amplement pour remplir toutes les citernes et donner en tout temps de l'eau bonne à boire, aussi bien au personnel qu'à l'écurie et au bétail.

MM. Pilter font connaître que 30,000 arbres des essences suivantes ont été plantés : oliviers, eucalyptus, amandiers et pins.

Environ 10,000 oliviers se trouvant perdus dans les broussailles ont été élagués, transformés en arbres et bon nombre ont été greffés.

M. Pol Hanin, comptable de la ferme, a établi toute la comptabilité, consigné les observations météorologiques et a contribué dans une large mesure au succès de l'exploitation.

PAYS ÉTRANGERS.

RÉPUBLIQUE ARGENTINE.

Le jury de la classe 74 n'a pas examiné les produits de la République Argentine, en tant que jury, car le commissaire général de ce pays a préféré les faire juger par la classe 67.

Aussi notre étonnement a-t-il été grand, quand nous avons vu figurer dans les récompenses de la classe 74 le gouvernement et les différents exposants de la République Argentine.

Il y a lieu de croire que le jury de groupe a voulu faire figurer cet État dans l'agriculture. Nous pensons donc que M. Grandeau, rapporteur du groupe, donnera une description détaillée et une appréciation sérieuse des progrès agricoles réalisés par cette grande république.

C'est pourquoi nous ne ferons qu'un extrait du catalogue spécial officiel de l'exposition de la République Argentine.

La République Argentine est située entre le 20e et le 56e degré de latitude sud et 53° 30' et 71° 30' de longitude ouest (méridien de Greenwich).

Ses limites sont :

Au nord : la Bolivie, le Paraguay et le Brésil.

A l'est : le Brésil, l'Uruguay et l'Atlantique.

A l'ouest : le Chili.

Au sud : le Chili et l'Atlantique.

Sa superficie est d'environ 3 millions de kilomètres carrés.

La population totale approximative est de 4,500,000 habitants, dont 500,000 pour la ville de Buenos-Ayres, capitale de la République.

Un pays qui reçoit chaque mois une vingtaine de mille d'émigrants, pour la plupart agriculteurs, doit évidemment accomplir de rapides et importants progrès dans la culture de la terre.

Suivant le message du Président de la République au Congrès national de 1889, l'étendue des terres cultivées peut s'estimer ainsi, sur les 19 provinces :

Maïs	832,601 hectares.
Blé	824,099
Luzerne	379,816
Orge et avoine	36,659
A reporter	2,073,175

Report	2,073,175
Lin	117,237
Vignes	26,931
Cannes à sucre	21,053
Autres cultures	121,502
Total	2,359,898

La province de Buenos-Ayres figure dans ce chiffre pour 868,658 hectares; celle de Santa-Fé, pour 586,537 hectares; celle de Cordova, pour 234,395 hectares.

Le lin n'est cultivé que dans les provinces de Buenos-Ayres, Entre-Rios et Santa-Fé; la canne à sucre dans celles de Santa-Fé, Jujuy, Salta, Tucuman, Corrientes, Santiago, Formosa, Misiones et Chaco.

Les chiffres accusés par le recensement de l'agriculture et de l'élevage présentent quelques légères différences avec les précédents. Le total de la terre cultivée est de 2,422,995 hectares, sans compter les bois et forêts.

Pour les raisons émises plus loin à propos de l'élevage, on doit considérer comme insuffisants les résultats fournis par le recensement agricole basé sur les déclarations des propriétaires qui, dans la crainte d'une augmentation de contributions, ont déclaré moins qu'ils ne possédaient; en outre, les commissions de recensement ont dû opérer avec une grande rapidité, et cela dans un pays excessivement vaste.

Quoi qu'il en soit, on peut affirmer que la superficie cultivée actuellement représente 1 p. 100 de la superficie totale de la République, et que ce fait justifie les efforts du Gouvernement pour attirer les émigrants et leur offrir ensuite des terres on ne peut plus fertiles, sur lesquelles ils peuvent s'établir.

Parmi les cultures qui ont le plus progressé dans ces dernières années, on doit citer, en dehors du maïs, du blé et de la luzerne, celle de la vigne qui se développe d'une manière prodigieuse, malgré les difficultés qu'offrent les mesures adoptées pour empêcher l'introduction des plantes ou sarments à cause des maladies de ce végétal.

Ce ne sont plus les provinces de Mendoza et de San Juan qui seules se consacrent à la viticulture : Entre-Rios, Buenos-Ayres, Cordova, et d'autres encore, augmentent leurs plantations de vigne sur une grande échelle, eu égard aux excellents résultats acquis.

Les produits agricoles du pavillon argentin figurant dans le présent catalogue démontrent que le pays est propre à tous les genres de culture; cela se conçoit aisément si l'on songe que, sur l'énorme étendue de son territoire, on rencontre toutes les classes de zones agricoles. Mais les cultures spéciales, comme celles du tabac, du café, etc., exigeant beaucoup de bras, ne pourront se développer qu'au fur et à mesure que la population augmentera et que les profits, si immédiats et si rémunérateurs du blé, maïs, etc., diminueront.

Le café qui se récolte à Salta et à Jujuy est de première qualité; mais comme cette plante ne produit qu'au bout de quatre ou cinq ans, les agriculteurs lui préfèrent celles à récolte annuelle.

Le tabac peut se cultiver sur de très grandes étendues et dans des zones propices. Si une entreprise importante se fondait, avec assez d'éléments pour soumettre le tabac à une élaboration rationnelle, elle obtiendrait un succès complet.

Les progrès de l'agriculture, durant les neuf dernières années, peuvent s'apprécier par l'examen du tableau suivant :

	QUANTITÉS EXPORTÉES.	
	1878	1887
Blé	2,547,438 kilogr.	237,865,965 kilogr.
Farine	2,919,793	5,401,096
Maïs	17,064,044	361,844,305
Orge	30,698	825,816
Lin	104,279	81,208,176
Pommes de terre	3,280	191,240
Luzerne	8,417,139	12,375,411
TOTAUX	31,086,671	699,711,969

La principale industrie et la plus féconde source de richesse de la République Argentine est l'élevage. Les troupeaux existants et la valeur de la terre sur laquelle ils se trouvent représentent un capital supérieur à 850 millions de piastres.

Du recensement de l'agriculture et de l'élevage, effectué à l'occasion de l'Exposition universelle, il résulte que :

L'espèce	bovine est représentée par	21,963,930 têtes.
	ovine est représentée par	66,701,097
	chevaline est représentée par	4,262,917

La valeur des mulets, ânes, porcs, chèvres, etc., est d'environ 6 millions de piastres. Les résultats du recensement ne peuvent être adoptés que pour servir de base à de nouveaux calculs, car c'est le premier recensement qui ait été opéré dans la République, et, à ce titre, il présente les défauts qui sont inhérents à un premier essai. Pour le terminer en temps opportun, on a dû procéder avec une précipitation que ce genre de travaux n'admet pas, quand on recherche l'exactitude, que l'on opère dans un pays immense et que l'on a à vaincre des difficultés énormes présentées par le défaut des communications, ainsi que l'ignorance et la mauvaise foi de beaucoup d'habitants. Ceux-ci, en effet, au lieu d'accuser un chiffre exact de ce qu'ils possèdent, le diminuent autant que possible, dans la crainte que leurs déclarations ne servent de base à la répartition des impôts ou contributions.

C'est le chiffre se référant à l'espèce ovine qui est le plus défectueux. Pour s'en

IMPRIMERIE NATIONALE.

convaincre, il n'y a qu'à constater que l'exportation des laines a atteint, en une année, le chiffre de 131,743,339 kilogrammes; celle des peaux de mouton 28,054,616 kilogrammes, et que l'exportation ne commence que lorsque toutes les nécessités de la consommation intérieure ont été satisfaites. Le nombre de bêtes à laine doit donc être beaucoup plus considérable, quoique les éleveurs se préoccupent aujourd'hui plus de la la qualité que de la quantité.

Les progrès de l'élevage argentin dans ces dernières années sont sensibles, non seulement au point de vue de la quantité, mais encore à celui de l'amélioration des races, et cela grâce au soin avec lequel on commence à choisir les animaux reproducteurs, dont, chaque jour, on importe les plus beaux types français, anglais, etc. La valeur de ceux importés en 1887 a été de 256,499 piastres, et ceux importés en 1888 de 409,577 piastres. Les éleveurs argentins ont fait d'importants achats au dernier concours d'animaux gras et reproducteurs des Champs-Élysées et à la dernière exposition agricole de Londres.

Autrefois, ils se contentaient d'exporter de la viande salée pour la consommation du Brésil et des Antilles, ainsi que les cuirs et les suifs. Aujourd'hui, grâce à des lois protectrices, ils ont trouvé le moyen d'exporter de la viande conservée et du bétail sur pied pour les centres de population européens. Les dernières tentatives opérées font entrevoir un résultat si satisfaisant, que l'on espère dans peu d'années pouvoir établir un courant régulier d'exportation dont les bénéfices, pour le pays, seraient incalculables. L'exportation de la viande de mouton est déjà l'objet de transactions considérables qui se développeront encore de jour en jour. En 1888, le nombre des moutons exportés a été de 1,459,679. Quant à l'importance du commerce des laines, l'exposition argentine au Champ de Mars la démontre suffisamment, en permettant de se rendre compte de la perfection atteinte comme qualité. La statistique nous montre ses progrès constants et rapides : en 1878, on comptait 81,894,174 kilogrammes de laine exportée; en 1888, 131,743,339 kilogrammes.

AUTRICHE-HONGRIE.

Nous voyons figurer ici une *maison rurale hongroise* (cabaret dit *Csarda*), qui a servi de restaurant pendant toute l'Exposition. Nous n'avons pas à en parler.

BELGIQUE.

EXPLOITATION AGRICOLE DE M. PHILIPPE-AUGUSTE LIPPENS.

La ferme exploitée par M. Philippe-Auguste Lippens porte le nom de ferme *Hazegras,* du nom de Hazegras, polder dans lequel elle est située.

Ce polder avait déjà été exploité par le grand-père de M. Lippens et il ne l'avait abandonné que pour des raisons de force majeure. Comme cela arrive trop souvent dans les conditions des baux ordinaires, le locataire a tâché de retirer le maximum des profits du sol, au détriment du propriétaire, de sorte qu'à la reprise de la ferme après la récolte de 1881, M. Lippens a trouvé celle-ci dans un état d'épuisement complet, par l'emploi abusif du nitrate de soude.

Nous avons recueilli les chiffres suivants, qui permettent de juger des changements obtenus lors de la reprise de possession de la ferme.

TABLEAU DES RÉCOLTES MOYENNES DE 1882 À 1888.

ANNÉES.	FROMENT.		ORGE.		AVOINE.		FÉVEROLES.		BETTERAVES.	
	ÉTENDUE cultivée en hectares.	KILO-GRAMMES par hectare.	ÉTENDUE cultivée en hectares.	KILO-GRAMMES par hectare.	ÉTENDUE cultivée en hectares.	KILO-GRAMMES par hectare.	ÉTENDUE cultivée en hectares.	KILO-GRAMMES par hectare.	ÉTENDUE cultivée en hectares.	KILO-GRAMMES par hectare.
1882.......	22	1,690	1	2,690	5	1,500	//	//	//	//
1883.......	22	1,800	//	//	8	1,600	//	//	//	//
1884.......	19	2,100	7	2,190	10	1,791	8	924	7	52,250
1885.......	17	2,645	11	2,560	9	2,590	5	674	4	50,750
1886.......	10	2,772	13	2,725	16	2,068	5	1,877	4	47,000
1887.......	13	3,720	10	2,522	5	2,532	7	2,872	4	48,000
1888.......	21	//	10	//	5	2,680	5	//	5	51,630

Le tableau ci-dessus indique la marche ascendante de la production, par conséquent de la valeur de cet agriculteur d'élite, qui est parvenu, à force de soins et d'énergie, à faire de sa ferme une véritable ferme modèle.

Ce grand propriétaire a surtout cherché à être utile à ses nombreux fermiers en faisant des expériences sur toutes les branches de la production agricole. Malgré des expériences toujours coûteuses et toujours renouvelées, les conditions désavantageuses de la reprise des terres, M. Lippens est parvenu à réaliser des bénéfices, ainsi que l'indique une comptabilité rigoureusement tenue par le propriétaire lui-même.

Le premier soin de M. Lippens a été de reconstituer l'humus; à cet effet, il a nourri 180 têtes de bétail, quoique l'exploitation ne comprît alors que 100 hectares. Depuis lors il a repris deux autres fermes épuisées, de sorte que l'étendue de l'exploitation actuelle comprend 234 hect. 78 ares de prairies, avec droit de pâture sur 35 autres hectares.

Ce droit de pâture (du 1er mai au 30 novembre) se paye 35 francs par tête de bétail n'ayant que deux dents et 50 francs pour celles qui en ont plus. L'assolement est adapté au sol (argile compacte). L'orge et les fourrages forment la base de la culture.

Une laiterie renommée et lucrative est le plus bel ornement de cette exploitation; c'est là qu'a été inauguré l'emploi de la turbine danoise, en Belgique.

Des livres spéciaux donnent aux visiteurs tous les renseignements désirables; de plus M. Lippens a traduit en diagramme la marche de la période lactifère des vaches jerseys, hollandaises et indigènes, non seulement en qualité, mais en quantité.

M. Lippens a mis à notre disposition ce livre d'une réelle importance pratique et d'une véritable valeur scientifique, les expériences ayant toujours été faites dans des conditions d'une rigoureuse exactitude.

EXPOSITIONS DIVERSES.

En parlant de la laiterie dans la section française, nous avons déjà parlé de M. Gustave VAN HECKE, à Gand, et de l'ensemble de son exposition d'appareils de laiterie.

Ce constructeur a démontré les qualités du système d'écrémer en enlevant la crème du lait par le haut, dit *système Swartz*.

Nous devons aussi appeler l'attention sur ses pompes à piston, sur ses différentes pompes aspirantes et foulantes, ses pompes flamandes, et sur un grand nombre d'autres modèles de pompes.

La maison, fondée en 1860, se charge aussi des installations complètes de laiteries, malteries ordinaires et pneumatiques, brasseries, distilleries et meuneries.

M. Joseph TIXHON, à Fléron, avait exposé des machines agricoles qui ont été jugées par le jury de la classe 49, qui a constaté un certain progrès.

M. Jean HERWEG, à Arlon, avait présenté au quai d'Orsay une écrémeuse perfectionnée à refroidissement méthodique, brevetée en 1888; le lait, par ce système, s'y trouve complètement entouré d'eau froide.

M. Émile JACQUEMIN, à Nivelles, envoyait des clôtures métalliques à tendeurs taraudés. Le système de fixation dans le sol est des plus simples et des plus rapides. Le montage, le démontage et le remplacement s'effectuent en peu de temps; le prix en est relativement faible. C'est, en Belgique, une des principales maisons fabriquant les clôtures métalliques.

MM. NIKELMANN frères, constructeurs à Salm-Château, méritent d'être signalés pour leur écrémeuse à courant d'eau froide continu. Ce courant, établi sous forme de siphon, hâte le refroidissement à tel point que le lait écrémé par ce système reste doux. Cet avantage et la facilité du nettoyage de l'appareil en font une écrémeuse modèle.

ÉGYPTE.

SOCIETE DES MOULINS FRANÇAIS D'EGYPTE.

La Société des moulins français d'Égypte, fondée en 1859 par les maisons Darblay, de Paris, et Pastré, de Marseille, fut transformée en 1873 en société anonyme.

A la suite d'agrandissements successifs, cette société comprend aujourd'hui cinq établissements échelonnés le long du Nil, depuis Alexandrie jusque dans la haute Égypte, à la seconde cataracte.

Les deux principaux moulins sont celui d'Alexandrie contenant seize paires de meules, autant de cylindres mus par une machine à vapeur de 80 chevaux; et celui du Caire, de vingt-quatre paires de meules, dix cylindres et une machine à vapeur de 200 chevaux.

Entre ces deux moulins se trouve celui de Tantah, comprenant huit paires de meules et une fabrique de glace; et enfin, dans la haute Égypte, les deux moulins d'Akmim et de Tahta, ayant chacun quatre paires de meules et une pompe à vapeur pour irrigations.

Ces différents établissements consomment annuellement 250,000 quintaux de blés, dont 60,000 quintaux environ de blés de Russie et le surplus en blés d'Égypte.

Les directeurs et contremaîtres, soigneusement recrutés en France, n'ont pas cessé de soutenir dignement le renom de l'industrie française en Égypte, et l'existence de cette colonie, qui prospère depuis plus de trente années, proteste hautement contre ce vieux préjugé que les Français ne sont pas colonisateurs.

ESPAGNE.

Le Comité de la Catalogne et des îles Baléares présentait, pour M. José Bayer y Bosch à Barcelone, un livre intitulé *Construction et industries rurales.*

Ce livre est le premier volume d'un ouvrage probablement très complet, car nous n'avons eu en main que le tome I.

Après un rapide exposé des anciennes constructions rurales en Espagne, pendant l'époque arabe, l'auteur s'occupe de l'état actuel des habitations, de leur ventilation, du moyen de les chauffer, etc. Les chapitres suivants étudient les constructions rurales nécessaires au logement de tous les animaux domestiques, à la remise des instruments nécessaires aux exploitations agricoles, à l'emmagasinement et à la conservation des denrées agricoles, et surtout des silos à grains et des appareils pour les fruits.

Ce premier volume termine en examinant l'installation des distilleries agricoles.

C'est un livre bien écrit et très utile aux agriculteurs; il leur servira de guide pour leurs constructions. Il est regrettable que M. José Bayer ne nous ait envoyé que le premier volume.

ÉTATS-UNIS D'AMÉRIQUE.

Quoique l'exposition des États-Unis ait été en apparence moins importante en 1889 qu'en 1878, il faut reconnaître les progrès immenses réalisés depuis cette dernière époque par le nouveau monde.

Le Commissariat général a rédigé un rapport, sur les productions agricoles des

États-Unis d'Amérique, qui a été préparé sous la direction du secrétaire de l'agriculture en vue de l'Exposition de 1889, à Paris.

Cette publication très remarquable traite des sujets qui suivent :

1. Industrie de la viande aux États-Unis.
2. Élevage et entretien des bestiaux et des porcs.
3. Associations de laiterie dans la Nouvelle-Angleterre.
4. Industrie de la laiterie aux États-Unis.
5. Composition comparée de la viande de bœuf en Amérique et en Europe.
6. Insectes nuisibles et utiles aux États-Unis.
7. Céréales aux États-Unis.
8. Industrie des légumes.
9. Industrie des fruits.
10. Fibres textiles.
11. Tabac.
12. Industrie forestière.
13. Statistique de l'agriculture.
14. Science agricole et éducation.
15. Viticulture.
16. Industrie sucrière.
17. Culture du riz dans la Caroline du Sud.
18. Plantes et herbes fourragères.
19. Divers produits et procédés dans les États-Unis.

Ce rapport remarquable, rédigé sous la direction de M. C.-V. Riley, représentant du secrétaire de l'agriculture des États-Unis, avait été confié à des spécialistes éminemment compétents pour traiter ces diverses questions. Il indique sous une forme aussi abrégée que possible quelques particularités de l'agriculture en Amérique, ainsi que certains faits concernant les ressources agricoles des États-Unis, qui peuvent intéresser la France et contribuer à accroître nos relations commerciales avec ce pays.

Nous renvoyons donc nos lecteurs à ce travail important, et nous passerons seulement en revue les différentes matières exposées par les États-Unis dans la classe 74.

Le MINISTÈRE DE L'AGRICULTURE DES ÉTATS-UNIS exposait un modèle de laiterie, qui est maintenant très employé dans le nouveau monde.

Une fabrique de ce genre et de cette dimension est assez grande pour travailler journellement le lait de 800 à 1,000 vaches ou 300 à 350 kilogrammes de beurre au prix de 0 fr. 40 à 0 fr. 50 le kilogramme.

Le bâtiment, dont les fondations sont ordinairement en pierres, briques ou moellons, est en bois, quoiqu'on se serve parfois aussi de la pierre ou de la brique, lorsque ces matériaux se trouvent à bon marché dans le voisinage. Le prix du bâtiment varie beaucoup suivant la localité, les dimensions de la crémerie et du capital dont on dispose à cet effet. Le coût de construction est souvent inférieur à 2,500 francs et excède rarement 20,000 francs, le corps du bâtiment étant la plupart du temps fait de matériaux bruts disposés de façon à le maintenir chaud l'hiver et froid l'été. On se sert d'épais papier goudronné pour recouvrir la charpente extérieurement et quelquefois aussi intérieurement. Dans certains cas, trois épaisseurs de papier sont employées à former deux cloisons vides d'air ou colonnes de 10 à 15 centimètres. Avec un pareil triple diaphragme et des fenêtres vitrées avec volets extérieurs ou persiennes pour protéger les châssis de la chaleur en été, le fabricant a le plus parfait contrôle sur la température de son bâtiment pendant toutes les saisons de l'année.

En hiver, la chaleur provenant de la vapeur est suffisante pour élever la température au degré normal et confortable de 20 degrés centigrades.

Le bâtiment est divisé en plusieurs chambres, propres et commodes au travail, ainsi qu'il est indiqué ci-après.

La chaudière et la pièce où se trouve la machine sont ordinairement séparées du bâtiment principal et sont isolées par un mur à l'épreuve du feu; une chambre de crème, une pièce pour battre ou travailler le beurre et une chambre-glacière ou magasin capable de contenir les produits de trois ou quatre jours forment les pièces principales.

Quelquefois on utilise la cave pour conserver le lait de beurre dans un réservoir en fer, d'un jour à l'autre; mais la plupart du temps le lait de beurre est envoyé dans un tuyau de 5 centimètres, à 200 ou 400 mètres de distance, à une étable à cochons où se trouvent ces animaux en assez grand nombre pour utiliser tous les résidus de la fabrique.

Il y a certainement 250 établissements de ce genre dans les six États de la Nouvelle-Angleterre et de 3,500 à 4,000 dans tous les États-Unis.

Le même Ministère de l'agriculture avait produit au quai d'Orsay un modèle de silo, dont nous donnons une description sommaire.

Le modèle de silo est en bois, genre de construction qui a été substitué aux vieilles bâtisses de maçonnerie en usage il y a sept ou huit ans. Le silo en maçonnerie coûtait trop cher pour la moyenne des fermiers et ne remplissait pas, sous beaucoup de rapports, le but proposé. Le silo moderne en bois permet au fermier de bâtir à raison de 3 francs à 10 francs par tonne ou 1 m. c. 150.

Le type nouveau consiste à fouiller le sol à une profondeur de 30 à 40 centimètres, à remplir le vide avec de gros cailloux de différentes grosseurs allant en diminuant jusqu'à la grosseur d'un pois, de façon à laisser des interstices à une profondeur de 30 centimètres, qui prévient de la gelée dans les hivers rigoureux. Le bâtiment repose à la base sur des planches épaisses et au-dessus avec des planches de 25 centimètres de largeur sur 5 centimètres d'épaisseur, distantes les unes des autres de 40 centimètres. On se sert de gros papiers de construction pour recouvrir la charpente à l'extérieur et souvent à l'intérieur aussi, assurant de cette façon un espace d'air vide parfaitement isolant. Le bâtiment est divisé en deux ou plusieurs compartiments, ordinairement trois, et chaque séparation est arrangée de façon à pouvoir obtenir la communication en enlevant les cloisons volantes qui les séparent.

Le blé ou autre fourrage vert qu'on veut préserver peut être placé dans les compartiments alternativement jusqu'à ce qu'ils soient tous remplis. Les planches sont placées par-dessus l'ensilage et le tout reçoit une pression de 20 à 100 kilogrammes par mètre carré, ou on ne presse pas du tout. Si l'on presse, on met de l'avoine ou du fourrage au-dessus pour isoler l'air ou prévenir une fermentation nuisible. On estime qu'il n'y a pas moins de 30,000 à 40,000 silos ainsi construits aux États-Unis.

Les planches dont on se sert pour l'intérieur peuvent être rabotées ou non à la volonté du fermier. Lorsqu'elles sont rabotées, les surfaces sont unies et peuvent être recouvertes de coaltar, opération qui les rend imperméables et ajoute à leur durée.

On ouvre le silo par séries de petites portes se dirigeant toujours de la tête au fond de la construction. Ces arrangements permettent de prendre successivement les aliments et n'exposent à l'air que la partie de l'ensilage qui sert à l'alimentation d'un repas à l'autre, garantissant intact de cette façon l'ensilage jusqu'à la fin de l'hiver.

Le Ministère de l'agriculture des États-Unis exposait aussi un wagon-glacière de la *Merchants Despatch,* inventé par Wickes.

Ce wagon, qui est la propriété de la *Merchants Despatch C° transportation* (transport rapide des négociants) est présenté par cette compagnie à l'Exposition universelle de Paris, en 1889.

Il fait partie de la série des 2,500 que la société possède en exploitation pour le transport des marchandises qui se gâtent facilement sur les nombreuses lignes qui forment le réseau de Vanderbilt dans les États-Unis et le Canada.

Ces wagons sont employés uniquement à la distribution des viandes fraîches et des conserves en boîtes provenant des importantes maisons l'*Union Stock Abattoirs* de Chicago, et des *National Stock Abattoirs,* de Saint-Louis, aux marchés et places maritimes des États de l'Est. Ils servent aussi au transport des volailles fraîches et de tous les produits de la laiterie.

Ce commerce, qui se fait vers l'est, est secondé par de larges transactions vers l'ouest avec les mêmes wagons qui transportent les fruits étrangers entrant dans les ports des États-Unis, et qu'ils font distribuer dans tous les États de l'Ouest.

Par suite du parfait isolement des cloisons, le wagon est à l'épreuve de la gelée pendant l'hiver, et répond aux besoins d'une protection efficace des produits alimentaires au milieu des temps d'hiver les plus rudes des États du Nord-Ouest et de Manitoba.

Pendant l'été, les dispositions de la réfrigération intérieure, où la glace et l'eau fondante qui en découle sont employées au meilleur usage, garantissent une parfaite sécurité à toutes les expéditions pour les voyages les plus longs à travers le continent.

Il y a 6,000 wagons-glacières de ce même modèle en service dans les États-Unis, et il a été adopté comme type de wagon réfrigérant par 22 compagnies différentes et lignes de transport.

Ce wagon a obtenu le prix et la médaille à l'Exposition universelle de la Nouvelle-Orléans (États-Unis d'Amérique), en 1885.

Les avantages qu'il présente sont :

1° Parfait isolement et emploi de matériaux économiques;

2° Économie de glace par la réunion d'une grande surface réfrigérante sur un espace restreint;

3° Entière pureté de l'air ambiant obtenue par le renouvellement de l'eau provenant de la glace à travers un réseau de fils métalliques galvanisés;

4° Simplicité et économie d'opération;

5° Faible dépense nécessaire au maintien du degré voulu;

6° Utilité générale ayant été employée avec succès aussi bien dans l'hiver que dans l'été pour la conservation de toute sorte de produits se détériorant facilement.

Ce wagon est construit sur les dessins brevetés connus sous le nom de *brevets de réfrigérants Wickes* que le Gouvernement des États-Unis a choisis pour leur système de réfrigération à l'Exposition universelle de Paris, en 1889, et qui a fonctionné à la section américaine d'agriculture au quai d'Orsay.

Le Gouvernement américain avait joint aux différents appareils que nous venons de décrire sommairement une collection complète de tous les produits agricoles des dernières récoltes : blé, maïs de toutes espèces, tabac, fourrages, etc.

La Compagnie *Enterprise Manufacturing*, dont le siège est à Columbiana, dans l'Ohio, a construit un broyeur et moulin pour tous genres de graines.

Ce moulin est spécialement adapté pour broyer et moudre les aliments ou les graines de toutes sortes, tels que : maïs en épis ou en graines, avoine, seigle, orge, etc., ou tout mélange de deux espèces de graines et en quelque proportion que ce soit, en la passant une seule fois; ceci est accompli par une cloison divisant la trémie ou réceptacle en deux parties distinctes, chacune d'elles étant pourvue d'un mécanisme différent, indépendant l'un de l'autre.

En moulant du maïs en épis ou en graines, il est premièrement broyé par le broyeur supérieur, d'où, tombant sur le broyeur inférieur qui le rend plus fin, il passe ensuite entre les plaques meulières, qui le moulent d'une finesse déterminée. Les oreilles ou dents du broyeur inférieur ont la forme d'un coin ou d'une pyramide opérant dans la direction des plaques meulières et forçant ainsi la matière à passer entre celles-ci, représentant en pratique l'action d'un pourvoyeur forcé. Le pourvoyeur d'épis est réglé par un levier et glissoire, pour laisser passer les épis plus ou moins rapidement, adaptant ainsi le moulin à la force utilisée, et permettant aux épis d'être mélangés dans quelque proportion que ce soit avec tels autres épis ou graines qui sont moulus en même temps.

Le moulin moudra également bien des épis de maïs seuls, ou de même toute autre graine. Pour moudre des épis de maïs seuls, un côté de la trémie seulement est utilisé, et pour moudre des graines plus fines, l'un ou l'autre, ou les deux côtés peuvent être utilisés.

Le moulin est ajusté, pour moudre fin ou grossier, par un levier clampé à un bras par un écrou mobile. Cet écrou est assez serré pour tenir fermement en mouturant, et si une matière dure s'introduisait en quelque temps que ce fût entre les plaques meulières, cela produirait une plus grande pression sur le levier, et, faisant glisser le levier, les plaques se sépareraient et laisseraient passer la matière dure sans danger pour l'opérateur ou le moulin.

La plaque de derrière à laquelle la plaque mobile est boulonnée est construite spécialement lourde et épaisse, servant ainsi comme un volant, et, étant encaissée, elle est hors de chemin et ne présente aucun danger pour l'opérateur; en même temps elle est exactement placée au point où elle est le plus nécessaire et donne le meilleur résultat, et, étant près des plaques meulières, rend l'action du moulin régulier et amène moins d'efforts contraires sur l'arbre que si elle était placée en dehors.

L'arbre principal du moulin est en acier, d'environ 5 centimètres de diamètre, tournant dans deux supports qui s'opposent à tout dérangement. L'arbre est soigneusement mis en mouvement avec le volant et les plaques meulières, et régularise ainsi l'action du moulin.

Les plaques meulières, étant les parties essentielles d'un moulin, sont construites avec une qualité spéciale de métal trempé à blanc, le plus dur qu'on puisse obtenir, et pour cet usage, égal à l'acier de meilleure qualité. Ces plaques sont construites sur un principe et un dessin entièrement nouveaux, ayant un certain nombre de dents de la forme d'un V partant de la face de la plaque, et devenant plus fines en s'éloignant du centre. Les rainures en forme de V de la plaque stationnaire s'ajustent avec les dents de la plaque tournante. Ayant un grand nombre d'autres rainures coupées transversalement sur celles rayonnant du centre, il se fait ainsi une quantité innombrable d'angles et d'arêtes tranchantes. Elles sont ainsi disposées pour qu'elles puissent être mises en mouvement dans l'une ou l'autre direction sans aucun changement au moulin, et pour que si elles viennent à s'user elles puissent par ce fait redevenir aussi tranchantes qu'avant, et autant qu'une disposition mécanique peut le faire, en leur donnant plus du double d'usage que des plaques qui seraient mises en mouvement dans une seule direction. Un certain nombre de fines dents radiales, taillées au tour et au dehors des extrémités des plaques, donne à la farine la dernière touche, écrasant toute particule restée grossière.

Le moulin «l'Entreprise» combine tous les mérites d'un moulin pratique et de première classe, n'ayant cependant point de parties mécaniques compliquées et sujettes à être mises hors d'usage. Ayant été placé dans le commerce depuis quelque temps et soigneusement éprouvé, il est très hautement recommandé par les personnes qui en usent.

La capacité de ce moulin, étant actionné par un moteur de la force de 20 chevaux-vapeur, est de 39 à 45 décalitres de farine par minute. Il peut être aussi mis en mouvement avec succès par un moteur de 10 chevaux. La puissance motrice étant moindre, la capacité diminue; il devrait être actionné avec une vitesse de 1,200 à 1,500 révolutions par minute.

Prix du moulin n° 2, 270 francs. Plaques meulières : l'assortiment, 18 francs.

La maison A.-H. Reid, de Philadelphie, de Pensylvanie, fondée en 1874, avait envoyé des appareils de laiterie, et faisait remarquer au jury les améliorations qu'elle pense avoir apportées dans la fabrication des beurres de première qualité. Le jury de la classe 50 avait renvoyé cet exposant à celui de la classe 74.

La Compagnie *Richmond Cedar Works* (Limited), dont le siège est à Richmond (Virginie, États-Unis d'Amérique), fabrique des articles en cèdre rouge et blanc et en chêne.

Le bois de cèdre blanc provient du fameux et historique *Dismal swamp* (marais sinistre), situé en Virginie et dans le nord de la Caroline.

La production journalière de la société est de 300 jeux de baquets, 300 douzaines de seaux ou 1,500 barattes, ou leur équivalent en d'autres articles.

Les usines, y compris les magasins, couvrent une superficie de 26 acres de terrain (l'acre vaut 40 ares environ). La force motrice est fournie par deux machines, de la force de 160 chevaux-vapeur et la vapeur par quatre chaudières, d'une puissance de 100 chevaux-vapeur chacune.

La compagnie possède plus de 60,000 acres de terre plantées de cèdres, en dehors de plusieurs larges étendues de différentes autres essences de bois.

Elle emploie plus de 400 bras pour débiter le bois et fabriquer ses marchandises.

Il y a toujours eu une très grande difficulté à fabriquer des baquets et des seaux dont les cercles fussent capables de se maintenir dans toutes les conditions voulues.

La compagnie a réalisé ce problème et à l'Exposition elle offrait des baquets à cercles élastiques en cuivre jaune galvanisé, des baquets à anses tombantes, des baquets dont les poignées sont formées par les douves. Les genres de seaux étaient aussi très nombreux, seaux de cèdre peint, seaux en cèdre à cercles élastiques, seaux à eau en cèdre blanc, et en cèdre rouge et rayé, bidons pour les champs et pour les sirops, bidons à eau munis d'un couvercle, seaux à farine et à sucre, seaux pour les chevaux ou pour les écuries.

Les barattes présentaient aussi un grand nombre de modèles, à des prix très peu élevés, comme les baquets et les seaux.

La société se disait aussi en mesure de fournir des épingles de bois pour le linge dans les meilleures conditions de solidité et de bon marché.

M. Jackson a présenté un grand nombre des produits agricoles de l'État de Florida.

Enfin la maison S. Howe Leroy, à Bethel (Maine), a exposé des stalles d'écurie démontables composées de barres de bois et de métal.

GRANDE-BRETAGNE.

Les exposants anglais étaient peu nombreux. Nous avons déjà parlé de l'installation de fromagerie et de laiterie de la Compagnie *London and provincial Dairy*, lors de l'examen des ustensiles de laiterie.

Cette société, qui a été fondée dans le comté de Wiltshire en 1870, et à Londres en 1877, a cinq dépôts dans cette dernière ville.

Elle possède en outre trois fermes, 270 acres de pâturages, et elle a en location douze autres fermes, dont le sol ne lui appartient pas.

Toutes ces fermes sont des fermes modèles, agencées spécialement pour la production du lait.

La maison Musgrave and C° (Limited), qui a des représentants à Belfast, Londres, Manchester et Paris, nous a présenté un modèle exact d'une écurie, exécuté au quart de la grandeur naturelle. Ce modèle montre les appareils sanitaires, hygiéniques et brevetés de la maison Musgrave, qui ont été employés pour la construction des boxes et des stalles des écuries du prince de Galles. Les questions de drainage et de ventilation sont très bien aménagées et donnent toutes satisfactions pour le bien-être des animaux.

Les frères Musgrave fondèrent leur maison en 1845 et la transformèrent en société anonyme en 1872. La maison a successivement perfectionné tous les détails de ses différents modèles, de façon que les animaux soient placés dans des conditions absolues de bonne hygiène et avec tout le confort désirable. La structure de ces appareils est telle, que leur durée est pour ainsi dire illimitée, ainsi qu'on peut le constater dans les écuries construites depuis dix à vingt ans, d'après le dire des fabricants.

Les séparations de stalles, de boxes, les mangeoires, les râteliers, les châssis, les ventilateurs, les porte-selles et porte-harnais, et enfin tous les articles d'écurie, sont bien fabriqués et conviennent aux écuries de luxe. Au milieu de tous ces appareils, nous avons remarqué les attaches silencieuses, système Musgrave, qui peuvent être posées contre les stalles ou sous la mangeoire.

Des spécimens de semences de blés croisés et diverses graines de légumes ont été envoyés à l'Exposition par MM. James Carter and C°, dont le siège est à Londres, 237 et 238, High Holborn. Cette maison, fondée en 1834, est une des plus anciennes qui se soient occupées de la sélection des graines de toutes espèces. Elle exploite 500 hectares comme champs d'expériences et 7,000 hectares pour la production des besoins de la maison de vente. Depuis 1878, c'est une augmentation de production de 35 p. 100.

Cette maison est surtout renommée pour les graines de betteraves, navets, orges de deux espèces, des pois de trois espèces, de concombres et pommes de terre, et elle avait attiré tout particulièrement notre attention sur les nouvelles semences de blés croisés, qui sont le résultat de sept années d'expériences.

M. Mold avait exposé des blés et des avoines.

Parmi les instruments de laiterie, nous avons aussi à signaler les pressoirs à fromage et le matériel de laiterie de la maison Carson and Toone, à Warminster, dans le Wiltshire, et les biscuits et pains de *Spratt's patent* pour la nourriture des animaux.

ITALIE.

La classe 74 ne comprenait qu'un seul exposant de l'Italie, c'est M. Luca G. Mimbelli, à Livourne, qui avait exposé des céréales provenant de la ferme de Vergaiolo.

Il ne nous a été fourni aucun renseignement sur cette exploitation, et c'est pourquoi nous ne nous étendons pas davantage sur ce sujet.

GRAND-DUCHÉ DE LUXEMBOURG.

Le grand-duché de Luxembourg comprenait une intéressante collection de fers à cheval, exposée par M. J. Meyer, de Luxembourg, et qui avait d'abord été inscrite à la classe 41. Nous en avons déjà parlé dans la partie de notre rapport qui a trait à la maréchalerie.

PAYS-BAS.

M. D.-J. Brower, à Zwolle, a présenté le modèle d'une étable hollandaise. L'exposant ne nous a donné aucun renseignement sur le nombre d'étables déjà construites, sur ses indications et sur les prix de revient. C'est pourquoi il nous est impossible de renseigner nos lecteurs sur ces différentes parties.

PORTUGAL.

Il en est de même des types d'écuries, étables, bergeries et parcs à moutons de M. Francisco-Simoes Margiochi, à Monte-das-flores (district d'Evora).

ROUMANIE.

Ce que nous disions pour la République Argentine à propos de l'attribution des récompenses trouve encore son application pour la Roumanie. Les membres du jury de la classe 74 ont été très étonnés de voir figurer, parmi les grands prix, le Comité national roumain pour l'ensemble des produits agricoles de la Roumanie.

Dans ces conditions, nous préférons renvoyer le lecteur à la *Notice* publiée par le Commissariat roumain sur la Roumanie. Cette notice donne des renseignements généraux sur ce pays, sur sa situation géographique, son climat, la constitution de son sol et ses productions, etc.

Le rapporteur du groupe VIII à l'Exposition, M. Grandeau, a publié aussi une note sur la Roumanie agricole dans le dernier volume des *Études agronomiques,* 4e série (1888-1889).

L'exposition roumaine était absolument collective, c'est pourquoi nous n'avons rien à dire des exposants qui ont été jugés par le jury de la classe 67.

RUSSIE.

Pour donner une idée de l'agriculture russe, nous reproduisons ici une statistique très bien faite dans ces derniers temps, par le consul américain, à Saint-Pétersbourg.

La superficie de la Russie d'Europe (moins la Finlande) est de 477,630,075 hectares, se divisant en :

Terre arable	103,315,372 hect.
Prairies	57,971,327
Forêts	191,685,680
Landes et paturâges	124,647,695

Ces terres se répartissent entre les diverses cultures :

Céréales et légumes	68,741,192 hect.
Pommes de terre	1,584;125
Lin	1,087,037
Chanvre	284,050
Betteraves	189,002
Tabac	45,448

Le lin et le chanvre sont cultivés en Pologne.

On voit que ce sont surtout les céréales qui occupent la plus grande surface :

Le blé	12,529,405 hect.
Le seigle	25,808,236
L'orge	5,358,668
Le sarrasin	5,337,802
L'avoine	13,478,391

Par suite des conditions climatériques, le blé de printemps occupe plus d'étendue que le blé d'hiver.

C'est en Pologne et dans la Baltique qu'on rencontre le rendement le plus élevé.

Au point de vue du bétail, on peut noter deux choses, à savoir que si le nombre d'animaux domestiques fait en bloc un des plus gros chiffres connus, le pays cependant, étant donnée son étendue, n'en est pas moins en arrière sur plusieurs autres contrées.

On a recherché bien souvent les causes pour lesquelles la Russie éprouve des difficultés à lutter avec les autres pays producteurs de blé. On en a indiqué un grand nombre : on cultive trop et par suite on cultive mal, on laboure mal, on fatigue la terre, parce qu'on y sème toujours la même semence; on ne la laisse point se reposer; on l'épuise, parce qu'on lui enlève sans cesse des éléments qu'on ne lui restitue jamais; enfin on ne produit pas assez d'engrais et l'on n'emploie pas les engrais minéraux en assez grande quantité.

Nous aurions aussi beaucoup à dire sur la manière d'effectuer la récolte.

A l'Exposition de 1889, nous devons cependant noter des progrès très réels; ainsi le jury a remarqué l'aperçu scientifique sommaire de la collection des sols russes avec des échantillons de M. le professeur B. Dokoutchaïef, les cultures des domaines de Wysokie-Litewskie et l'exposition de M. L. Walkhoff.

L'administration du domaine de Wysokie-Litewskie (gouvernement de Grodno), appartenant à Mme la comtesse Marie Potocka, s'occupe d'une façon spéciale de l'amélioration des blés et céréales du pays, en mettant à profit les nouvelles recherches faites dans le choix des semences, par la méthode des sélections (graines de choix) et de l'hybridation.

Les blés pour semences ainsi obtenus sont vendus dans le pays, environ 8,000 hectolitres par an, ce qui a beaucoup contribué à l'augmentation des rendements dans le pays.

Ces céréales ont obtenu, dans diverses expositions agricoles en Pologne et en Russie, les premières récompenses, savoir : deux diplômes et quatre médailles d'or.

C'est l'exploitation la plus sérieuse et la plus importante de ce genre en Russie, basée sur les procédés de la station agronomique française de l'Est, et d'après les données de l'éminent M. Grandeau.

Les semences des blés d'hiver importées en Russie, de la France et d'Angleterre, de chez M. Vilmorin-Andrieux, ainsi que celles du major Halett, ne résistent pas au climat de Russie.

L'exposition de M. L. Walkhoff, ingénieur agronome, à Kalinofka, près Kiew, comprend :

1° Des graines de betteraves;

2° Des semences de blé;

3° Des petits pois;

4° Un traité de fabrication et de raffinage du sucre.

M. Louis Walkhoff, ingénieur et agronome, a été longtemps fabricant de sucre à Kalinofka, gouvernement de Podolie (Russie). Aujourd'hui, il reste intéressé dans son ancienne fabrique qu'il a mise en société.

Il consacre ses loisirs à la direction d'une vaste exploitation agricole. Il s'applique surtout à produire des betteraves pour la sucrerie, des graines de betteraves et du blé pour semences.

M. Walkhoff est un des plus forts producteurs de graines de betteraves de la Russie.

L'importance de sa maison dans ce pays est comparable à celle des maisons de premier ordre en France.

Depuis longtemps, M. Walkhoff s'est attaché à la production de la betterave riche.

Lorsque, en 1884, l'impôt sur la betterave fut adopté en France, les fabricants français abandonnèrent la betterave pauvre qu'ils avaient travaillée jusqu'alors, et réclamèrent impérieusement de la betterave riche, la seule qui leur permît de réaliser des bénéfices en leur procurant des excédents de fabrication. Comme les producteurs français se trouvèrent pris au dépourvu et ne purent fournir des graines de betteraves riches en quantité suffisante, les fabricants s'adressèrent à l'étranger, notamment à l'Allemagne, qui produisait depuis longtemps de la betterave riche.

La Russie étant également renommée pour la richesse de cette plante, on s'adressa aussi à elle, c'est-à-dire à son producteur le plus en vue, M. Walkhoff, qui, comme fabricant de sucre, et surtout comme auteur du meilleur traité de la fabrication du sucre, était très connu en France.

Aujourd'hui, M. Walkhoff fournit des graines de betteraves non seulement en Russie et en France, mais encore en Belgique, en Hollande et même en Allemagne.

Il produit entre autres deux variétés extrêmement précieuses.

La betterave excelsior n° 1, très riche et pas racineuse. Cette betterave atteint le poids de 200 à 600 grammes et a une teneur en sucre de 14 à 20 p. 100. La densité de son jus varie entre 7 et 10 degrés. C'est la betterave qui convient pour la fabrication du sucre.

La betterave Kalinofka n° 2, un peu moins riche que la précédente et atteignant un poids de 500 à 800 grammes. La teneur en sucre est de 12 à 115 p. 00, et sa densité varie entre 6 et 8 degrés. Pour la France, c'est la véritable betterave de distillerie pouvant produire à l'hectare 35 à 40 hectolitres d'alcool à 100 degrés.

En Belgique, on l'emploie beaucoup pour la fabrication du sucre.

M. Walkhoff cultive aussi d'autres variétés de betteraves, à forme allongée, pour les terrains profonds, et à forme courte, pour les terrains peu profonds.

Dans plusieurs champs d'expériences faits en Allemagne, en Belgique et en France, la betterave Walkhoff a presque constamment donné les résultats les plus élevés.

Une notice spéciale imprimée fait connaître les résultats obtenus avec ces graines.

M. Walkhoff cultive plusieurs variétés de blé en vue de la production des semences; il expose plusieurs échantillons de ceux qui lui donnent les meilleurs résultats et qu'il recommande tout spécialement.

D'après les analyses qui ont été faites par le professeur Mærker, ces blés sont d'excellente qualité et supérieurs aux blés de même espèce cultivés en Allemagne.

Les variétés exposées sont : le blé de Noé ou blé bleu, le blé colossal hybride, le blé hongrois de Banat, le blé Halett, le blé Kastramka, le blé Trump, le blé de Girka.

Une notice spéciale imprimée donne tous les renseignements sur ces différentes espèces de blé.

M. Walkhoff a exposé une petite gerbe de seigle de Kalinofka remarquable par la grosseur des épis et la longueur de la paille.

Les pois exposés par M. Walkhoff sont d'excellente qualité et paraissent devoir s'acclimater facilement en France.

Le traité de M. Walkhoff est le premier ouvrage sérieux qui ait été écrit sur la fabrication du sucre. Bien qu'il date de plus de vingt ans, on peut dire qu'il est encore tout d'actualité et qu'il n'a pas vieilli. Il est resté sans contredit le traité classique de l'industrie du sucre. Il n'est pas un fabricant qui ne le possède dans sa bibliothèque. Il existe en allemand et en français.

SERBIE.

La Serbie était représentée à la classe 74 par un grand nombre de produits agricoles, tels que : blé, seigle, orge, avoine, maïs, chanvre, lin, colza, houblon et millet.

L'École d'agriculture de Kraliévo avait envoyé des plans, photographies et ouvrages d'agriculture très remarquables.

L'exposition de l'Établissement d'agriculture de Toptchider, près de Belgrade, mérite aussi une mention spéciale.

SUISSE.

L'exposition suisse se composait surtout de plans et installations pour laiteries et fromageries de MM. Paul Christen, à Berthoud (canton de Berne), et Jacques Ruef, à Berne.

RÉPUBLIQUE ORIENTALE DE L'URUGUAY.

M. Ernest van Bruyssel a réuni dans une brochure des notes très intéressantes sur l'Uruguay. Il traite de la découverte et de la colonisation, des notions générales, de la description du pays, de l'agriculture, de l'industrie, etc.

Nous conseillons la lecture de cet ouvrage intéressant et qui permet de juger du développement de cette république.

L'agriculture, en Uruguay, dépend de l'accroissement de l'immigration.

Sur les 186,920 kilomètres qui constituent l'ensemble du territoire, 180,000 hectares environ sont actuellement mis en culture, dont 105,000 consacrés au lin ou aux céréales.

La vigne réussit admirablement dans les districts montagneux, là où l'on rencontre des roches volcaniques; elle a été cultivée avec assez de succès dans les environs de Montevideo.

Le tabac fournit un bon rendement, et son exploitation, faite avec soin, serait avantageuse.

On pourrait planter des oliviers sur les versants montagneux des parties centrales du territoire de Minas.

Les machines servant aux travaux agricoles sont importées d'Angleterre ou des États-Unis.

Les plantations de riz sont soumises à des ordonnances spéciales.

IMPRIMERIE NATIONALE.

VÉNÉZUÉLA.

Le Vénézuéla, dont le territoire est plus de deux fois égal à celui de la France, comprend, outre les petits bassins côtiers du Nord sur le golfe du Mexique, le bassin de l'Orénoque et une faible partie du cours supérieur du Rio-Negro. La population, très clairsemée, presque toute concentrée dans une zone étroite au Nord, s'élevait à 2,122,000 habitants en 1883.

Le gouvernement a fait beaucoup pour attirer l'immigration, soit par des concessions gratuites de terres, ou par la création de colonies agricoles, et ces efforts commencent à porter leurs fruits depuis que la tranquillité règne dans le pays et que la confiance y a été rétablie. Il y a dans cette région essentiellement propre à l'agriculture, à l'élevage et à l'exploitation des mines, des éléments féconds de richesse et de prospérité. La population s'accroît, des routes sont ouvertes, des chemins de fer se construisent.

Le territoire vénézuélien a une superficie de 1,539,000 kilomètres carrés, dont 1,156,000 de terrains vagues, non appropriés et dont dispose le gouvernement général, et 383,000 kilomètres carrés appartenant à des particuliers ou à des corporations et municipalités.

Au point de vue de l'affectation du sol, on distingue trois zones très tranchées : la zone agricole, la zone des pâturages et la zone des forêts. Dans la première se trouvent les plantations de cannes à sucre, café, cacao, céréales et une grande quantité de bétail.

La zone des forêts comprend les grandes plantations naturelles de caoutchouc, de fève de Tonka, de vanille, de palmiers, de plantes textiles de toute nature.

La zone agricole occupe 349,000 kilomètres carrés;

La zone des pâturages, 400,000 kilomètres carrés;

La zone des forêts, 790,000 kilomètres carrés.

Les terrains n'ont de valeur réelle que dans la partie de la première zone qui est dès maintenant cultivée, environ 100,000 kilomètres carrés, et ils y varient infiniment de prix par hectare; les terrains de pâturages se vendent par lieue carrée. Des dispositions spéciales régissent les négociations en terrains miniers.

Les productions principales sont : le café, le cacao, le tabac, la canne à sucre, l'indigo, le blé, le raisin, la vanille, le quinquina, la fève de Tonka, le caoutchouc, etc., outre les produits des mines et de l'élevage.

TABLE DES MATIÈRES.

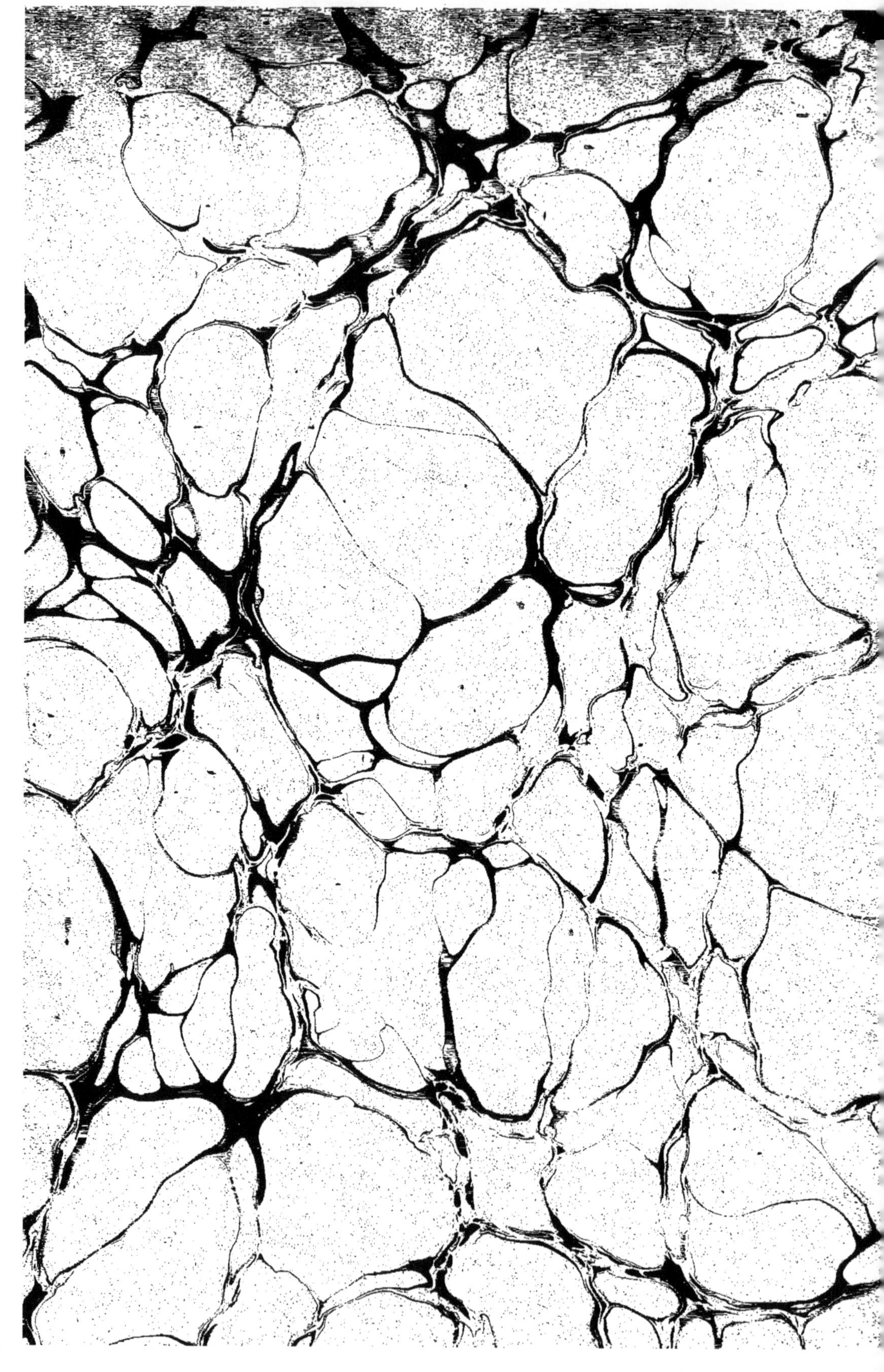

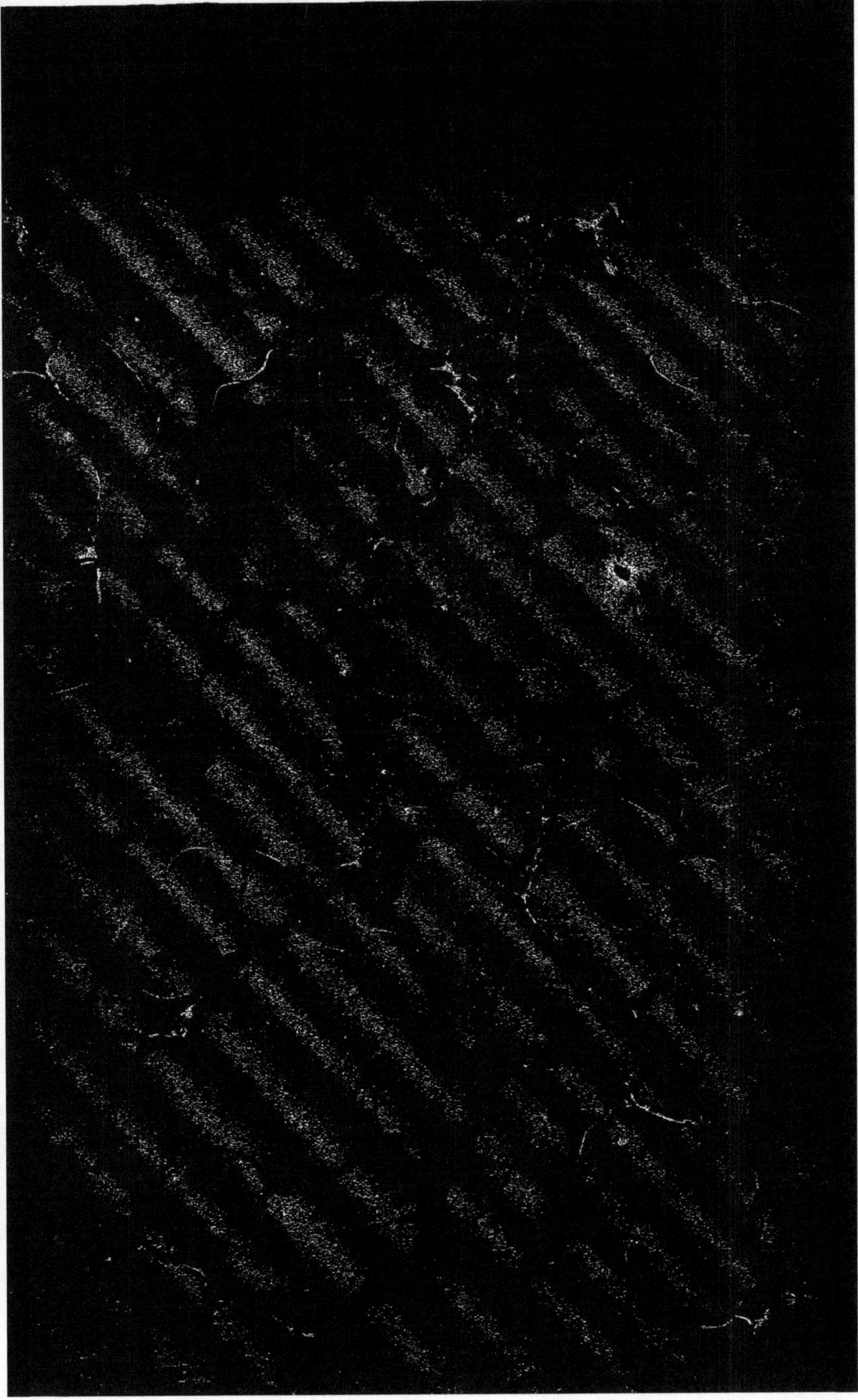

www.ingramcontent.com/pod-product-compliance
Ingram Content Group UK Ltd.
Pitfield, Milton Keynes, MK11 3LW, UK
UKHW020204250726
13967UKWH00003B/1248